聚合物回收利用

方法、表征和应用

[印度]拉朱·弗朗西斯(Raju Francis)　主编

李明丰　等译

中国石化出版社

图书在版编目(CIP)数据

聚合物回收利用：方法、表征和应用／(印) 拉朱·弗朗西斯(Raju Francis)主编；李明丰等译. —北京：中国石化出版社，2022. 11

书名原文：Recycling of Polymers：Methods，Characterization and Applications

ISBN 978-7-5114-6826-0

Ⅰ. ①聚… Ⅱ. ①拉… ②李… Ⅲ. ①聚合物-废物综合利用 Ⅳ. ①X783. 1

中国版本图书馆 CIP 数据核字(2022)第 193855 号

中国石化出版社出版发行

地址：北京市东城区安定门外大街 58 号

邮编：100011　电话：(010)57512500

发行部电话：(010)57512575

http：//www. sinopec-press. com

E-mail：press@ sinopec. com

北京富泰印刷有限责任公司印刷

全国各地新华书店经销

*

710×1000 毫米 16 开本 13 印张 266 千字

2022 年 12 月第 1 版　2022 年 12 月第 1 次印刷

定价：78. 00 元

译者序

人工合成聚合物具有质量轻、强度高、易成型、绝缘性好等优异特性，广泛应用于包装、农业、交通运输、电气电子、化学仪表、建筑、医疗等各行各业，为人类生活带来了极大便利。但是聚合物的大量使用以及其难以降解的特性，使得越来越多的废弃聚合物进入和积累到环境中，对人类赖以生存的自然环境产生了巨大影响。治理人工合成聚合物这种“白色污染”已经成为全球共识。聚合物回收利用，不仅可以解决“白色污染”问题，而且可以减少资源消耗，成为世界各国政府以及产业链、利益链上下游企业的首选方案。

本书从环保的角度出发，以技术经济性作为考量，结合近年来的学术研究成果及应用，系统介绍了不同种类聚合物的回收利用方法及所得产品的优缺点；涵盖了市场上能够见到的各类聚合物，对其回收和利用路径进行了介绍；从产品的角度出发，详细介绍了聚合物产品生产和回收过程中使用的各类添加剂及发展趋势。本书通俗易懂、内容涵盖广泛，对于研究人员及相关行业从业者来说，是一本绝佳的参考书籍。

聚合物的回收利用对中国具有特别重要的意义：一方面，中国是聚合物生产使用大国，中国的高聚物制品产量累计早已超过 10×10^{8}t，仅 2020 年的废塑料产量就高达 6000×10^{4}t；另一方面，中国也是石油原料的进口大国，大量的废弃高聚物无异于地面上的“白色原油”。发展废弃高聚物的循环经济不仅有利于解决“白色污染”，而且能在一定程度上保障能源供给，同时还可助力实现碳达峰、碳中和。

目前针对废塑料循环利用已经开发了多种方法，化学回收是唯一能实现可持续发展的方法，但仍存在技术成熟度不高、产业链不完善、市场不规范、政策不健全等问题。衷心希望本书能为政府部门、广大科研工作者、相关行业从业人员在不同层面提供帮助，尽快提高技术成熟度、完善产业链和健全产业政策，为中国人民营造一个没有“白色污染”的绿水青山环境。

参与本书翻译审校工作的有徐润、韩伟、韩恒文、胡晓春、李程皓、王志强、邹亮。衷心感谢各位付出的辛勤劳动和努力，将此书首次以中文形式呈现给广大读者，感谢中国石化出版社对译著的付梓出版。该书涉及众多研究领域，鉴于译者能力有限，不妥和错误之处在所难免，敬请读者批评指正。

李明丰

前　言

聚合物产品对于人类来说是不可或缺的，它们具有许多优点，如易于被加工成各种形状、成本低、质量轻、持久耐用等，超过了传统产品。然而，讽刺的是，随着聚合物材料的广泛应用，其某些优点反而对地球生物构成威胁，对环境造成了不可挽回的破坏。这主要是因为一些人依旧认为聚合物产品属于“用后丢弃”型商品。也正因如此，我们的土壤、水和空气都受到了灾难性的影响。因此，现在是该思考并致力于消除聚合物的严重不良影响，并尝试为子孙后代重建环境的时候了。由于其他选择要么非常危险，要么在经济上不可行，聚合物回收利用作为一个可能的补救措施，正在被民众、科学家和学者们考虑和研究。除回收利用外，解决聚合物危害的两种常见的替代方案分别为：①将用过的聚合物产品进行简单露天焚烧，而这对环境更加危险；②使用可生物降解的聚合物产品，而这是不经济的。因此，聚合物的“回收和利用”被认为是环境可持续发展的最佳选择。

另外，聚合物产品回收利用可以最大限度地减少对原材料的需求，从而可以保护雨林。同时，使用原材料制造产品时需要消耗大量的能源，而产品回收利用需要的能源则少得多。因此，聚合物产品回收利用有助于我们保护自然资源。

本书汇集了近年来关于聚合物回收利用的方法与应用、回收利用产品的优点与缺点等方面的学术研究成果。值得注意的是，这本书几乎包括了所有种类的聚合物，如塑料、橡胶和纤维等，此外还包括共混物、复合材料和树脂。

本书共9章，第1章简介，说明聚合物回收利用是会对我们生活环境产生积极影响的最佳选择之一。它阐述了聚合物回收利用的重要性、为什么我们应该进行回收、回收的来源是什么、回收利用的不同阶段，等等。

第2章介绍了聚合物回收过程中常用的不同类型的添加剂。添加剂在塑料、弹性体、橡胶、涂料和黏合剂的成功工业化过程中起着主导作用。叙述了聚合物回收过程中常用的添加剂，包括聚合物回收或制造过程中单独使用或与其他添加剂组合使用的不同类别的添加剂。本章第二部分，在介绍了2.1节未说明的添加剂之后，概述了添加剂的最新发展趋势、研究进展和未来发展方向。

第 3 章介绍了聚合物回收的方法。3.1 节主要回顾了常用加成聚合物的化学回收利用，如聚丙烯(PP)、聚苯乙烯(PS)、低密度聚乙烯(LDPE)、高密度聚乙烯(HDPE)、聚氯乙烯(PVC)和聚甲基丙烯酸甲酯(PMMA)等；3.2 节主要介绍了缩合聚合物，如聚对苯二甲酸乙二醇酯(PET)、聚碳酸酯(PC)、尼龙等的化学回收利用。

第 4 章回顾了某些传统热塑性聚合物废料的回收利用，如聚乙烯(PE)、聚丙烯(PP)、聚苯乙烯(PS)、聚氯乙烯(PVC)、聚对苯二甲酸乙二醇酯(PET)等。

第 5 章主要包括橡胶产品的生产、全球消费以及再生橡胶的应用。橡胶制品的回收利用不是一个简单的过程，因为橡胶的交联结构限制了其再加工过程。橡胶有效的脱硫方法包括化学、机械、生物、热、微波和超声波等各种技术方法。

第 6 章聚焦于纤维的回收利用，主要介绍了天然纤维和合成纤维最常用的再生方法。天然纤维是可生物降解的，可以与塑料混合生产生物降解性更好，并保留传统塑料理想特性的材料。合成纤维是不可生物降解的，所以本章主要介绍了合成纤维回收和再生利用的理念。

第 7 章涉及聚合物共混物和复合材料回收利用。环氧树脂类物质是热固性聚合物，很难降解。因此，本章阐述了不同热固性环氧树脂回收利用的技术类型，并突出介绍了热固性环氧树脂回收转化为有用材料的示例。

第 8 章涉及聚氨酯的回收利用，聚氨酯主要用于获得刚性和柔性泡沫。目前，由于聚氨酯产品及其应用的多样性，其回收利用越来越受到重视。

第 9 章介绍了聚合物回收利用的益处和一些有意义的再利用聚合物对环境的影响。本章第一部分借助 6 种主要的再利用聚合物，讨论了聚合物回收的优势。聚合物回收利用带来以下积极影响：①可以拯救地球；②可以节约能源；③有助于减缓全球变暖和降低污染；④可以尽量减少垃圾填埋场的废品；⑤有助于节省资金；⑥减少诸如运输和采矿等活动；⑦传播环境保护意识。本章第二部分从 3 个角度——环境、人类健康和经济性，评估了聚合物回收利用的效益。

印度　拉朱·弗朗西斯

2016 年 8 月 11 日

缩略语

ABS	丙烯腈/丁二烯/苯乙烯
AC	酸化
AIBN	偶氮二异丁腈
ADN	己二腈
BLL	血铅水平
BPA	双酚 A
CD	光盘
CPE	氯化聚乙烯
CSBR	锥形喷动床反应器
DCP	过氧化二异丙苯
DFE	面向环境的设计
DMC	碳酸二甲酯
DMF	二甲基甲酰胺
DSC	差示扫描量热法
DTST	动态热稳定时间
EPDM	乙烯-丙烯-二烯单体橡胶
EPR	乙丙橡胶
EPS	聚苯乙烯泡沫塑料
FCC	催化裂化
FRP	玻璃钢纤维增强塑料
FTIR	傅里叶变换红外光谱
GC	气相色谱法
GF	玻璃纤维
GHG	温室气体
GOP	真空瓦斯油产品
GW	全球变暖
HALS	受阻胺光稳定剂
HCl	氯化氢
HDPE	高密度聚乙烯
HDT	热变形温度
HIPS	高抗冲聚苯乙烯
HMDA	己二胺
HT	人体毒性
IPP	异丙烯基苯酚
IR	红外光谱
LCA	生命周期分析
LDPE	低密度聚乙烯
LHV	低热值
LLDPE	线型低密度聚乙烯
LPG	液化石油气
MBS	甲基丙烯酸甲酯/丁二烯/苯乙烯
MFI	熔体流动指数
MMA	甲基丙烯酸甲酯
MSW	城市生活垃圾
MW	微波
MWD	相对分子质量分布
NE	营养富集
OPS	定向聚苯乙烯
PAH	多环芳烃
PBCDDs	多溴-氯化二苯并对二噁英
PC	聚碳酸酯
PCDF	多氯二苯并呋喃
PE	聚乙烯
PET	聚对苯二甲酸乙二醇酯

PHA	聚羟基烷酸酯
PLA	聚乳酸
PMMA	聚甲基丙烯酸甲酯
POF	光化学臭氧形成
POP	持久性有机污染物
PP	聚丙烯
PS	聚苯乙烯
PSBD	聚(苯乙烯-丁二烯)
PSW	塑料固体废品
PT	持久毒性
PVC	聚氯乙烯
R-PVC	硬质聚氯乙烯
SAPO	硅磷酸铝
SEP	苯乙烯-乙烯-丙烯嵌段共聚物
TBE	四溴乙烷
TDF	轮胎衍生燃料
TG	热重法
TGA	热重分析
TPH	1,3,5-三苯基己烷
VCC	美国 KBR 公司浆态床裂解技术
VOC	挥发性有机化合物
WEEE	废弃电子电气设备

目　录

1 简　　介

Raju Francis，Geethy P. Gopalan，Anjaly Sivadas

1.1 引言

1.1.1 为何回收利用？

在过去几十年里，世界人口剧增，伴随着人们生活条件的改善，聚合物产品（主要是塑料）的消费量急剧增加。塑料在家用电器、包装、建筑、医药、电子、汽车和航空航天组件等领域有着广泛的用途，与我们的生活、生产密不可分，难以想象没有塑料制品的人类的生活。塑料的使用有增无减，导致终端废塑料的数量不断增加，激发了人们对塑料回收和再利用的浓厚兴趣[1]。1999 年，全球塑料产量为 1.68×10^8t，而 2010 年约为 2.1×10^8t。

由于塑料废品的处理已成为一个严重问题，因此迫切需要开发有效的塑料回收工艺[2]。

1.1.2 废塑料来源

塑料几乎在我们生活的每个方面都扮演着重要的角色。塑料被用于制造日常用品，如饮料容器、玩具和家具。塑料的广泛使用需要对其进行适当的寿命终端管理[3]。在大多数路边回收项目中，大量的物品都能够轻松回收，包括各种纸张和纸板、各种颜色和类型的玻璃、塑料瓶、铝罐和庭院装修物。此外，某些地方提供其他物品的回收服务，如家庭危险品（油漆、清洁剂、电池和杀虫剂）、车用废弃物（轮胎、用过的发动机油、汽车电池、防冻剂）、木质建筑材料、某些金属、电器和电子消费产品[4]。

用于容器和包装（如软饮料瓶、盖子、洗发水瓶）的塑料用量最大，但也有很多塑料用于耐用品（如电器、家具）和非耐用品（如尿不湿、垃圾袋、杯子、餐具及医疗仪器）。工业塑料废品通常由车间、工艺品作坊、商店、超市和批发商产生；农业塑料废品从城区以外的农场和苗圃产生，其通常以包装（容器或板材）或建筑材料（灌溉或软管）的形式存在；城市塑料废品可从居民区（家庭或社区）、街道、公园、收集站以及垃圾场收集[5]。

大约 50% 的塑料为一次性使用，如包装、农用薄膜和一次性消费品等；20%～25%的塑料用作长期基础设施，如管道、电缆涂层和结构材料等；而其余部分塑料具有中等使用寿命，用于耐用消费品，如电子产品、家具和车辆等[6]。

1.1.3 塑料

塑料由聚合物和添加剂构成，添加剂被加入聚合物中以提高聚合物的性能。

塑料中聚合物含量的变化范围很大，可从不足20%变到接近100%。那些几乎完全由聚合物构成的塑料被称为优质塑料，其他塑料中添加剂的用量和类型取决于塑料的用途。塑料是一种廉价、轻质、耐用的材料，很容易模压成各种产品，被广泛应用。正因如此，在过去60年中塑料产量显著增长[6]。基于分子结构和应用的加工路线不同，塑料主要分为热固性塑料和热塑性塑料。同时，塑料类型与其回收路线紧密相关，因为每个类型的塑料需要不同的回收方法来利用其潜力。下面分别对热塑性塑料和热固性塑料进行讨论。

(1) 热塑性塑料

这种材料在加热时熔化、流动，而在冷却时凝固，在之后的重复加热过程中，材料再熔化并重新获得流动能力。这意味着热塑性塑料可以多次使用，因此可以通过重新熔化回收。热塑性塑料可用于制造消费品，如饮料容器、运输袋和包装袋、水桶等。

(2) 热固性塑料

这种材料可进行熔融处理，通常与热塑性塑料特征相似；然而，一旦成型并冷却，就不能进行再加工；在其再次熔化之前，塑料就分解了。这是因为热固性塑料在固化过程中形成了化学交联结构，固化后，材料具有稠密分子网络[7]，变得坚硬、易碎。

1.1.4 塑料的回收利用

塑料的回收利用是减少对环境影响和避免资源枯竭的一种方法。回收利用塑料可以减少单位产量的能源和原料的消耗量，提高生态效率。在包装和建筑等领域，塑料材料日积月累的使用，导致其废品累积而产生环境问题。解决这个问题的唯一办法就是塑料循环利用。这有助于保护自然能源资源，因为大多数塑料材料是由石油和天然气制成的[8]。

循环利用是塑料废品收集、分类、加工等中间阶段的最终结果，可以大幅减少填埋场中的废品及乱丢弃在环境中的垃圾的量。同时，塑料回收利用能够减少疾病传播以及土壤、空气和水体环境的污染问题[9]，是目前可用的降低废塑料不利影响的重要选项之一，也是当前塑料工业中最具活力的领域之一。塑料回收利用为减少石油使用、减少碳排放和减少废品处理量提供了机会。

塑料回收利用包括4个阶段，即收集、分离、加工制造和营销。在现有的塑料二级回收利用工艺（材料回收利用）和三级回收利用工艺（原料回收利用）中，只有使用清洁、均质的塑料树脂才能生产出质量最好的再生塑料和高价值的化工品[10]，因此必须对混合塑料废品进行有效分离。

1.1.5 城市固体废品

塑料废品不断增多对城市固体废品（MSW）的填埋和焚烧管理有很大的影响。这是因为垃圾填埋场的容量正在不断下降，而塑料焚烧可能产生排放，有毒飞灰，含铅、镉的底灰污染问题[10]。塑料废品回收利用是减少城市生活垃圾净丢弃量的一种方法。虽然尚未进行效益量化，但是塑料回收利用具有明显节省化石燃料消耗的潜力。这是因为：一方面，回收再生塑料可以作为化石燃料炼制生产的“初始”塑料树脂的补充，甚至可以与其竞争；另一方面，生产再生塑料所需的能量消耗可能低于以初始原料生产相同塑料树脂的消耗。因此，废塑料的回收利用，既能节省原料又能节约能源，同时为大幅减少城市固体废品总量提供了一种相对简单的方法[11]。

回收塑料的种类主要包括聚烯烃[高密度聚乙烯(HDPE)、低密度聚乙烯(LDPE)、聚丙烯(PP)]和聚对苯二甲酸乙二醇酯(PET)、聚氯乙烯(PVC)、聚苯乙烯(PS)和聚碳酸酯(PC)。不同塑料的特征回收代码和特殊应用见表1.1。

表1.1　不同塑料的特征回收代码和特殊应用

代码	缩略词	全称和用途
1	PET	聚对苯二甲酸乙二醇酯——泡沫饮料瓶和冷冻即食食品包装
2	HDPE	高密度聚乙烯——牛奶和清洗剂瓶
3	PVC	聚氯乙烯——食品托盘、保鲜膜、装矿泉水和洗发水的瓶子
4	LDPE	低密度聚乙烯——运输袋和垃圾箱内衬袋
5	PP	聚丙烯——人造黄油桶、微波炉用餐盘
6	PS	聚苯乙烯——酸奶罐、肉或鱼的泡沫托盘、汉堡包盒和鸡蛋盒、自动售货杯、塑料餐具、防护用品、电子产品和玩具的包装
7	Other	任何其他不属于以上类别的塑料，如三聚氰胺，常被用于塑料盘子和杯子

塑料回收有4种方法可供选择，分别为初级回收(一级回收)、机械回收(二级回收)、化学回收(三级回收)以及能量回收利用(四级回收)(见图1.1)：

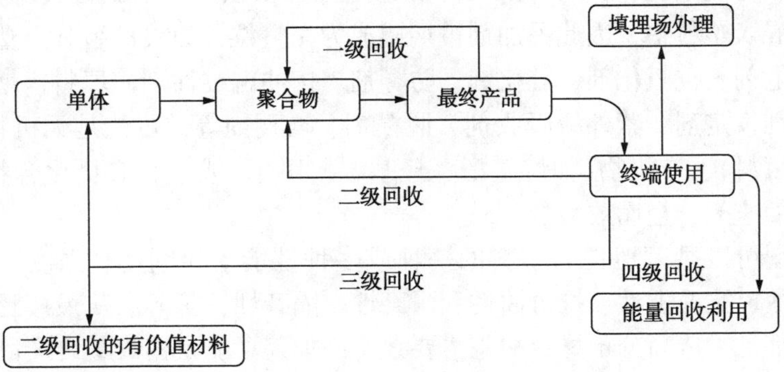

图1.1　4种回收方法

① 初级回收是指相同产品的循环使用，而在新使用周期无须基本的改变(如清洁后可重新使用的包装)。

② 机械回收是指原材料的回收利用，新应用中无须改变材料的化学结构。

③ 化学回收是指材料的化学结构发生变化，这意味着目标化学品被用来再次生产最初原材料[12]。

④ 能源回收利用是指回收利用塑料中所含的能量。以回收能量为目标的焚化处理是目前减少有机材料的最有效方法。虽然塑料的确是高能量产出资源，但是焚化这种回收方法因生态上不可接受而受到广泛指责，因为塑料焚化会将有毒物质，如二噁英(在聚合物含氯情况下)排放到空气中，危害人类健康。

1.1.6 废塑料回收的不同阶段

废塑料回收利用分为不同阶段：

收集：从不同地点收集塑料废品，可以通过在家庭、公共场所、农场等放置特定容器来实现。之后，由专业废品收集员收集这些废品，并运到回收站。

清洗：清洗阶段包括塑料物品的清洗和干燥。清洗阶段非常重要，因为清洁的废料价格更高且可提高最终产品的质量。塑料废品可以在回收的不同阶段进行清洗——分拣之前、之后，甚至在分拣过程中。

分拣：分拣过程不仅涉及塑料与其他可回收材料的分离，也包括不同塑料自身的分离。

粉碎：粉碎的目的是减小废品的尺寸，这不仅有利于分离不同的塑料，而且有利于回收废品微粉，用作机器加工进料。粉碎的最终产品可能是形状不规则的塑料片，可以出售给再加工企业。

再加工之后，这些材料会进一步经历各种成型工艺，如挤出成型、注塑成型、吹塑成型以及薄膜成型。最后，加工材料被转化成各种产品，如管道、管子、袋子、薄板及其他杂类物品。

1.1.7 添加剂

聚合物工业离不开添加剂。塑料中的添加剂可以克服加工过程中产生的问题，性质、性能限制，及其有限的环境稳定性等缺点。为了获得技术上的效果，添加剂被混入塑料中，因此添加剂被期望成为完整粒子的关键组分。塑料添加剂包括抗静电剂、抗氧化剂、乳化剂、防雾剂、抗冲击改性剂、填料、增塑剂、润滑剂、溶剂稳定剂、紫外线吸收剂、脱模剂、增稠剂等，可能是无机物(如氧化物、盐、填料)、有机物(如烷基酚、羟基二苯甲酮)或金属有机化合物(如镍配合物、锌加速剂、金属羧酸盐)[13]。

添加剂可以显著地提高塑料的一种或多种性能，如刚度、强度、一般耐久性、耐热性、抗冲击性、抗弯曲性和耐磨性、隔音性，等等。从最广泛意义上来讲，这些都是人造高分子材料的基本要素。添加剂可能是构成最终产品基本特性不可分割部分的主要组分，也可能是构成最终产品基本特性的次要组分，其功能是提高产品的性能和/或耐久性。

其他可回收利用的材料包括纤维、橡胶、混合塑料、共混物和复合材料，等等。下面章节将讨论回收利用技术、添加剂的使用和再生品应用。

由于原料成本不断增加、资源不断减少，以及人们环境保护和可持续发展意识的提高[14]，橡胶回收利用在全球范围内变得越来越重要。橡胶行业面临的一项重大挑战是，找到一种令人满意的方法来处理日益增多的、已达到使用寿命但被废品工厂拒收的橡胶制品。废橡胶的主要来源是废弃的橡胶制品，如轮胎、橡胶软管、皮带、鞋、胶片，等等[15]。

再生橡胶是指将废硫化橡胶进行处理，以生产出易于加工、混合和硫化的塑性材料产品(添加或不添加天然橡胶或合成橡胶)。橡胶再生可以通过破坏现有硫化聚合物的交联结构，或通过促进聚合物主链断裂来实现，也可能是将这两种工艺组合使用。因此，废橡胶回收的最理想途径是解决其处理问题。采用热、化学及机械技术，分解废硫化橡胶颗粒的硫化结构，可以实现橡胶再生。再生橡胶具有未硫化新橡胶的可塑性，但相对分子质量减小。因此，与新橡胶相比，再生橡胶的物理性能较差[16]。

天然纤维来自植物和动物，而合成纤维则通过石化产品化学加工获得。由于性能超过传统增强材料，天然纤维近年来受到科技人员的关注，过去几年，天然纤维复合材料的开发成为人们感兴趣的话题[17-19]。天然纤维具有低成本、低密度和高性能的特点。与其他增强材料相比，天然纤维易得，具有可生物降解性和非研磨性，而且其具体性质与现用其他纤维相似。

本质上纤维增强塑料(FRP)很难被分离成基础材料(即纤维和基体)，FRP基体很难被分离成单独可用的塑料、聚合物和单体。这些都是目前环境相关人士关注的问题，但塑料再生通常比其他材料再生更节省能源和成本。而且，随着新的环境更友好基体的出现，如生物塑料和紫外线降解塑料，FRP将获得同样的环境敏感性[20]。

FRP带来的最大挑战之一是其回收利用。在过去20年中，人们研究了许多不同的回收利用技术，如机械加工(主要是研磨)[21-24]、热解和其他热过程[25,26]以及溶剂分解[27-29]。

1.1.8 混合塑料

另一种可用于回收的塑料是混合塑料。混合塑料包含不同类型的塑料，具有不同的加工性能和稳定性。通常，这些塑料之间是不相容的(或热力学上不相容)，母体塑料间的相互影响导致混合塑料的性质往往不如普通塑料。从广义上讲，混合塑料是塑料树脂的混合物，或不同包装/产品类型的混合物，具有相同或不同的塑料类型或颜色种类，而且可能未使用相同的制造技术。

1.1.9 复合材料

复合材料通常被认为是高价值、高性能的材料，用于生产高净值的终端产品。“复合”一词可用于描述大量的多相材料，包括多种基体材料以及对应的大量不同的填料和增强材料。复合材料易于回收。另外，复合材料通常比传统材料，如钢、铝和混凝土等[30]，具有更好的生态轨迹。

1.2 结论

回收或再利用是塑料制品废品管理的一种方法，在经济上和环境上都越来越有意义。近来的发展趋势表明，塑料废品回收和循环利用的速率大幅提高。塑料回收利用的过程有优点也有缺点，其最大优势在于回收利用有助于以最平衡的方式保护环境，节省重要的原材料，保护未来自然栖息地，保护自然资源(如木材、水和矿物质等)，确保了它们能优化利用。各国政府和各种环保组织经常强调回收利用的诸多好处：首先也是最重要的是，回收利用能够减少垃圾的填埋量或焚烧量；金属、玻璃和其他材料的回收利用降低了用初始原料制造产品可能造成的污染；使用再生原料可以节省能源，因为使用可再生材料生产产品比使用原材料消耗的能源更少。

参 考 文 献

1. Hamad, K., Kaseem, M., and Deri, F. (2013) Recycling of waste from polymer materials: an overview of the recent, works. *Polym. Degrad. Stab.*, **98**, 2801–2812.
2. Goto, M. (2009) Chemical recycling of plastics using sub- and supercritical fluids. *J. Supercrit. Fluids*, **47**, 500–507.
3. Thaddaeus, J. (2015) The potentials of plastic wastes recycling in Maiduguri metropolis. *Int. J. Adv. Res.*, **3**, 624–634.
4. Miller, D.A. (2010) *Garbage and Recycling*.
5. Lardinois, I. and van de Klundert, A. (1995) *Plastic Waste, Option for Small Scale Resource Recovery*, TOOL.
6. Hopewell, J., Dvorak, R., and Kosior, E. (2009) Plastics recycling: challenges and opportunities. *Philos. Trans. R. Soc. London, Ser. B*, **364**, 2115–2126.
7. Goodship, V. (2007) *Introduction to Plastics Recycling*, 2nd edn, Smithers Rapra Technology Limited, Shawbury.
8. Cui, J. and Forrsberg, E. (2003) Mechanical recycling of waste electric and electronic equipment a review. *J. Hazard. Mater. B*, **99**, 243–263.
9. Lavee, D. (2007) Is municipal solid waste recycling economically efficient? *Environ. Manage.*, **40** (6), 926–943.
10. Curlee, T.R. and Das, S. (1991) *Plastic Wastes (Management, Control, Recycling and Disposal)*, Noyes Data Corporation, New Jersey.
11. Alter, S.H. (1986) Disposal and reuse of plastics, in *Encyclopedia of Polymer Science and Engineering*, vol. 5 (eds H.F. Mark, N.M. Bikales, C.G. Overberger, and G. Menges), John Wiley & Sons, Inc, pp. 103–128.
12. Tukker, A. (2002) Plastics waste – Feedstock recycling, chemical recycling and incineration. *Rapra Rev. Rep.*, Report 148, **13** (4), 3–4.
13. Bart, J.C.J. (2005) *Additives in Polymers: Industrial Analysis and Applications*, John Wiley & Sons, Ltd, Chichester, pp. 836.
14. Myhre, M., Saiwari, S., Dierkes, W., and Noordermeer, J. (2012) Rubber recycling: chemistry, processing, and applications. *Rubber Chem. Technol.*, **85**, 408–449.
15. Scheirs, J. (1998) in *Polymer Recycling: Science, Technology and Applications* (ed. J. Scheirs), Chichester: John Wiley & Sons Ltd, London, pp. 125–137.
16. Abraham, E., Cherian, B.M., Elbi, P.A., Pothen, L.A., and Thomas, S. (2011) *Recent Developments in Polymer Recycling*, (eds. A. Fainleib and O. Grigoryeva) Transworld Research Network, pp. 47–100.

17. Schneider, J.P., Myers, G.E., Clemons, C.M., and English, B.W. (1995) Biofibres as reinforcing fillers in thermoplastic composites. *Eng. Plast.*, **8** (3), 207–222.
18. Colberg, M. and Sauerbier, M. (1997) Injection moulding of natural fibre reinforced plastics. *Kunstst-Plast Europe*, **87** (12), 9.
19. Schloesser, T. and Knothe, J. (1997) Vehicle parts reinforced with natural fibres. *Kunstst-Plast Europe*, **87** (9), 25–27.
20. Smallman, R.E. and Bishop, R.J. (1999) *Modern Physical Metallurgy and Materials Engineering*, 6th edn, Butterworth-Heinemann, Oxford.
21. Molnar, A. (1995) Recycling Advanced Composites. Final Report for the Clean Washington Center (CWC), Report No. IBP–95–3, December 1995.
22. Steenkamer, D.A. and Sullivan, J.L. (1998) On the recyclability of a cyclic thermoplastic composite material. *Composites Part B*, **29**, 745–752.
23. Palmer, J., Ghita, O.R., Savage, L., and Evans, K.E. (2009) Successful closed-loop recycling of thermoset composites. *Composites Part A*, **40**, 490–498.
24. Pickering, S.J. (2006) Recycling technologies for thermoset composite materials – current status. *Composites Part A*, **37**, 1206–1215.
25. Markovic, V. and Marinkovic, S. (1980) A study of pyrolysis of phenolic resin reinforced with carbon fibres and oxidized PAN fibres. *Carbon*, **18**, 329–335.
26. Torres, A., de Marco, I., Caballero, B.M., Laresgoiti, M.F., Legarreta, J.A., Cabrero, M.A. *et al.* (2000) Recycling by pyrolysis of thermoset composites: characteristics of the liquid and gases fuels obtained. *Fuel*, **79**, 897–902.
27. Yoon, K.H., Di Benedetto, A.T., and Huang, S.J. (1997) Recycling of unsaturated polyester resin using propylene glycol. *Polymer*, **38**, 2281–2285.
28. Yuyan, L., Guohua, S., and Linghui, M. (2009) Recycling of carbon fibre reinforced composites using water in subcritical conditions. *Mater. Sci. Eng., A*, **520**, 179–183.
29. Bai, Y., Wang, Z., and Feng, L. (2010) Chemical recycling of carbon fibers reinforced epoxy resin composites in oxygen in supercritical water. *Mater. Des.*, **31**, 999–1002.
30. Sp, S., Kant, T., and Desa, Y. (2008) Application of polymer composites in civil construction: a general review. *Compos. Struct.*, **84**, 114–124.

2 聚合物回收利用过程常用的添加剂

Sivasankarapillai Vishnu Sankar，Sivasankarapillai Anil Kumar

2.1 聚合物回收使用添加剂的研究进展

2.1.1 引言

聚合物回收利用是一个包括环境和经济问题的过程。回收技术的选择受很多因素影响，如聚合物产品纯度、化学成分和聚合物中添加剂的性质等。在过去20年中，聚合物回收技术吸引了相当多的关注。这是因为日常聚合物材料的使用导致废弃物积累，造成了严重的环境问题。聚合物回收利用通过各种方法，如重复使用、机械回收和化学回收等，开辟了一条减少环境污染的新途径。尽管在聚合物材料回收利用的过程中有各种方法可供选择，消费后回收阶段仍然存在一定的问题。这些问题是由加工过程中聚合物的降解以及不同聚合物的不相容造成的。在回收阶段加入添加剂，可以减少这些问题发生，并增强回收产品的性能。本章的主要目的是回顾聚合物(塑料)回收过程中使用的不同类型的添加剂。

2.1.1.1 回收利用的挑战——添加剂需求

塑料用量的增长导致塑料废弃物相应增多，从而造成严重的环境污染问题。这使人们对回收日常生活中的塑料废弃物产生了极大兴趣。随着聚合物技术的进步，塑料混合物的加工回收利用取得了一些成功；但这些再生材料力学性质较差且经济价值不确定，从而限制了其多方面的应用[1-14]。

对于均质聚合物材料，可采用两种主要方法来降低回收过程中的负面影响[15]：

① 再稳定化，避免或延缓聚合物的降解过程。

② 加入填料和改性剂，在不增加再生材料成本的同时改善热塑性塑料的性能。

均相聚合物回收利用的主要难题是其在回收过程中发生降解[16]，此问题通常比原生聚合物更严重，因为在加工过程或生命周期中产生的含氧基团会明显加速塑料材料的降解。这将导致再生材料的最终性质严重恶化[15]。

对于非均相聚合物，回收过程的主要问题是因不同化学结构聚合物的存在而产生非均相成分，从而使“增容”成为回收过程中必不可少的步骤。不同相间的相容性差导致共混物的性能很差，在某些情况下比原生聚合物更糟[16]，因而添加剂(增容剂)被用于回收过程以获得性能合格的再生材料。很明显，添加剂在聚合物回收和加工过程中起着至关重要的作用。

2.1.1.2 添加剂加工设备

在添加剂处理过程中，一些重要设备和机械是必需的。其中，在聚合物网络中添加和处理添加剂最有效的设备是体积(或重量)进料器和搅拌机。体积型装置通过计量圆盘测定添加剂体积，而重量型装置则测定和控制在设定时间间隔内消耗的添加剂的重量。当两种或两种以上的添加剂在机器喉部管道或混合系统中进行分配时，使用重量型设备效果更好。混合系统可以是加剂单元或混合单元，其功能是将产品配方的主要组分分成不同的原料物流，以使这些物流能够在进料口与添加剂结合，从而有助于产生均匀的混合物。另一类重要的设备是“液位传感器”，其可以监测不足量的添加剂原料，以防止不必要的停机。

2.1.2 不同类型的添加剂

聚合物添加剂是在加工阶段添加到聚合物中的材料，以改善或改变聚合物的视觉效果、工艺过程、环境阻力或降解性能，从而提高其整体性能和应用潜力。天然高分子材料领域的发现和研究开创了聚合物对添加剂的需求，以改变其固有性质，从而改进其特性以满足更广泛的应用。目前，天然聚合物和合成聚合物在加工过程中都依赖添加剂。为创造新的混合物，可以将不同的添加剂和聚合物树脂混合以生产性能更好的材料。生产标准混合物可通过添加各种添加剂来进行进一步的性能改进，开发出具有不同应用潜力的多种可选材料，以满足个体加工需求。

“添加剂”一词指能够改变聚合物一种或多种性质的所有物质[15]，包括无机的和有机的。添加剂是塑料材料的基本成分，为聚合物性质、性能和长期使用提供支持。在回收阶段添加这些化合物的主要目的是防止聚合物在回收过程中发生不必要的降解，改善回收阶段生产再生材料的性能。添加剂在塑料回收过程中的作用与塑料制造过程中相同[15]。

根据添加剂的主要用途，添加剂可被分为不同类别：①增加量或体积，控制产品的性质和成本；②改善聚合物材料的固有化学或物理性质；③增强聚合物的力学性质，从而提高其抗冲击强度。

添加剂区别于填料和增强材料的不同在于：①加入填料主要是为了降低成本，可能有或没有任何其他目的；②增强材料用来提高聚合物结构性能和力学性质(如纤维和薄片)。

添加剂在回收过程中的作用可总结如下：①防止材料在使用过程中发生热机械降解；②改善再生材料的性能；③使多相聚合物相容。

最重要的聚合物添加剂类型及其功能如下[15]：①抗氧化剂和稳定剂，用以延缓聚合物的降解过程；②矿物填料，用以降低成本和增强聚合物的性质；③抗冲击改进剂，用以增强抗冲击强度；④增容剂，改善不相容聚合物材料之间的相容性。此外，还有多种其他添加剂，如润滑剂、着色剂，等等。

塑料添加剂消费量及其增长趋势见图 2.1 和图 2.2[17]。

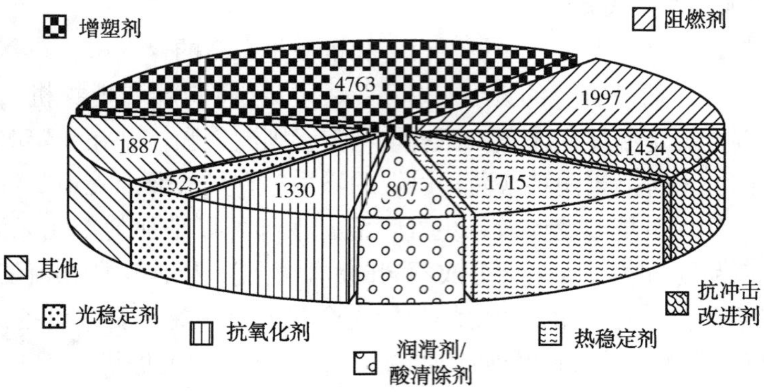

图 2.1　2004 年添加剂的消费量(单位 kt)

(Pfaendner[17]，经 Elsevier 许可复制)

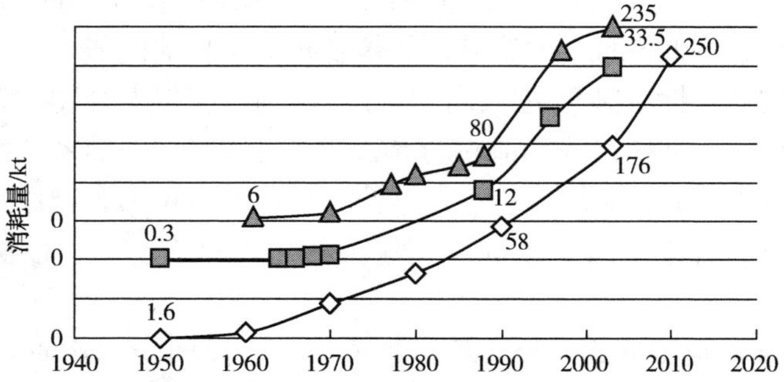

图 2.2　1950 年以来塑料、光稳定剂和抗氧化剂的消耗量

(Pfaendner[17]，经 Elsevier 许可复制)

2.1.2.1　稳定剂

稳定剂在聚合物加工或回收利用过程中的作用是防止辐射和热降解随着时间推移而影响聚合物产品的质量。稳定剂的功效呈现出随使用寿命延长而衰减的趋势。聚合物回收的关键步骤之一是采用新稳定剂与再生塑料复配，对材料进行再稳定化。除了延长聚合物产品的使用寿命外，稳定剂还有助于保护原生塑料和回收塑料材料，抑制其在相对较短寿命周期内和在恶劣工况的加工操作过程中的降解[18]。

例如，热稳定剂用来保持聚合物在加工温度下的稳定性；紫外线(UV)吸收剂和自由基捕捉剂协同作用，以抵抗聚合物的光降解。稳定剂的性质取决于聚合物体系的性质，它们必须协同作用。例如，酚亚磷酸酯聚合物是一个新的聚丙烯(PP)稳定剂家族，其酚基是自由基清除剂，而其亚磷酸基是过氧化氢分解剂。

2.1.2.1.1　热稳定

热与氧组合将引起聚合物氧化，导致其降解。氧化降解反应的机理是自由基反应，自由基是具有高度活性的化学物种。人们可观察到该反应发生，反应产物倾向于呈现黄色或棕色。抗氧化剂可用来阻止该自由基反应，最常用的抗氧化剂是受阻酚类，其可用作过氧化物自由基的分解剂。

除受阻酚类外，其他添加剂也可被用作抗氧化剂。亚磷酸酯与受阻酚类化合物结合使用具有良好的协同效应，对聚烯烃的抗氧化过程特别有效。众所周知，此添加剂组合用于防止聚氯乙烯(PVC)的热降解。该热降解过程会产生氯自由基，形成盐酸，造成加工设备的酸腐蚀。因此，稳定剂必须能够抑制这些反应。

2.1.2.1.2　光稳定

光，特别是紫外光，可以诱导聚合物光氧化，从而导致聚合物链降解和断裂。为防止聚合物产生光氧化，可以使用3种不同种类的添加剂：紫外线吸收剂、猝灭剂(清道夫)和自由基捕捉剂。

(1) 紫外线吸收剂

紫外线吸收剂是最古老的光稳定剂，它通过吸收有害的紫外线起作用并将其转化为热能，从而保护脆弱的聚合物链。此类添加剂包括二苯甲酮类和苯并三唑类化合物。

例如，羟基二苯甲酮和羟基苯并三氮唑都是有效的紫外线稳定剂，可方便地用于要求中性或透明的应用工况。但当用于厚度小于100μm的薄组件时，羟基苯并三氮唑的可用性不强。其他紫外线吸收剂有：聚酰胺用氧苯胺、PVC用二苯甲酮、聚碳酸酯用苯并三唑和羟基苯三嗪。

(2) 猝灭剂

猝灭剂含有发色基团(吸光物质)，可以吸收能量并将其转化为危害较小的形式。镍化合物是最常用的商用猝灭剂，可用于如农业薄膜生产等。

(3) 自由基捕捉剂

光对聚合物材料的主要影响之一是在聚合物体系中生成自由基。自由基是高度不稳定的反应物种，可导致聚合物材料快速降解。为防止自由基对塑料造成进一步降解，需要使用自由基捕捉剂进行“清除”。最重要的自由基捕捉剂被称为受阻胺光稳定剂(HALS)。然而，应该注意的是，一旦自由基捕捉剂消耗完，降解过程就会发生，因此适量添加自由基捕捉剂非常重要。有趣的是，自由基捕捉剂也可用于塑料的阻燃技术。因此，除作为有害紫外线辐射的自由基捕捉剂外，该添加剂也有助于抑制燃烧过程。不同的化学品都可用作这个目的，但其作用机制非常相似。

作为自由基捕捉剂，该类添加剂分子中通常包含2,2,6,6-四甲基哌啶环结构，如商用HALS产品。尽管这类产品存在较大的结构差异，但在光氧化过程中，它们都是通过捕获自由基起作用的，从而防止聚合物进一步降解。

热稳定性差的聚合物，如PP和PVC，必须进行稳定化处理以抑制其热机械降解[15]。克莱姆丘克和汤普森[19]指出，为了防止或至少延缓这些聚合物的降解以及随后聚合物流变和力学性质的恶化，在再加工过程中必须进行稳定化处理。Ma和La Mantia[20]在重复再加工过程中考察了PP分子结构的变化，发现在稳定

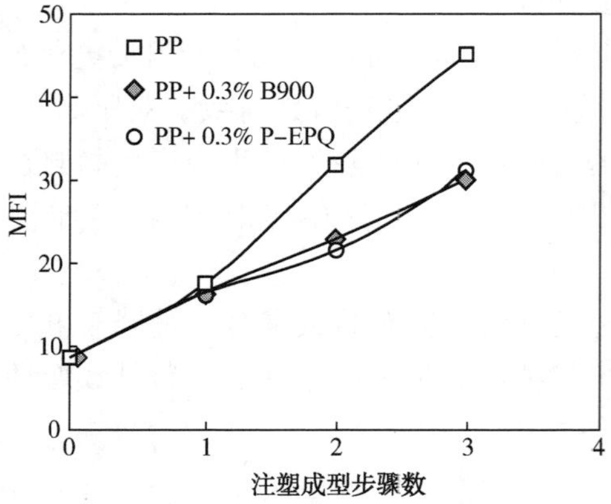

图 2.3　稳定和不稳定 PP 的 MFI 与注塑成型步骤关系

（La Mantia[15]，经约翰·威利父子公司许可复制）

剂 B900（CIBA，Irganox 1076 和 Irgafox 168 的混合物）和亚磷酸盐稳定剂 P-EPQ（Sandoz）存在下，成型级 PP 的熔体流动指数（MFI）随注塑成型步骤的函数变化，如图 2.3 所示。

由图 2.3 可知，稳定性差的 PP 样品的 MFI 急剧增加，表明其加工过程因热机械应力导致剧烈降解。首次再生后，样品的 MFI 值约为原生样品的 2 倍。在每次注塑成型步骤前添加稳定剂，PP 降解程度显著降低。在这种情况下，MFI 轻微增加，显示其相对分子质量有较小变化。可以看出，两种稳定剂可能以相似的方式起作用。研究还表明，稳定剂也有助于防止某些力学性质的急剧恶化，见表 2.1[15]，在没有经过任何稳定化处理的情况下，PP 样品在经过 5 个挤出成型步骤后呈现出脆性断裂，而如果在每次挤出成型前添加稳定剂，则其断裂伸长率非常接近于原生聚合物。

表 2.1　稳定和非稳定 PP 的断裂伸长率

样　　品	断裂伸长率/%	样　　品	断裂伸长率/%
原生 PP	680	5 次挤出成型后 PP+0.3%B900	520
5 次挤出成型后 PP	20	5 次挤出成型后 PP+0.3%P-EPQ	560

热稳定性研究表明，PVC 的热稳定性很差，需要添加热稳定剂以防止其过度降解。PVC 产品中的稳定剂会在其加工过程中或其生命周期中消耗，如果 PVC 经过再加工步骤，其热稳定性会显著降低[15]。

动力学热稳定时间（DTST）指数是指在恒温混合试验中扭矩开始升高的时间[20]，使用 DTST 可以很好地评估聚合物的热稳定性。为提高 PVC 的可加工性，必须通过添加合适的稳定剂（在加工和再生过程及产品寿命周期内消耗）来提高 PVC 的 DTST 值。铅稳定剂（用作 PVC 热稳定剂）对再生 PVC 加工性能的影响如图 2.4 所示，图 2.4 中显示了再生 PVC 在某处理条件下的

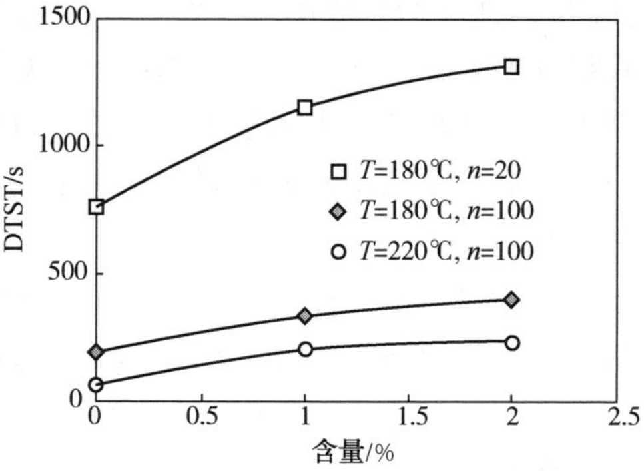

图 2.4　再生 PVC 的 DTST 作为稳定剂含量的函数

（La Mantia[15]，经约翰·威利父子公司许可复制）

DTST 作为稳定剂含量的函数[15]。

由图 2.4 可以看出，添加 1 份稳定剂后 PVC 的热稳定性大幅提高，然后函数曲线趋于平坦，PVC 的加工性能也不再随稳定剂浓度增加而明显改善。稳定剂在高温和高转速下特别有效，在该处理条件下，添加 1 份铅化合物 DTST 增加近 3 倍；相反，当加工条件较温和时，聚合物性能的改善是有限的。从图 2.4 可以明显看出，在 180℃、20r/min 条件下，DTST 仅提高 50%左右[15]。

2.1.2.1.3　稳定剂效果测试

为了测定添加稳定剂塑料(无论是新的或再生塑料)的稳定化效果，其加工稳定性、热稳定性、光稳定性的结果信息均要求报告。

2.1.2.1.4　加工稳定性

进行加工稳定性研究的一种常用方法是重复循环试验，如挤压或注塑成型。机械试验考察聚合物拉伸强度和抗冲击强度，而流变学试验(如 MFI)可以用来监测塑料性质的变化。

2.1.2.1.5　热稳定性

在讨论塑料的热稳定性时，可以采用多种不同的监测方法：

① 塑料的分解温度。可通过差示扫描量热法(DSC)测定。DSC 方法可测量加热或冷却聚合物过程的热量输出，可在-180℃至 600℃以上的宽温度范围下测试。该技术也可用于测量塑料变化，提供有关聚合物性质的信息，如熔点、热降解开始温度等。

② 塑料的最高有效加工温度。指聚合物材料在不影响其颜色或聚合物配方[包括聚合物分解或其他添加剂(如着色剂等)]的情况下，聚合物材料可有效加工的最高温度。

③ 在许多日常生活的应用中，塑料可能在高温下长期使用。对于这些应用，需要获得数据以了解材料在使用过程中的行为。这些数据通常可以通过适当时间间隔的烘箱老化试验测得，以反映塑料作为设备部件时的预期行为。

2.1.2.1.6　光稳定性

评估聚合物光稳定性的常用技术有两种：一种是利用标准方法 ISO 4892 中所述的人工风化设备，通过控制光线(包括紫外光)来模拟风化循环强度、热量和湿度。在该方法中，聚合物被暴露于与部件实际应用工况相似的复杂程序化测试周期。另一种方法是简单地将样品置于自然环境中。光对聚合物体系产生的影响可以从多个方面测定。例如，样品的表面可以用风化时间函数的粉化、光泽度和表面纹理等参数进行评估。

2.1.2.1.7　聚合物特定应用的稳定剂组合

特种塑料中使用的添加剂在很大程度上决定于其预期用途。例如，用于户外用途的塑料制品要求同时具有光稳定性和热稳定性。学者对单一塑料[如高密度聚乙烯(HDPE)]制成的瓶箱进行了研究，结果表明：使用 100%不加稳定剂的再生塑料为制造材料，使用6个月后瓶箱力学性质恶化、开裂、颜色消退；然而，当再生塑料中组合加入HALS和紫外线吸收剂后，其性能可保持4年多。进一步的热老化研究发现，组合使用加工稳定剂、光稳定剂和HALS后，再生塑料可进一步重复利用。综上所述，为使再生聚合物得到成功应用，必须根据其未来应用潜力，通过加入合适的组合添加剂充分保护其性能。

2.1.2.2 增容剂

如前所述，增容剂用于回收利用化学成分不相容的多组分混杂的塑料混合物。因此，增容剂的加入有助于不同成分的混合过程，并获得性质合格的再生材料。塑料废料经常是由多种塑料组成的，然而只有较少的几对聚合物组分间可以进行增容。令人欣慰的是，通过使用改性共聚物可以获得较好的结果[15]。例如，文献[9，13]报道了可用氯化聚乙烯(CPE)作为HDPE/PVC组分对的增容剂；苯乙烯-乙烯-丙烯嵌段共聚物(SEP)和乙丙橡胶(EPR)分别适用于HDPE/PS[10]和HDPE/PP共混物[11,12]的增容。从而可以看出，增容剂可增强两聚合物组分之间的界面黏附力，这是因为增容剂通常拥有母体聚合物单元。大量文献研究了增容剂对二元共混物的影响[21-25]，但只有少数文献报道了增容剂对三元共聚物(由任意母体聚合物和第三种不受增容剂影响的聚合物组成)性质的影响[26,27]。

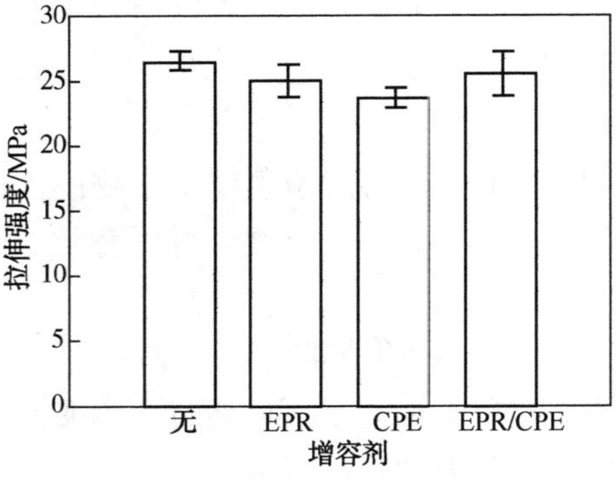

图2.5 有/无增容剂对HDPE/PP/PVC(8/1/1)共混物拉伸强度的影响(Ha[30]，经约翰·威利父子公司许可复制)

研究表明，在二元体系中添加增容剂，共混物的冲击强度等力学性质得到增强，因为增容剂处于不同相的界面，提高了应力转移，粒径减小，产生乳液效应[28,29]。Ha等[30]报道了二元共混物的增容剂，对三元共混物[由HDPE、PP(或PS、聚苯乙烯)及含有模拟废塑料组分的PVC原生聚合物组成]性质的影响。在其研究中，测试了CPE、SEP、EPR及其混合物用作增容剂的性能。图2.5展示了有/无增容剂对HDPE/PP/PVC(8/1/1)共混物拉伸强度的影响[30]。

由图2.5可知，通过添加CPE或EPR，共混物的界面黏附力得到改善，从而提高了其拉伸强度。这可以归因于CPE或EPR在界面处的增容作用。

图2.6展示了使用不同增容剂的HDPE/PP/PVC(8/1/1)共混物的复合黏度对数曲线[30]。由图2.6可以看出，含有两种增容剂之一的三元共混物的复合黏度均低于不含增容剂的三元共混物。而且，含EPR三元共混物的拉伸强度和抗冲击强度，比含CPE三元共混物的相应强度更高。

聚对苯二甲酸乙二醇酯(PET)和聚丙烯(PP)是具有不同化学性质的热塑性

材料，且二者相容性极差。PET/PP 共混物的力学性质非常差，但合适的增容剂可使其性质显著改善。热塑性橡胶 Kraton FG 1901X 是 PET/PP 共混物体系优选的增容剂。它是一种三段嵌段共聚物，由 PS 末端嵌段和部分氢化马来酸酐接枝聚丁二烯中段嵌段构成[15]。

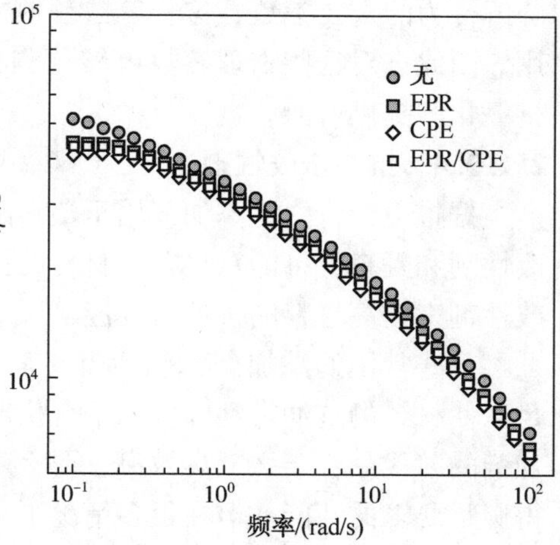

图 2.6 使用不同增容剂的 HDPE/PP/PVC (8/1/1)共混物的复合黏度对数曲线 (Ha[30]，经约翰·威利父子公司许可复制)

2.1.2.3 抗氧化剂

在再加工步骤中，聚合物热机械性能降解会导致其力学性质变差。抗氧化剂可以在加工和使用过程中抑制聚合物氧化，阻止或减缓其力学性质恶化[31]。换句话说，抗氧化剂可以大大提高再加工过程中聚合物的抗氧化性能。用于聚合物的抗氧化剂可分为主抗氧化剂和助抗氧化剂，下面将分别介绍。

2.1.2.3.1 主抗氧化剂

主抗氧化剂通过清除氧化过程中产生的自由基(从聚合物链中分离出的分子)来抑制聚合物的氧化，如酚类和芳胺类抗氧化剂。

2.1.2.3.2 助抗氧化剂

助抗氧化剂通过将含氧自由基分解成稳定产物来阻止其传递，如亚磷酸盐和硫化物。Dintcheva 等[31]研究了抗氧化剂对德国单独收集塑料包装回收利用过程的影响，发现添加抗氧化剂可以使再生塑料的弹性模量和抗拉强度稍有提高，而其断裂伸长率可显著增大。图 2.7 为在挤出机中再加工的稳定材料的流动曲线[31]。由图 2.7 可以看出，稳定材料的动力黏度仅略高于相应非稳定样品；相比之下，在抗氧化剂存在条件下，混合器中稳定材料的动力黏度明显高于不稳定材料。这证实，在混合过程中材料会发生剧烈降解，而抗氧化剂发挥了稳定作用。

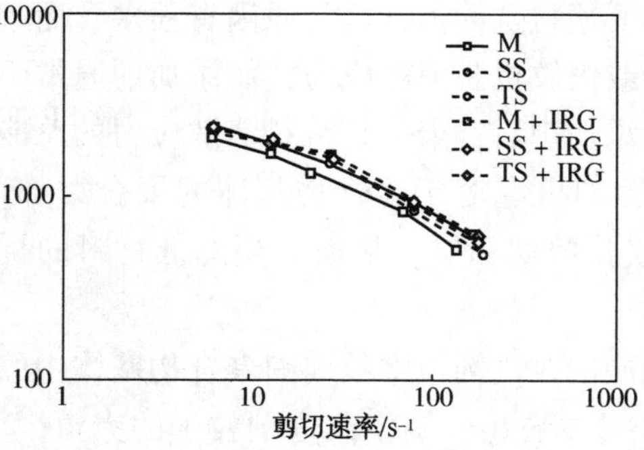

图 2.7 稳定和非稳定聚合物的流动曲线[31] (经 Elsevier 许可复制)

Boersma[32]考察了 4-烷基-2,6-二叔丁基苯酚抗氧化剂(其中烷基可以是甲基到十八烷基)在聚碳酸酯、一种热塑性聚合物、乙丙二烯单体(EPDM)橡胶和一种弹性体中的性能。研究表明，抗氧化剂的流动性和溶解性是影响聚合物在热应力作用下降解行为的重要参数，这些参数预测对筛选适合特定聚合物的抗氧化剂非常有用。因此，对这些物理参数可靠预测将为特定聚合物筛选(甚至设计)最合适的抗氧化剂提供可能。

2.1.2.4 抗冲击改性剂

据报道，将一些添加剂用于塑料配方，如阻燃剂、填料、热变形温度(HDT)改性剂和颜料，可能对聚合物材料的抗冲击性产生不利影响。因此，可用抗冲击改性剂来提高材料的抗冲击性能，以“纠正”其他添加剂的不利影响[33]。

某些常用的添加剂，包括阻燃剂、填料、颜料和 HDT 改性剂，其添加浓度足以使材料的抗冲击性降低到不合格的程度。在某些情况下，有可能找到这些添加剂的替代品，要么提高效率，要么降低对抗冲击性能的影响，从而使聚合物获得满足要求的性能。但在很多情况下，无法找到替代添加剂。因此，需要使用抗冲击改进剂来增强材料的抗冲击性能，以达到期望的水平。在 23℃下，一种热变形温度(HDT)改性剂的效果及一种 PVC 瓶塑料配方抗冲击改性剂的性能如图 2.8 所示[33]。

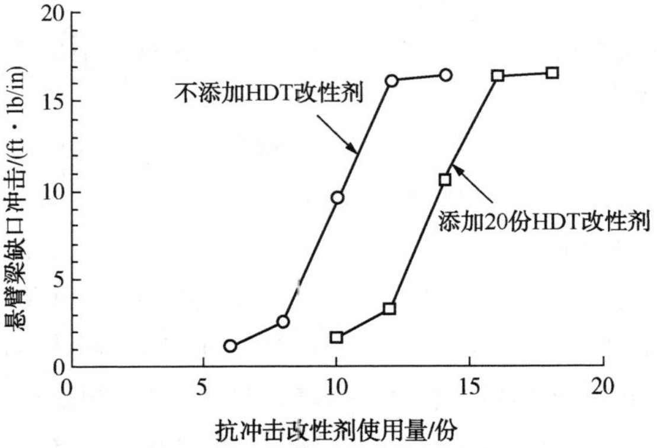

图 2.8 HDT 改性剂和抗冲击改性剂对 PVC 的影响

(Stevenson[33]，经约翰·威利父子公司许可复制)

添加剂，尤其是高剂量添加剂，降低塑料抗冲击性能的原因有很多。而其主要原因是：聚合物材料可通过剪切屈服或银纹机制消散应力，而添加剂通常不易变形和消除应力；添加相当体积分数的添加剂后，聚合物材料消散应力的总能力下降[33]。另一个原因是，某些添加剂，如可混溶于聚合物基体的聚合添加剂，可能阻碍聚合物分子局部链运动，导致其剪切屈服，从而大幅降低材料的抗冲击性[34]。

当对材料施加拉伸应力时，橡胶抗冲击改进剂微颗粒周围聚合物基体中的应力分布示意如图 2.9 所示[33]。由图 2.9 可以看出，围绕改进剂粒子的赤道区域，拉伸应力被放大；随着与改进剂粒子距离的增加，放大的应力相对快速地衰减到系统施加应力的同等水平；同时，应力变化快速从改进剂粒子的赤道移动到极点，且在极点附近施加的应力大大减小。这导致形成局部应力集中，并且该区域会分散到整个聚合物基体，导致聚合物体系在受到冲击时会同时引发多个位点出现剪切屈服和/或银纹，从而造成聚合物结构中产生大量小银纹和/或剪切带，而不是少量的大银纹或剪切带。这使其更倾向于冲击失败。抗冲击改进剂通常可以弥补因其他添加剂引起的聚合物基体剪切屈服下降或产生银纹。

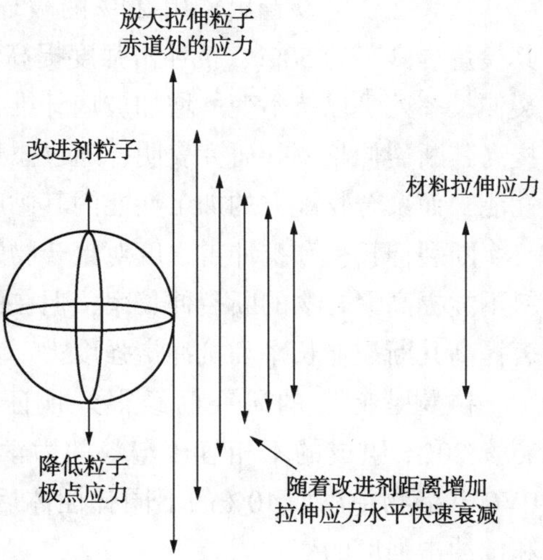

图 2.9　橡胶抗冲击改性剂微粒周围聚合物基体中的应力分布

（Stevenson[33]，经约翰·威利父子公司许可复制）

目前，市场上有多种不同的核/壳结构抗冲击改进剂。对于 PVC 化合物，有 3 种主要核/壳结构抗冲击改性剂可用：全丙烯酸抗冲击改性剂、甲基丙烯酸盐/丁二烯/苯乙烯（MBS）改性剂和丙烯腈/丁二烯/苯乙烯（ABS）改进剂，每种类型的改进剂都是多种特性的不同组合。必须认识到，抗冲击改进剂也可以改变材料的许多其他特性，如光学特性、耐候性、加工性、拉伸性能、易燃性、热变形性及生产成本。因此，必须根据聚合物材料的应用属性，选择一种能提供适当平衡性的抗冲击改性剂[33]。

2.1.2.5　填料和改性剂

在聚合物加工阶段添加填料和改性剂的目的是提高材料的力学性能。填料可以改善聚合物材料的某些力学性质、模量和拉伸强度，但会使其加工性能和断裂伸长率变差；相反，改性剂可以提高材料的断裂伸长率和抗冲击强度。在许多情况下，加入填料还有利于降低材料的成本。

现有研究表明，在不相容的 PET/HDPE 共混物中添加玻璃纤维将显著提高材料的模量、拉伸强度和抗冲击强度，而其断裂伸长率无明显变化，如表 2.2 所示[15]。

表 2.2　玻璃纤维（GF）填充 PET/HDPE 共混物的力学性质

共混物	模量/GPa	拉伸强度/MPa	断裂伸长率/%	抗冲击强度/（J/m）	热变形温度/℃
PET/HDPE	1.6	12	1.3	19	120
PET/HDPE+10%GF	1.95	21	1.4	28	158
PET/HDPE+20%GF	2.35	26	1.5	33	233
PET/HDPE+40%GF	3.1	30	1.4	39	239

资料来源：La Mantia[15]，经约翰·威利父子公司允许复制。

从表 2.2 可以看出，用 20%的玻璃纤维增强 PET/HDPE 共混物的性能后，其模量提高了约 50%，抗冲击强度提高约 70%，拉伸强度提高约 110%，而其断裂伸长率几乎保持不变。增加玻璃纤维含量可以提高共混物的力学性能，但不能提高其断裂伸长率。研究表明，通过添加玻璃纤维可显著改善聚合物的某些力学性能，而聚合物配方的加工性能因其黏度增加而恶化[20]。

断裂伸长率和抗冲击强度对聚合物的降解及其不相容性更敏感。添加惰性填料不能提高聚合物的断裂伸长率，但在配方中使用少量改性剂，如弹性体，可显著提高其断裂伸长率和抗冲击强度[15]。

拉曼提亚[15]的研究已经很好地证明，某些弹性体对 PET/PE/PVC(45%/35%/20%)组成的不相容废塑料的力学性能有明显影响。表 2.3 为在 PET/PE/PVC 共混物中添加 10%的不同弹性体后，共混物模量、拉伸强度、断裂伸长率和抗冲击强度的变化[15]。

表 2.3　PET/PE/PVC 共混物的力学性质和添加 10%弹性体的效果

共混物	模量/GPa	拉伸强度/MPa	断裂伸长率/%	抗冲击强度/(J/m)
PET/PE/PVC	5.6	4.3	1.5	21
PET/PE/PVC+SEBS	4.2	7.3	3.4	69
PET/PE/PVC+MBS	3.2	4.2	3.1	32
PET/PE/PVC+EPDM	3.7	5.8	5.3	91

资料来源：La Mantia[15]，经约翰·威利父子公司允许复制。

上述数据表明：正如所期望的，添加弹性体后共混物的弹性模量降低；相反的原因可以解释其他力学性能的改善。这些橡胶化合物改性剂因其固有性质，改善了塑料共混物的断裂伸长率和抗冲击强度。实际上，三元乙丙橡胶(EPDM)作为改性剂非常有效，添加 EPDM 后，共混物的断裂伸长率和抗冲击强度分别比未改性的共混物高出 3 倍和 4 倍以上。

2.1.2.6　抗静电剂

抗静电剂的选择至关重要，而且其取决于多种因素的综合影响，如聚合物类型、加工条件和最终应用。抗静电剂的功能是分散聚合物材料上的静电。当聚合物表面电荷积聚可能导致出现问题时，需添加抗静电剂，这是因为抗静电剂具有吸湿性，可以从空气中吸附一层水膜而在聚合物上形成导电层。抗静电剂通常与防堵塞和防滑产品结合使用，以最大限度地实现薄膜工业的成本效益和高性能。表 2.4 列出了各种聚合物系统中常用的抗静电剂及其添加量。

表 2.4　常用的抗静电剂及其添加量

聚合物	常用抗静电剂	添加量/%
聚乙烯(HDPE/LDPE/LLDPE)	乙氧基化烷基胺	0.1~0.3
	乙氧基化月桂酰胺	0.1~0.5
	单硬脂酸甘油酯	1~2
聚丙烯	聚丙烯乙氧基化烷基胺	0.1~0.3
	乙氧基化月桂酰胺	0.4~0.8
	单硬脂酸甘油酯	1~2
PET	烷基磺酸钠	1~2
聚碳酸酯	聚碳酸酯烷基磺酸钠	2.5~3.5

2.1.2.7　着色剂

着色剂对聚合物非常重要，因为它们能在很大程度上影响消费者的兴趣，而且可以消减对额外颜色处理(喷涂)的需求。着色剂最常见的两种类型是颜料和染料。

2.1.2.7.1　*颜料*

颜料不溶于聚合物，以离散颗粒形式分散在塑料中，可以是有机物(如炭黑)或无机物(如 TiO_2)。颜料通常黯无光泽，并会使聚合物变得不透明。

2.1.2.7.2　*染料*

染料可溶于聚合物且易于分散，其着色效果比颜料强，颜色更鲜艳，材料更透明。

聚合物回收利用过程中用以获得不同色调的常用着色剂有：

白色颜料：二氧化钛(TiO_2)和硫化锌(ZnS)。

黑色颜料：炭黑。

根据加工温度选择的着色剂有：

镉颜料呈红黄色、橙色和栗色，具有优异的热稳定性。

氧化铁有红色、黄色、棕色和黑色，其热稳定性取决于颜色。

铝酸钴呈绿色和蓝色，具有优异的耐热性。

2.1.2.8　阻燃剂

阻燃剂是一类增强聚合物热稳定性的添加剂。添加阻燃剂的目的是提高聚合物的着火温度，降低燃烧速率。阻燃剂可分为两类：添加型阻燃剂和反应型阻燃剂。

2.1.2.8.1　*添加型阻燃剂*

添加型阻燃剂可以通过分散方式加入聚合物中，并与聚合物保持相对独立。主要有：氢氧化铝(三水合氧化铝，ATH)、氢氧化镁，卤素化合物，如多溴二苯醚，以及磷添加剂。

2.1.2.8.2 反应型阻燃剂

反应型阻燃剂作为聚合物的共聚单体，是聚合物体系的一部分。反应型阻燃剂通常可以替换聚合物链中的一些侧基。两种阻燃剂中的任一种都经常与一种助添加剂共同使用，从而提高其有效性，如锑和锌。

因阻燃剂性质不同，其作用方式也不同：

① 保护性炭化体系。可在未燃烧的聚合物与燃烧火焰间形成一个屏障(磷基体系)。

② 卤素体系。可通过产生卤素气体来阻止燃烧，因为卤素气体可与聚合物燃烧产生的自由基结合。而且，卤素体系还能提供燃烧表面隔绝氧气接触的保护屏障(溴化和氯化体系)。

③ 水合物体系。可通过释放其分子中的部分水来对燃烧表面“淬火”(三水铝、氢氧化镁)。

2.1.2.9 润滑剂

润滑剂可用于促进聚合物的加工，也可用于聚合物的应用。

广义上，润滑剂可分为两类：①内部润滑剂，用于降低熔融聚合物的黏度，从而减少聚合物加工所需的能量；②外部润滑剂，用于减少聚合物和加工设备之间的摩擦。聚合物体系润滑剂的选择取决于多种因素，如极性、熔融温度、相容性、与其他添加剂的相互作用，等等。

常用的润滑剂有醇类、蜡类和脂肪类酸、酰胺类(如双硬脂酰基乙二胺)等。

2.1.2.10 增塑剂

增塑剂是增强塑料材料塑性或柔韧性的添加剂。增塑剂可以软化聚合物并使刚性的聚合物变得更具柔韧性，而且不会在加工阶段蒸发。增塑剂通常用于含有极性基团的塑料中，除赋予其柔韧性之外，还可降低塑料的加工温度和玻璃化转变温度，并作为内部润滑剂增强聚合物体系的运动性和耐久性。低相对分子质量的增塑剂的主要特点是其可以在较宽的温度范围内泵送、喷涂和浇注；但中相对分子质量至高相对分子质量的增塑剂在某些情况下则需要加热。由于增塑剂硬度太大，无法在没有辅助的情况下进行加工，因此它们通常与 PVC 结合使用。增塑剂的使用有助于塑料生产，但因为它们具有毒性，因此不应用于食品包装材料。

大多数增塑剂为非挥发性有机液体或低熔点固体，如邻苯二甲酸二辛酯或硬脂酸。聚合物增塑剂(如邻苯二甲酸和己二酸聚酯)通常是非常黏稠的液体。增塑剂大多用于 PVC(占 80%的市场份额)，主要为 C_8、C_9和 C_{10}醇的邻苯二甲酸酯。Waskitoaji 等[35]研究了基于棕榈油的酯类化合物作为 PVC 辅助增塑剂的应用，发现塑料的弹性模量和伸长率可用于分析辅助增塑剂对 PVC 塑料性能的影响。

2.1.2.11 抗菌或抗微生物添加剂

大多数聚合物以其原生形式抵制微生物攻击。而某些添加剂，如增塑剂、润滑剂，甚至一些热稳定剂，可以诱导和促进微生物生长。抗菌添加剂可用于抑制微生物生长，防止聚合物材料生物降解。它们通常通过阻断微生物的酶体系而起到干扰微生物代谢的作用。为起到抑菌效果，抗菌添加剂必须能迁移到材料表面，以便能够与使聚合物降解的微生物发生相互作用[36]。

最初使用的抗菌添加剂包括砷、硫和铜化合物。其他抗菌或抗微生物添加剂，如吡啶硫酮锌、双氯苯双胍己烷和 1-十六烷基氯化吡啶也可用于适合的聚合物配方。

2.1.2.12 偶联剂

使用偶联剂的主要目的是增强聚合物与填充材料的相互作用。偶联剂能够使分子间产生化学联系，从而改善其耦合效果。当偶联剂与聚合物结合时，其可以增强两种材料之间的附着力，因为偶联剂可以促进不同相间的耦合，可用于耦合通常不相容的材料。这对于新聚合物共混物的创造和旧聚合物材料的回收利用非常有用[37]。

马来酸化聚烯烃可能是最大的一类偶联剂，而且其主要由在聚合物骨架上接枝马来酸酐官能团的 PE 或 PP 组成。过氧化物试剂经常用于接枝反应，而接枝反应通常发生在聚合物链的叔碳或末端双键基团上。其他偶联剂，如用于木-塑复合材料的偶联剂，主要包括有机硅烷、脂肪酸衍生物、长链氯化石蜡，以及主链中含有酸酐的聚烯烃共聚物等。近来，文献[38]综述了烷基烯酮二聚体新型偶联剂对木-塑复合材料力学性质的影响。

2.1.3 结论

添加剂是聚合物加工必不可少的部分，用来保持和改进聚合物的性质、性能和长期稳定性。在规模不断增大的塑料工业中，添加剂的使用对聚合物性能提高发挥着重要作用。在塑料时代初期，添加剂的作用主要是保持聚合物的性质，并使其在转化过程中抵抗热处理；而第二代添加剂的使用，如抗氧化剂、热稳定剂和光稳定剂等，有助于延长使用寿命，改进其力学性质和物理性质。高性能添加剂领域的最新研究进展用以应对更严格的新需求、更严苛的加工过程、使用条件以及环境保护等，但仍主要关注聚合物的性质保持。新添加剂开发的驱动力是人们环保意识的提高，从而制定对环境友好的添加剂解决方案。这一领域涵盖了添加剂家族新成员的引进，如低聚物/聚合物稳定剂、可接枝稳定剂、无卤素阻燃剂，以及用于聚合物机械回收利用的添加剂。简言之，塑料添加剂现在和将来都是塑料配方中必不可少的成分，在如今这个关注环境问题的时代，为应对聚合物回收利用方法的挑战，提供创新的解决方案。

参 考 文 献

1. Ehrig, R.J. (ed.) (1992) *Plastics Recycling*, Hanser, New York, pp. 1–18.
2. Nein, C., Salafranca, J., Rubio, J., and Cacho, J. (1998) *Food Addit. Contam.*, **15**, 842.
3. Marklund, S., Rappe, C., and Tsklind, M. (1987) *Chemosphere*, **16**, 29.
4. Leaversuch, R. (1989) *Mod. Plast.*, **66**, 19.
5. Kreisher, K.R. (1990) *Mod. Plast.*, **67**, 60.
6. Ajji, A. (1995) *Polym. Eng. Sci.*, **35**, 64.
7. Akkapeddi, M.K., Mason, C.D., and van Buskirk, B. (1993) *Polym. Prepr.*, **34**, 848.
8. Paul, D.R., Vinson, C.E., and Locke, C.E. (1972) *Polym. Eng. Sci.*, **12**, 157.
9. D.R, P., Locke, C.E., and Vinson, C.E. (1973) *Polym. Eng. Sci.*, **13**, 202.
10. Lindsey, C.R., Paul, D.R., and Barlow, J.W. (1981) *J. Appl. Polym. Sci.*, **26**, 1.
11. Bartlett, D.W., Barlow, J.W., and Paul, D.R. (1982) *J. Appl. Polym. Sci.*, **27**, 2351.
12. Chiuad, W.E. and Fang, S.J. (1985) *J. Appl. Polym. Sci.*, **30**, 1573.
13. Park, H.D., Park, K.P., Cho, W.J., Ha, C.S., and Kwon, S.K. (1996) *Polym. Recycl.*, **2**, 277.
14. Hajian, M., Sadrmohaghegh, C., and Scott, G. (1984) *Eur. Polym. J.*, **20**, 135.
15. La Mantia, F.P. (1998) *Macromol. Symp.*, **135**, 157–165.
16. La Mantia, F.P. (1996) Basic problems in plastic recycling, in *Recycling of PVC and Mixed Plastics* (ed. F.P. La Mantia), ChernTec Publishing, Toronto.
17. Pfaendner, R. (2006) *Polym. Degrad. Stab.*, **91**, 2249–2256.
18. Tsenoglou, C., Kartalis, C.N., Papaspyrides, C.D., and Pfaendner, R. (2001) *J. Appl. Polym. Sci.*, **80**, 2207–2217.
19. Klemchuk, P.P. and Thompson, T. (1992) Stabilization of recycled plastics, in *Emerging Technologies in Plastic Recycling*, ACS Symposium Series, vol. **513** (eds G.D. Andrews and P.M. Subrarnanian).
20. Ma, W.G. and La Mantia, F.P. (1996) *J. Appl. Polym. Sci.*, **59**, 759.
21. Radonjic, G., Musil, V., and Smit, I. (1998) *J. Appl. Polym. Sci.*, **69**, 2625.
22. Jurkowski, B., Kelar, K., and Ciesielska, D. (1998) *J. Appl. Polym. Sci.*, **69**, 719.
23. Samios, C.K. and Kalfoglou, N.K. (1998) *Polymer*, **39**, 3863.
24. Kang, T.K., Kim, Y., Lee, W.K., Park, H.D., Cho, W.J., and Ha, C.S. (1999) *J. Appl. Polym. Sci.*, **72**, 989.
25. Rana, D., Lee, C.H., Choe, S., Cho, K., and Lee, B.H. (1998) *Korean Polym. J.*, **6**, 158.
26. Zhong, Z.K., Zheng, S.X., Yang, K.J., and Guo, Q.P. (1998) *J. Appl. Polym. Sci.*, **69**, 995.
27. Blom, H.P., The, J.W., and Rudin, A. (1998) *J. Appl. Polym. Sci.*, **70**, 2081.
28. Galli, P., Danesi, S., and Simonazzi, T. (1984) *Polym. Eng. Sci.*, **248**, 544.
29. Yang, D., Zhang, B., Yang, Y., Fang, Z., and Sun, G. (1984) *Polym. Eng. Sci.*, **248**, 612.
30. Ha, C.S., Park, H.D., and Cho, W.J. (2000) *J. Appl. Polym. Sci.*, **76**, 1048–1053.
31. Dintcheva, N.T., Jilov, N., and La Mantia, F.P. (1997) *Polym. Degrad. Stab.*, **57**, 191–203.
32. Boersma, A. (2006) *Polym. Degrad. Stab.*, **91**, 472–478.
33. Stevenson, J.C. (1995) *J. Vinyl Add. Tech.*, **1**, 41.
34. Havriliak, S. Jr., and Williams, D.R. (1990) *Polymer*, **31**, 115.
35. Waskitoaji, W., Triwulandari, E., and Haryono, A. (2012) *Procedia Chem.*, **4**, 313–321.
36. Murphy, J. (2001) *Additives for Plastics*, 2nd edn, Elsevier Science Inc., New York.
37. Fox, J. (2008) *Analysis of Polymer Additives in the Packaging Industry*, Packaging Science, p. 9.
38. Zhang, H. (2014) *Mater. Des.*, **59**, 130–134.

2.2 高分子材料回收技术中聚合物添加剂的最新趋势和未来：简要概述

2.2.1 引言

添加剂是商用聚合物制造业的支柱，在增强各种聚合物体系如弹性体、橡胶、涂料和黏合剂的性能方面起着至关重要的作用。在没有添加剂存在的情况下，许多聚合材料的用途有限，且不能使用在需要改善聚合物性能的关键领域。本节讨论的主要是本章第一部分未涉及的添加剂技术的发展概况，如用于添加剂的分析方法。本节最后讨论了添加剂回收利用的挑战和未来。

有关聚合物回收添加剂所有领域的发展概况尚未见诸报道，统一方法对于克服聚合物回收过程中出现的挑战具有相当重要的意义。这是一个迅速崛起的领域，本章只考虑了正在进行的研究工作。因此，本章的目的是简要概述添加剂的技术，以及该领域涵盖的范围和未来发展。

2.2.2 多种添加剂

尽管主要的回收添加剂可以满足诸如稳定和延长回收材料寿命等功能，但仍然需要在聚合物中添加某些其他类型的添加剂，旨在提高回收和未回收聚合物体系在其广泛应用中的整体性能。

2.2.2.1 成核剂

成核剂是在聚合物熔融环境中形成晶核的添加剂，它促进或刺激聚合物体系中晶体的生长[1]。成核剂也可被视为澄清剂或聚合物体系中的澄清改进剂。有关成核剂的问题在文献[2]中已有论述。

成核剂可分为无机成核剂、山梨糖醇化合物、磷酸盐和偶联成核剂。

2.2.2.1.1 无机成核剂

无机成核剂是在聚合物加工中起到成核作用的无机材料。例如，氧化铝、氢氧化铝、铝等无机物粉末，二氧化钛和氟化钙等无机物被用作聚氰基芳基醚的成核剂。同样，高岭土、滑石、云母、二氧化硅、碳酸钙、脂肪酸的金属盐等常被用作聚酯的成核剂。

常用的成核剂有滑石、二氧化钛、氧化镁、4-叔丁基苯甲酸、己二酸、二苯乙酸、琥珀酸钠、苯甲酸钠和离聚物[1,3,56-63]。Aerosil R 已被试用作为聚苯胺聚合物体系的成核剂[11]。Aerosil R 以多种方式充当增强剂、抗黏连剂，也可作为流变改进剂。其他的用于聚酯体系的成核剂是滑石粉、氟化钙、苯基膦酸钠、氧化铝以及细碎化的聚四氟乙烯。

2.2.2.1.2 山梨糖醇化合物

二亚苄基山梨糖醇具有类纤维状结构，可作为有效的成核剂在加工阶段促进聚烯烃体系的结晶[12]。该化合物的作用方式是当二亚苄基山梨糖醇的浓度达到临界值时，在结晶发生的阶段之前，随着系统内温度降低其纤维结构会自组装成三维网络结构。这种纤维网络结构可以促进聚合物中成核和结晶生长的后续互补过程。二亚苄基山梨糖醇网络结构的定向变形将作为聚丙烯(PP)各向异性结晶的模板，以提供高的层状取向水平。这种添加剂的一个例子是 2,4-双-(3,4-二甲基亚苄基)山梨糖醇。

2.2.2.1.3　磷酸盐

已观察到即使在非常低的浓度下有机磷酸盐仍具有非常高的成核效率，这会导致材料的弯曲模量显著增加[13]。有机磷成核剂在改善 *i*-PP 的机械性能方面优于山梨糖醇化合物，而山梨糖醇化合物可以显著提高聚合物的透明度。然而，有机磷成核剂和山梨糖醇成核剂对晶化的峰值温度有类似的影响[14]。

2.2.2.1.4　偶联成核剂

偶联成核剂包括偶联的半结晶均聚物或乙烯、丙烯或其他 α-烯烃的共聚物。这些聚合物通常是通过一种或多种偶联剂偶联在一起的，例如卡宾[15]、氮烯[16]，或叠氮化物偶联剂[17]。偶联成核剂可以以与常规成核剂相同的方式并在相同的加工条件下使用。

2.2.2.2　增强剂或填料

这些添加剂旨在通过充当聚合物基体的增强剂来增加聚合物的强度。它们可以是无机的或有机的，这取决于添加它们的聚合物环境。通过添加这种材料，聚合物成为复合材料。当增强体是纳米物体时，它们被称为纳米复合材料。与传统的纤维或颗粒增强复合材料相比，由于嵌入在基体中的纳米级增强填料有较高的表面积与体积比，因此预计纳米复合材料可以提供优异的物理性能。在许多情况下，这些添加剂经过表面改性可以增加分散相之间的相互作用。聚合物配方中常用的无机填料如图 2.10[18]所示。

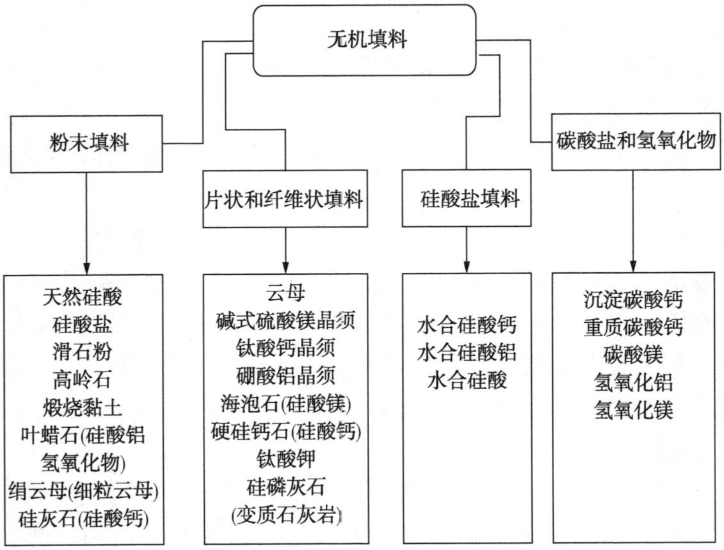

图 2.10　聚合物配方中常用的无机填料

增强材料和填充材料的材料特性略有不同，可以通过它们添加到的聚合物体系的功能来区分。填料是微小的颗粒或物体，对机械强度的贡献很小。而增强材料能够改善其分散于其中的聚合物材料如抗冲击性、刚度和机械强度等性能。一些材料如玻璃既用作增强材料又用作填料。

不同类型的增强材料是根据它们为聚合物材料增加的价值来选择的，例如增加导电性、阻燃性和机械强度。下面讨论了用于这些目的的一些常见材料。

2.2.2.2.1 碳纳米管

碳纳米管是卷成圆柱形结构的石墨烯片，直径通常为几纳米，其末端覆盖有半个富勒烯球。它们是独特的纳米结构，具有令人瞩目的电学和机械性能，这是由于碳纳米管和石墨之间的密切关系以及它们的一维特性。纳米管中 sp^2碳-碳键的强度赋予其惊人的机械和导电性能特性。在许多情况下，通过使用表面活性剂对碳纳米管进行表面改性，这些功能化的碳纳米管可以很好地分散在聚合物基体中。

2.2.2.2.2 纳米黏土

大多数黏土矿物属于层状硅酸盐或页硅酸盐的范畴，因为它们的二氧化硅层和氧化铝片以不同的比例和特定的方式结合在一起[19]。硅氧四面体和铝氧或镁氧/羟基八面体的二维阵列是黏土矿物的主要组成部分，它们以不同的方式叠加在一起。纳米黏土被用作热塑性塑料和热固性塑料中的填料。纳米黏土通常可以与另一种化学成分如交联剂结合使用，这有助于为聚合物的机械性能提供独特的整体协同效应[20]。由于纳米黏土是无机物，因此通过在其结构中引入有机部分对其进行有机改性，以与相互作用的聚合物体系相容。

2.2.2.2.3 炭黑和碳纤维

炭黑和碳纤维是导电添加剂，但由于其颜色，用途有限。常用的炭黑平均粒径小于50nm。气相生长的碳纤维直径为5~50nm。导电碳纤维可用于改善聚合树脂的静电放电性能。通常，碳纤维的直径为3~15μm，可能包含平行于纤维轴的石墨烯带。它们是通过有机前体(如酚醛树脂、聚丙烯腈等)的热解进行商业化生产的。一般来说，碳纤维是上浆的，初始长度约为0.05~5cm。这些改性纤维通常在其表面的至少一部分上涂覆上浆组合物。

尽管纳米增强材料提高了整体材料性能，但纳米复合材料制造面临的主要挑战是制造过程中纳米颗粒的聚集。严重的颗粒聚集不利于纳米复合材料的热性能和机械性能。纳米粒子在分散基体中的均匀分散是获得高性能纳米复合材料的关键[21]。

除此之外，根据聚合物体系和所得聚合物材料的应用性质，适当地选择包括石墨、氮化铝、碳化硅、氮化硼和氧化铝在内的导热填料作为添加剂。

2.2.2.3 荧光增白剂

荧光增白剂用于减少聚合物因老化和使用而产生的黄色。需要增白剂的聚合物如 PE(聚乙烯)、PVC(聚氯乙烯)、PMMA(聚甲基丙烯酸甲酯)、PS(聚苯乙烯)和共聚物。

选择合适的荧光增白剂取决于物质的几个因素，例如：

① 最大的增白效果——取决于聚合物体系；

② 色调——通常中性到蓝色是首选；

③ 添加剂与要加入的基体树脂的相容性；

④ 耐光性。

荧光化合物用作荧光增白剂的基本要求是在其结构中存在芳香族或芳香族杂环稠环体系。这些化合物的一个重要特点是存在与芳环相连的不间断的共轭双键链。这种共轭双键的数量取决于结构中取代基的性质以及分子荧光系统的平面性[22]。大多数增白剂化合物属于二苯乙烯或4,4′-二氨基二苯乙烯、联苯、五元杂环(三唑、噁唑、咪唑等)或六元杂环系统(香豆素、萘二甲酰胺、三嗪等)的衍生物[23]。

荧光增白剂必须溶解在聚合物中才能有效。荧光增白剂可以是无机的或有机的。

2.2.2.3.1 无机增白剂

这些化合物吸收在电磁波谱可见光范围内的光，例如，钛颜料吸收在近可见光到紫外线范围内的光。与锐钛矿颜料相比，它们的效率较低，锐钛矿颜料吸收了约 380nm 波长范围内近 40%的紫外线。

2.2.2.3.2 有机增白剂

已知只有几类有机化合物适合用作聚合物的增白剂。其中包括[22]双苯并噁唑、苯基香豆素、双苯乙烯基联苯。

图 2.11 中为属于这些类别并用作有机增白剂的一些化合物及其结构。

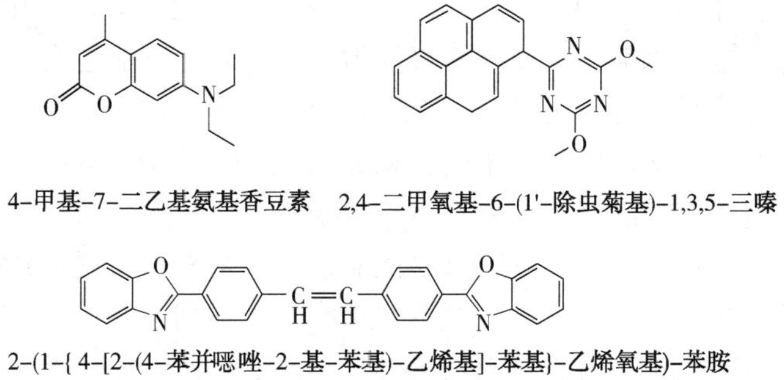

图 2.11 一些有机增白剂的化学结构

2.2.2.3.3 提高荧光增白剂的稳定性——熔体挤出技术

通过熔体挤出技术可以提高荧光增白剂的热稳定性。当采用熔融共混或挤出时，荧光增白剂在高达 310~330℃ 的温度下应具有稳定性[18]。在聚酯中，例如聚对苯二甲酸乙二醇酯(PET)，通过将聚合物与低相对分子质量的聚酰胺(PA)共混，可以降低乙醛形成的趋势。这对于PET作为饮料瓶的应用是理想的。然而，PA的加入会导致产品变黄，通过添加荧光增白剂可以解决这个问题[23]。

2.2.2.4 表面改良剂

此类添加剂也可被视为聚合物加工助剂。在挤出聚合物的制造过程中会出现许多被称为鲨鱼皮、蛇皮和橘皮的表面缺陷，这些缺陷都与聚合物熔体的流变性有关，特别是聚合物的熔体破裂[24]。

熔体破裂是当熔融聚合物流过模具时发生的一种流动现象，并在模具入口处开始，表现为挤出物形状或表面的严重不规则。因此，熔体破裂被认为是模具入口处材料中不均匀或不规则弹性应变的结果。聚合物表面的剪切速率非常高，以至于聚合物表面开始破裂。也就是说，挤出聚合物的表面相对于聚合物熔体存在滑移。表面的流动速度通常不能跟上挤出物的主体并且发生熔体破裂。挤出物的形状或表面的这些不规则性是人们所不希望看到的。例如，聚合物体系中的不规则性会在吹塑薄膜上产生不美观的图案[22]。通常将加工助剂添加到聚合物中，以便在熔体加工阶段使助剂迁移到聚合物表面并在聚合物和模具表面之间产生润滑作用，从而提高产量，减少熔体破裂[25]。

然而，在某些情况下，熔体破裂是一种理想的特性，因为可以通过迫使熔融聚合物通过涂有受控图案的低表面能材料的模具，使得挤出的聚合物产品表面上形成图案。当聚乙烯从模具中出来时，在涂层材料(可以是硅、无机化合物或含氟聚合物)的间隙处产生熔融破裂[26]。

用于在聚合物加工和回收阶段减少熔体破裂的不同类型的添加剂介绍如下。

2.2.2.4.1 *碳氟化合物*

众所周知，碳氟化合物加工助剂能部分减轻可挤出热塑性烃基聚合物配方中的熔体缺陷，并能够实现更快、更有效的挤出。Blatz开发了碳氟聚合物加工助剂，可在熔融挤出的烃聚合物中应用，其中氟化聚合物是氟/碳原子比至少为1∶2的氟化烯烃的均聚物和共聚物，以及具有与烃聚合物相似的熔体流动特性的碳氟聚合物[27]。研究表明，偏二氟乙烯均聚物也可用于改善低密度聚乙烯(LDPE)的挤出性能[28]，并且多峰含氟聚合物在用作聚合物加工添加剂时的性能优于单峰氟塑料[29]。

2.2.2.4.2 *丙烯酸树脂*

丙烯酸基加工助剂可用于改善高密度聚乙烯(HDPE)的挤出。然而，这种加工助剂在挤出具有窄相对分子质量分布的线型低密度聚乙烯(LLDPE)方面仅显示出微小的改进[30]。此外，丙烯酸聚合物通常比含氟聚合物便宜得多。因此，使用丙烯酸树脂而不是含氟聚合物作为加工添加剂具有经济优势。然而，研究表明，简单地将丙烯酸聚合物和含氟聚合物添加到聚乙烯挤出过程中会产生相反的结果，这意味着一种方法产生的性能会受到另一种方法简单添加的不利影响[24]。

2.2.2.4.3 有机盐

硬脂酸锌已被证明可以减少聚酯的熔体破裂[31]。在这项工作中，研究者在各种熔融加工设备(如班伯里密炼机或挤出机)中将锌盐与聚酯混合。在该技术中可以使用单螺杆或双螺杆挤出机。通常采用的方法包括将锌盐添加到聚酯中，以在聚合物基础材料例如聚酯或聚烯烃内制备有机酸的锌盐的母料。适用于此目的的聚烯烃包括聚丙烯、线型低密度聚乙烯或高密度聚乙烯。母料在挤出阶段混合成所需的聚酯。母料中锌盐的浓度范围为5%~30%。

2.2.2.5 抗粘连剂

这类添加剂用于防止聚合物体系中的阻塞效应。粘连是塑料薄膜层间不希望有的粘连，通常在储存或使用过程中可能在有压力的情况下发生。由于阻塞效应，当材料是薄膜卷时，展开变得困难，或者当它是袋子时，打开它变得困难。可以通过使用抗粘连剂来防止粘连，抗粘连剂被添加到形成薄膜表面层的组合物中[32]。常用的抗粘连剂有二氧化硅、黏土、石灰石、滑石、沸石、玻璃和合成蜡[33]。

也使用有机抗粘连剂，例如，脂肪酸酰胺是众所周知的添加剂，可防止聚合物网络中出现不需要的黏附。遗憾的是，在例如玻璃层压板中添加此类酰胺作为聚合物片材的抗粘连剂，会对聚合物片材的光学特性例如雾度、透明度和薄膜透明度以及聚合物片材与玻璃的黏合性等产生不利影响。因此，在玻璃层压材料的聚合物片材夹层之间包含脂肪酸酰胺部分对于更好的黏合至关重要。

然而，某些脂肪酸酰胺可以成功地用作聚合物片材中的抗粘连剂，而不会影响或干扰聚合物片材的光学性能或聚合物片材与玻璃的黏合性能。这些酰胺包括芥酸酰胺、山嵛酰胺(二十二烷酰胺)、*N*-油基棕榈酰胺、硬脂基芥酸酰胺、芥酸硬脂酰胺、羟基硬脂酰胺、油酸二乙醇酰胺、硬脂酸二乙醇酰胺、聚(乙二醇)油酸酰胺，以及这些酰胺的混合物。特别优选仲单酰胺，例如*N*-油基棕榈酰胺，它是一种具有双键几何结构的酰胺[34]。

属于这一类别的一些有机抗粘连剂结构如图2.12所示。

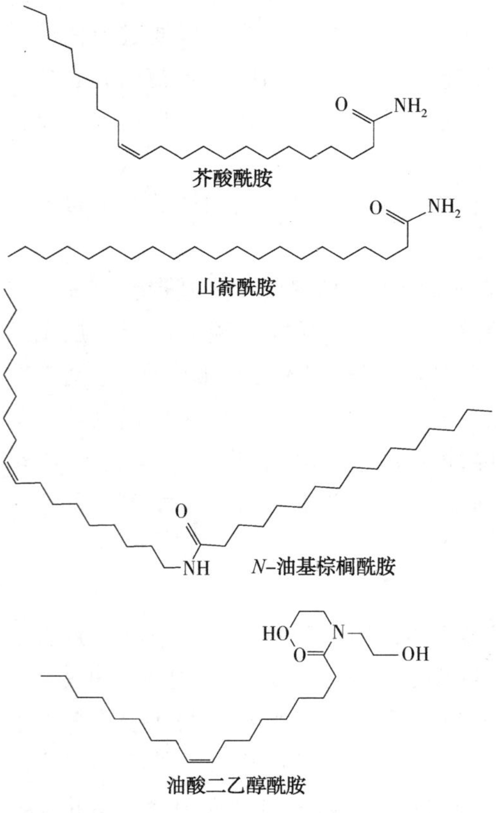

图 2.12 一些有机抗粘连剂结构

2.2.2.6 发泡剂

发泡剂是一类在回收或加工阶段分解形成气体使聚合物的多孔结构膨胀的添加剂。换句话说，这些添加剂通过释放气体导致气泡或空隙的形成。因此，它们可用于制造质量轻且可有效提供热和/或冲击保护的泡沫和可膨胀材料。一个常见的例子是发泡聚苯乙烯(EPS)，它广泛用于包装材料。

在这个过程中，聚苯乙烯在模具中与发泡剂结合，然后加热，使发泡剂被温度激活并引起聚苯乙烯的膨胀[35]。EPS 的局限性在于一些泡沫使用氯氟烃(CFC)，这是有害的温室气体，会导致臭氧层消耗。Murphy 发明了一种不含 CFC 的 EPS，它是用戊烷气体作为发泡剂制成的[36]。

Bates 表明，这些添加剂的发泡作用可以描述为如下四步过程：

第一步，发泡剂必须在液态或熔融态状态下均匀分散在聚合物中(也可能被结合到聚合物的化学结构中)。

第二步，发泡剂释放气体，导致聚合物体系中形成许多单独的小泡孔。

第三步，允许单个泡孔扩展成更大的泡孔。

最后，通过冷却、交联或增加黏度来阻止泡孔生长，从而稳定聚合物。

发泡剂分为物理发泡剂和化学发泡剂。物理发泡剂包括脂肪族烃，例如正戊烷、环戊烷、正己烷、环己烷、正庚烷、甲苯、二氯甲烷等，可在聚合阶段加入，从而使发泡剂夹带在聚合珠粒中；化学发泡剂，例如偶氮二甲酰胺(1,1′-偶氮双甲酰胺)、*N*,*N*′-二亚硝基五亚甲基四胺、对甲苯磺酰肼、4,4′-氧双(苯磺酰肼)，其通过化学分解反应起作用，产生挥发性气体，导致其被截留在其中的聚合物基质发泡[22]。

2.2.2.7 防雾剂

这些添加剂用于减少或防止与聚合物树脂相关的雾化，特别是用作温室栽培或隧道栽培的农用薄膜。用于此目的的大多数聚合物配方包括软乙烯树脂薄膜，其厚度约为 20~250μm，并且包括作为基础树脂的 PVC、支化 LDPE、EVA 共聚物、LLDPE 等。

用作农用薄膜的聚合物材料所需的最基本性能是耐候性、防雾性、保温性和透明度。农用薄膜包围的温室或隧道内的空气中充满了从土壤或植物中蒸发出来的水蒸气，这些水蒸气凝结在冷薄膜的内表面，使聚合材料起雾。由于不规则反射而减少阳光入射，并且由于液滴落在植物上，它们也对植物健康产生不利影响，导致植物病害的频繁发生[22]。

将防雾添加剂加入聚合物薄膜中以克服这些问题。改性后的塑料薄膜不能防止冷凝，但它们以一种有趣的方式起作用。当水蒸气在此类薄膜上凝结时，防雾添加剂会迁移到薄膜表面，使凝结物均匀地分布在薄膜表面，从而产生较大的表面积，进而导致径流而不是在表面形成水滴。

防雾添加剂可以以其纯净形式或作为母料或浓缩物加入到聚合物基质中。典型的防雾添加剂浓度范围为1%~3%。它们具有在薄膜表面迁移的特性。在单层薄膜中，防雾添加剂向两个方向迁移——向需要防雾效果的农膜内部迁移，但也向不需要防雾效果的农膜外部迁移。在聚合物薄膜的外侧，防雾添加剂有可能被雨水“浸出”[3]。常见的防雾添加剂是甘油单油酸酯、聚甘油酯、脱水山梨糖醇酯、乙氧基化脱水山梨糖醇酯、壬基酚乙氧基化物和乙氧基化醇[37]。防雾添加剂可以通过涂层施加到表面。表面活性剂分子的涂层可能会形成对聚合物薄膜或箔片的弱附着，特别是对于聚乙烯薄膜，这是一种不希望有的特性，因为它们可以被热和湿气的作用洗掉。乙氧基化脱水山梨糖醇酯的典型结构如图2.13所示[22]。

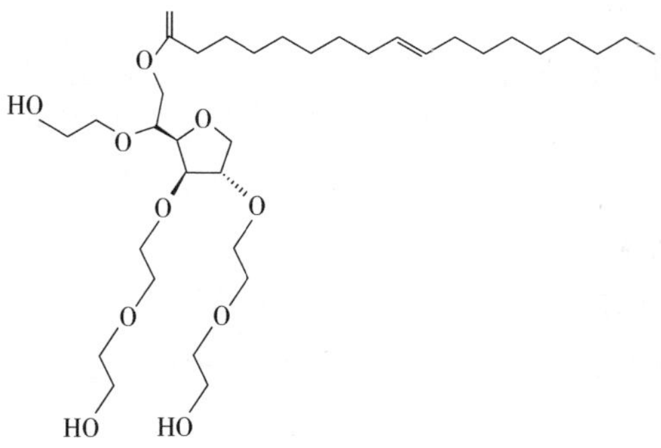

图2.13　乙氧基化脱水山梨糖醇酯（防雾剂）的结构

防雾剂通常与非离子、阴离子和阳离子表面活性剂等物质一起掺入薄膜中，以增强和稳定其活性。研究表明，除传统的涂布和掺入方法外，为农膜提供防雾性能的其他方法包括通过引入极性基团（例如亲水基团），对乙烯基树脂或乙烯树脂膜表面进行化学改性。然而，这种技术由于目前的高经济需求和技术上的困难而没有引起人们的高度关注[22]。

2.2.3　添加剂技术的新趋势

添加剂可以被视为打开新市场和提高现有聚合物及其应用价值的工具。按照惯例，化学添加剂的存在依赖于塑料。因此，影响聚合物消耗的各种因素是添加剂工业的重要考虑因素。最近，塑料和添加剂生命周期的新阶段都朝着新的方向发展，带来了重要的变化。虽然快速增长已经结束，尽管全球竞争加剧，但聚合物添加剂仍然呈现出“高于平均水平”的增长潜力。该领域的投资正在从新的产品调整到工艺开发。只有少数新产品被推出，而且它们通常更像是一种进化而不是革命性的改变。该领域的主要因素是添加剂的使用可以通过克服缺点为新材料开发提供廉价而有效的解决方案。虽然添加剂数量的增长速度缓慢，但现有材料的可能配方数量是巨大的，因此可以推动新材料的发现。

添加剂开发的其他可能驱动力是现有添加剂的问题或缺点，以及需要为副产品寻找补充用途或扩大产品的适用性。新产品配方的其他目标是降低挥发性、增强热稳定性以及在加工和使用过程中增加对环境的考虑。上述目标的实现将产生许多新产品。只有大型生产商才有能力投资与新添加剂的测试和加工相关的研发。

材料之间的竞争将极大地影响添加剂行业。例如，如果茂金属聚烯烃取代PVC市场，那么对热稳定剂和增塑剂的需求可能会减少，而对含氟聚合物加工助剂、抗粘连剂和滑爽剂等产品的需求可能会下降也可能会增加。目前，PVC作为添加剂的主要用户正受到前所未有的威胁。然而，含有更多环保阻燃剂(FR)和增塑剂以及非重金属稳定剂的“绿色”PVC，现在正在被接受。可见，添加剂行业存在于瞬息万变、竞争激烈和技术不断发展的环境中。

与添加剂技术因素相关的各种机会和威胁可总结如下[38]：

(1) 技术机会

① 传统等级的更好剂量(颗粒与粉末)；②单包装系统；③更好的规格；④减少浓度变化；⑤新产品开发；⑥具有新功能的添加剂(例如，UVA FR或FR作为热稳定剂)；⑦在聚合物降解的早期阶段发挥作用的添加剂；⑧多功能配方；⑨增加添加剂和聚合物之间的相互作用；⑩聚合物主链的功能化(锚固)；⑪聚合物添加剂、聚合物结合(接枝)添加剂；⑫环保添加剂；⑬塑料废物管理；⑭纳米复合材料(用于极性热塑性塑料)；⑮活性添加剂；⑯智能添加剂(去需要发挥作用的地方)；⑰表面HALS(受阻胺光稳定剂)；⑱避免添加剂之间的拮抗作用；⑲专利到期；⑳降低分析成本。

(2) 技术威胁

① 对溴化阻燃剂的压力(欧洲)；②小型化；③新聚合物开发；④电子束加工。

最近，在母粒中添加香料的技术有了重大发展。在聚氨酯微胶囊系统中封装的香味可通过标准纺织整理工艺应用于织物。这些配方的目标市场包括汽车内饰和保健、美容和化妆品包装。超支化聚合物作为多功能纳米载体，可用于纸张涂料配方和纺织染料中的增强应用[39,40]。在新材料的科学概念中，添加剂的作用很大(例如，在热塑性塑料弹性体中)。

由于与环境问题相关的因素，引入新型添加剂的趋势继续朝着使用合成或植物油基添加剂材料而不是动物源性添加剂的方向发展。添加剂技术的发展趋势是开发专门为特定应用设计的组合，以解决焦点问题。塑料添加剂的应用越来越广泛，在现有的替代品中有更多的选择，也有更多的方法将添加剂的功能扩展到其传统用途之外。人们越来越期望添加剂能扩大其适用范围，例如，它们不仅应为包装产品提供保护屏障，还必须融入包装及其内容的总体设计[38]。

如前所述，期望新的聚合物创新可以轻易避开使用添加剂是不明智的。在这方面，塑料的电子束加工是化学添加剂的替代品，但研究表明这种方法的适用范围非常有限[41]。

各类添加剂的现状可概括如下[38]：

(1) 抗冲改性剂

产品：丙烯酸、EPDM(三元乙丙橡胶)/EPR(乙丙橡胶)，MBS/ABS/MABS[MBS(甲基丙烯酸酯/丁二烯/苯乙烯)和ABS(丙烯腈/丁二烯/苯乙烯)]；

驱动力：聚氯乙烯消费增长(建筑应用)；

威胁：对聚氯乙烯的负面情绪。

(2) 有机过氧化物

产品：各种各样；

驱动力：树脂生产的增长(聚乙烯、聚氯乙烯、热固性塑料)；

威胁：新技术(金属茂)取代(减少)需求。

(3) 增塑剂

产品：主要是邻苯二甲酸酯和偏苯三酸酯；

驱动力：聚氯乙烯消费的增长；

威胁：聚合物间竞争(聚氯乙烯替代)。

(4) 抗氧化剂

产品：酚类主要抗氧化剂，有机亚磷酸酯次要抗氧化剂；

驱动力：聚烯烃的全球生产；

威胁：没有。

(5)光稳定剂

产品：受阻胺技术，苯并三唑，二苯甲酮；

驱动力：消费者需求，大多数树脂体系；

威胁：减少体积，表面涂层，高性能树脂。

(6) 热稳定剂

产品：有机锡，混合金属，铅基；

驱动力：聚氯乙烯消费增长(建筑应用)；

威胁：聚氯乙烯。

(7) 阻燃剂

产品：溴化和磷基产品，特种无机物；

驱动力：对更安全的最终用途的需求；

威胁：政府法规，转向替代化学品或树脂。

现在让我们来看看各种回收添加剂的进展。

2.2.3.1 稳定剂的进展

近几十年来，稳定剂技术的进步非常显著。新的创新旨在改进和改性，例如更好地保持熔体流动速率、更浅的初始颜色和更好的颜色保持、在加工温度下更高的性能、增强的长期热和光稳定性、抑制气体褪色变色、增强的添加剂相容性、抵抗与其他添加剂的相互作用、减少味道和气味、抑制视觉缺陷(凝胶)、更多的产品形式和更好的性价比[42]。

近20年来，添加剂领域的大部分发展来自所谓添加剂二级结构的演变，即开发具有更高相对分子质量、更好的相容性、更低挥发性等的稳定剂，以此类推，也就是说，所有性质都与聚合物稳定的物理方面直接相关[38]。

2.2.3.2 阻燃剂的进展

阻燃剂是聚合物产品创新的另一个活跃领域。约150~200份财务报告涵盖了市场的大部分要求(1997年价值：22亿美元，占塑料添加剂市场的14%)。相对于一般工业市场，阻燃剂市场正在增长，矿物阻燃剂的增长速度是其他阻燃剂的两倍。因为应用范围广，阻燃剂的种类也多，最终产品规格是这些创新背后的主要驱动力。纤维制造商的要求尤其苛刻[43]，现在Reoflam® FG-372(FMC)满足了这一要求。这里的其他行业驱动因素是溴化材料的逐步淘汰和对无卤素体系的需求增加。此外，更严格的消防法规要求体系在火灾中提供更慢的放热速率，同时减少烟雾产生，以及低阻燃添加剂毒性、烟雾毒性和腐蚀。在一些国家，溴化材料仍被广泛用于电视机制造。文献显示，新的溴化阻燃剂不断推出，例如，用于苯乙烯共聚物的三(三溴苯基)氰尿酸酯(FR-245)和用于聚丙烯的三(三溴新戊基)磷酸酯(死海溴)，以及用于聚对苯二甲酸丁二醇酯、聚酯和聚酰胺的溴化聚苯乙烯Saytex HP-7010(Alebmarle)[44]。

北美尚未实施对卤素阻燃剂的禁令。尽管如此，非卤素在某些领域取得进展[45]。在欧洲，非卤素阻燃剂蓬勃发展，而因为环境感知、腐蚀性和产生的烟雾的毒性，基于卤素的添加剂受到越来越多的限制。技术挑战是用非卤素材料实现可接受的阻燃性，而不对化合物的机械和物理性能产生负面影响。研究表明，对非卤素阻燃剂的研究在几个聚合物体系中已经取得了成功，例如，科莱恩基于APP的Exolit AP和拜耳基于DMPP的Levagard VP SP 51009 FRs；偶然发现的新型非重金属、非卤化阻燃剂增效剂基于*N*-烷氧基胺(NOR)[46,47]。

最近报道的其他体系是用于PC/ABS(聚碳酸酯/丙烯腈/丁二烯/苯乙烯)和PPO混合物的无卤磷FR FP-500(Amfine)和用于环氧树脂的反应性亚磷酸酯Struktol PD3710(Schill和Seilacher)[48]，以及用于电缆行业的无卤、无磷阻燃剂。聚合物燃烧和阻燃的机理研究对于开发高效的新型无毒环保阻燃剂(如膨胀型体系)是必要的。同时，已经建议采用高通量方法[49]。卤化材料配方，通常与氧化锑结合，通过猝灭气相中的自由基反应来发挥作用。水合填料，如氢氧化铝和氢氧化镁，通过简单地在加热时向系统中释放水来发挥作用。膨胀型阻燃剂体系(通常基于磷酸盐)特别适用于烯烃聚合物，其作用是在受热的聚合物材料表面形成膨胀炭层，从而阻燃。典型实例包括基于磷的无卤阻燃添加剂，其通过形成保护性炭来发挥作用。

最近，阻燃添加剂类别有了新的发展，产生了对环境安全的阻燃剂，主要集中在有机硅化合物、纳米复合材料、硼酸盐、氢氧化物和三聚氰胺衍生物上。阻燃剂正朝着使用几种阻燃手段协同体系的方向发展，例如磷与卤素的结合。目前添加剂市场上有单组分阻燃体系（例如 GLCC 公司的 Fyrebloc）。同样在该领域，来自协同添加剂间的竞争（例如磷、氮、硅和金属氧化物/氢氧化物阻燃体系之间的竞争）对阻燃添加剂既是机遇也是威胁。

2.2.3.3 增塑剂的进展

对于用作增塑剂的添加剂，溢出挥发是一个主要关注点，因此某些邻苯二甲酸酯类型已逐渐被淘汰，取而代之的是高相对分子质量的聚合物类型（例如乙烯共聚物）。Mesamoll（Bayer）是一种不含邻苯二甲酸酯的增塑剂。聚氯乙烯的增塑剂正在从邻苯二甲酸二辛酯、铅和三氧化二锑变为无二氧化硅、无铅、ATH/MDH 和低三氧化二锑的物质[50]。尽管文献表明已对作为聚氯乙烯外部增塑剂的新型材料进行了评估，但其中只有少数可能商业化。这些措施的主要缺点是健康、安全和环境影响强制性测试的成本，目前构成了主要的开发成本。

2.2.3.4 着色剂的进展

着色剂是一类在其功能上经历了巨大进步的添加剂。研究表明，通过有机颜料代替重金属基颜料对聚烯烃进行着色确实是可行的[51]。最近的一些研究进展基于高分散性喹吖啶酮、二酮吡咯并吡咯（DPP）、蒽醌、异吲哚酮、苯并咪唑酮等，以及液体色母料。近期推出的新颜料是 Ciba Irgacolor Yellow 2 GTF 和 Ciba Cromophtal Yellow 3 RLR。典型的无机粉末颜料是钒酸铋、Cr/Sb/Ti 氧化物、Mn/Sb/Ti 氧化物、Cr/Fe/Zn 氧化物、Co/Al 氧化物等[38]。

2.2.3.5 填料的进展

在填料设计中，控制粒径和粒径分布（从微米到介观和纳米尺度）越来越多地成为制备新型聚合物复合材料的关键因素。这种方法的驱动力包括增加界面面积，从而增加聚合物-填料界面区的容积率，以及更好的颗粒分布均匀性。其他技术进展包括通过无机/有机杂化前体的水解原位生成填料颗粒[52,53]、表面改性、封装、多功能填料和改进的复合技术。当前研究关注的新型材料类别包括工程矿物纤维、石墨纳米管/纳米片/纳米纤维和导电填料。

2.2.3.6 其他添加剂类别的进展

其他添加剂材料的技术进步也有报道，这些与不饱和聚酯的过氧化物引发剂有关[54]。此外，已从脱模剂和硬质聚氨酯绝缘泡沫中几乎去除了氯化碳氟化合物。已经引入了基于含氟聚合物的加工助剂（例如含有/不含有聚乙烯氧化物的亚乙烯基/六氟丙烯共聚物）[55]。最近的一些进展还包括永久性（非迁移性）抗静电剂（Irgastat P22）和非常有效的防雾添加剂（Atmer 651、Atmer 691）[38]。最近对聚合物抗静电剂及其应用也进行了回顾[56]。其他添加剂也正在经历重大发展。Millad 3988（Milliken Chemical 公司）是一种新型的聚丙烯成核剂和澄清剂。最近，还推出了新的非常有效的杀菌剂（例如 Irgosan PA）。用于颜料浓缩物的新型分散助剂(Ceridust 蜡，科莱恩公司)已经商业化[57]。

共聚体系的使用本质上是一个新的概念，它不使用低相对分子质量添加剂材料。然而，在其聚合物系统链中引入包括加成功能的无规共聚物通常导致成本较高，而工业实例已有报道(Borealis，联合碳化物公司)[38]，将阻燃剂官能团锁定到聚合物主链中将会阻止其迁移。有机磷官能团已经被引入到聚酰胺主链中，以改变其热行为[58]。

2.2.3.7 多功能添加剂

最近推出的多功能添加剂引起了人们的极大兴趣，例如用于 PA 纤维制造的 Nylostab S-EED(熔融、光和长期热稳定剂、纤维可染性)和 Lowinox MD 24(金属钝化剂和抗氧化剂)。Liu 等[59]报道了一系列双功能含有邻羟基二苯甲酮、受阻胺或受阻酚基团的稳定剂(UV-HALS、UV-AO 和 HALS-AO)，可有效保护 PP 免受光氧化和热氧化。受阻胺热稳定剂(HATSs)，例如 Hostavin N-30，是具有多功能特性的添加剂的其他实例，既可用作抗氧化剂又可作紫外线稳定剂。文献[60，61]中已经提到了用于聚合物的各种其他多官能稳定剂。

文献[62]对塑料回收中的多功能添加剂进行了综述，不同的功能可列举如下：

阻燃剂-抑烟剂，阻燃剂-增塑剂，阻燃剂-润滑剂，阻燃剂-热稳定剂，阻燃剂-热稳定剂-光稳定剂，增塑剂-热稳定剂，紫外线吸收剂-热稳定剂，紫外线吸收剂-抗氧化剂，紫外线稳定剂-抗氧化剂-加工助剂，紫外线稳定剂-阻燃剂-抑烟剂，抗氧剂-热稳定剂，抗氧剂-热稳定剂-增稠剂，抗氧剂-增塑剂，熔体稳定剂-光稳定剂，成核剂-光学增白剂，增滑剂-抗粘连剂，颜料-填料，填料-成核剂，金属钝化剂-抗氧化阻燃剂，抗增塑剂-加工助剂，增容剂-载体树脂。

2.2.4 结论

这是一个社会对环境和自然资源可持续性的态度迅速变化的时代，也是一个关注健康和安全的时代，因此在生态和环境领域对“更安全”的塑料和“更友好”的添加剂的需求日益增加。聚合物回收本身就是一种创新，这是环境问题和健康因素的结果。聚合物回收过程中使用的添加剂材料的特性必须满足卫生和生态毒理学方面的要求，以避免风险因素。因此，添加剂分析是一个重要领域，有助于评估聚合物体系中添加剂材料的性质，从而监测添加剂在环境中的影响。添加剂的加工主要针对聚合物添加剂配方的应用潜力，其中包括加入添加剂的聚合物材料的性能。因此，21 世纪环保添加剂领域的创新和发展有助于平衡聚合物体系的环境相互作用和体系性能的提高，从而实现聚合物回收的最终目标。

参 考 文 献

1. Mehta, A.K., Datta, S., Li, W., and Iyer, S.S. (2009) Heterogeneous polymer blends and molded articles therefrom. US Patent 7 476 710, assigned to Exxon-Mobil Chemical Patents Inc. (Houston, TX), Jan. 13, 2009.
2. Gahleitner, M. and Wolfschwenger, J. (2001) in *Encyclopedia of Materials: Science and Technology* (eds K.H.J. Buschow, R. Cahn, M.C. Flemings, B. Ilschner, E.J. Kramer, S. Mahajan, and P. Veyssiere), Elsevier, Oxford, pp. 7239–7244.
3. Piccinelli, P., Vitali, M., Landuzzi, A., Da Roit, G., Carrozza, P., Grob, M., and Lelli, N. (2008) Permanent surface modifiers. US Patent 7 408 077, assigned to Ciba Specialty Chemicals Corp. (Tarrytown, NY).
4. Fanegas, N., Gbmez, M., Marco, C., Jimhez, I., and Ellis, G. (2007) Influence of a nucleating agent on the crystallization behaviour of isotactic polypropylene and elastomer blends. *Polymer*, **48** (18), 5324–5331.
5. Burmaster, D., Hodges, O., Lumus, J.L., Kelly, L.A., and Murphy, M. (2007) Polypropylene having improved clarity and articles prepared there from. US Patent 7 241 850, assigned to Fina Technology, Inc. (Houston, TX).
6. ASTM (2009) Standard test method for haze and luminous transmittance of transparent plastics, in *ASTM Standard, Book of Standards*, Vol. 08.01 ASTM D1003-07e1, ASTM International, West Conshohocken, PA.
7. Tobita, E., Nomura, K., and Kawamoto, N. (2008) Nucleating agent composition and crystalline polymer compositions containing the same. US Patent 7 442 735, assigned to Asahi Denka Co., Ltd. (Tokyo, JP).
8. Yi, Q.F., Wen, X.J., Dong, J.Y., and Han, C.C. (2008) A novel effective way of comprising a [beta]-nucleating agent in isotactic polypropylene (i-pp): polymerized dispersion and polymer characterization. *Polymer*, **49** (23), 5053–5063.
9. Zhao, S., Cai, Z., and Xin, Z. (2008) A highly active novel p-nucleating agent for isotactic polypropylene. *Polymer*, **49** (11), 2745–2754.
10. SpecialChem S.A. (2009) Nucleation Solutions to Improve Polyolefins Performance and Processing, http://www.specialchem4polymers.com/tc/Polyolefin-Nucleators/2009 (accessed 11 May 2016).
11. Presenz, U., Schmid, S., Hartmann, R., and Luck, H.R. (2005) Method for producing a polyamide compound. US Patent 6 881 477, assigned to EMS-Chemie AG (Domat/Ems, CH).
12. Wang, K., Zhou, C., Tang, C., Zhang, Q., Du, R., Fu, Q., and Li, L. (2009) Rheologically determined negative influence of increasing nucleating agent content on the crystallization of isotactic polypropylene. *Polymer*, **50** (2), 696–706.
13. Marco, C., Gomez, M.A., Ellis, G., and Arribas, J.M. (2002) Highly efficient nucleating additive for isotactic polypropylene studied by differential scanning calorimetry. *J. Appl. Polym. Sci.*, **84** (9), 1669–1679.
14. Zhang, Y.F. (2008) Comparison of nucleation effects of organic phosphorous and sorbitol derivative nucleating agents in isotactic polypropylene. *J. Macromol. Sci. Part B Phys.*, **47** (6), 1188–1196.
15. Mathur, N.C., Snow, M.S., Young, K.M., and Pincock, J.A. (1985) Substituent effects on the rate of carbene formation by the pyrolysis of rigid aryl substituted diazomethanes. *Tetrahedron*, **41** (8), 1509–1516.
16. Abramovitch, R.A., Chellathurai, T., Holcomb, W.D., McMaster, I.T., and Vanderpool, D.P. (1977) Intramolecular insertion of arylsulfonylnitrenes into aliphatic side chains. *J. Org. Chem.*, **42** (17), 2920–2926.
17. Stevens, J.C., Vanderlende, D.D., and Ansems, P. (2007) Crystallization of polypropylene using a semi-crystalline, branched or coupled nucleating agent. US Patent 7 250 470, assigned to Dow Global Technologies Inc. (Midland, MI).
18. Tanizaki, T., Nakahara, T., and Kubo, M. (2001) Poly (4-methyl-l-pentene) resin laminates and uses thereof. US Patent 6 265 083, assigned to Mitsui Chemicals, Inc. (Tokyo, JP).
19. Wong, E.W., Sheehan, P.E., and Lieber, C.M. (1997) Nanobeam mechanics:

elasticity, strength, and toughness of nanorods and nanotubes. *Science*, **277** (5334), 1971–1975.

20. Acquarulo, L.A. Jr., O'Neil, C., and Xu, J. (2006) Optimizing nano-filler performance in polymers. US Patent 7 034 071, assigned to Foster Corporation (Putnam, CT).
21. Thomas, S. and Stephen, R. (eds) (2010) *Rubber Nanocomposites: Preparation, Properties and Applications*, Wiley-VCH Verlag GmbH.
22. Karl Fink, J. (ed.) (2010) *A Concise Introduction to Additives for Thermoplastic Polymers*, Wiley-VCH Verlag GmbH.
23. Dalton, J.S.N., Stafford, S.L., and Hewa, J.D. (1999) Polyester and optical brightener blend having improved properties. US Patent 5 985 389, assigned to Eastman Chemical Company (Kingsport, TN).
24. Chisholm, P.S., Tikuisis, T., Goyal, S.K., Checknita, D., and Bohnet, N.K.K. (1998) Melt fracture reduction. US Patent 5 854 352, assigned to Nova Chemical Ltd. (Calgary, CA).
25. May, D.D. and Zimmermann, B. (2008) Titanium dioxide-containing polymers and films with reduced melt fracture. US Patent 7 338 995, assigned to E.I. du Pont de Nemours and Company (Wilmington, DE).
26. Su, T.K. (1986) Method and apparatus producing decorative melt fracture patterns on polymeric products. US Patent 4 615 858, assigned to Mobil Oil Corporation (New York, NY), Oct. 7, 1986.
27. Blatz, P.S. (1964) Extrudable composition consisting of a polyolefin and a fluorocarbon polymer. US Patent 3 125 547, assigned to E.I. DuPont de Nemours and Co.
28. Chu, S.C. and Shaw, R.G. (1988) Compositions of linear polyethylene and polyvinylidene fluoride for film extrusion, and films thereof. US Patent 4 753 995, assigned to Mobil Oil Corporation (New York).
29. Dillon, M.P., Woods, S.S., Fronek, K.J., Lavallee, C., Amos, S.E., Weilandt, K.D., Kaspar, H., Hirsch, B., Hintzer, K., and Scott, P.J. (2001) Polymer processing additive containing a multimodal fluoropolymer and melt processable thermoplastic polymer composition employing the same. US Patent 6 277 919, assigned to Dyneon LLC (Oakdale, MN).
30. Heitz, W.D. (1990) Paraloid extrusion aids for high molecular weight hdpe film resins. US Patent 4 963 622, assigned to Union Carbide Chemicals and Plastics Company Inc. (Danbury, CT).
31. Cobb, D.C. and Mercer, J.W. Jr., (2000) Process for making thermoplastic profiles having reduced melt fracture. US Patent 6 100 320, assigned to Eastman Chemical Company (Kingsport, TN).
32. Cretekos, G.F. and Wagner, J.R. Jr., (2002) Block-resistant film. US Patent 6 472 077, assigned to Exxon Mobil Oil Corporation (Fairfax, VA).
33. Keung, J.K., Donovan, K.M., and Balloni, R. (1987) Heat sealable film and method for its preparation. US Patent 4 692 379, assigned to Mobil Oil Corporation (New York).
34. Chen, W., Smith, A.N., and Karagiannis, A. (2009) Poly(viny1 butyral) pellets. US Patent 7 491 761, assigned to Solutia Incorporated (St. Louis, MO).
35. Soroka, W. (2002) *Fundamentals of Packaging Technology*, 3rd edn, Institute of Packaging Professionals, Naperville, IL.
36. Murphy, J. (2001) *Additives for Plastics*, 2nd edn, Elsevier Science Inc., New York.
37. Sudo, K., Mori, S., Okada, T., Ikeno, H., Shichijo, K., and Ohnishi, S. (1993) Agricultural film. US Patent 5 262 233, assigned to Mitsubishi Petrochemical Co., Ltd. (Tokyo, JP).
38. Bart, J.C.J. (2005) *Additives in Polymers: Industrial Analysis and Applications*, John Wiley & Sons, Ltd.
39. Bruens, C., Nieland, R., and Stanssens, D. (1999) New performance additives from DSM. *Polym. Polym. Compos.*, 7 (8), 581–587.
40. DSM Venturing & Business Development (2002) Profile Sheet 7, Hybrane ®, DSM, Heerlen.
41. Stern, M. (2000) Proceedings SPE ANTEC 2000, Orlando, FL, pp. 1772–1776.
42. Voigt, W. and Todesco, R. (2002) New approaches to the melt stabilization of

polyolefins. *Polym. Degrad. Stab.*, **77**, 397–402.
43. Buszard, D.L. (1998) Proceedings Polypropylene '98, Zurich.
44. De Schrijver, D. (2003) in *Proceedings 3rd European Additives and Colors Conference* (ed. J.M. Líegois), SPE Benelux, Antwerp, pp. 46–51.
45. Wigotsky, V. (2001) Flame retardants. *Plast. Eng.*, **57** (2), 22–33.
46. Srinivasan, R., Gupta, A., and Horsey, D. (1998) Proceedings International Conference on Additives in Polyolefins, Houston, TX, pp. 69–83.
47. Troutman, M.V. (2002) Proceedings 11th International Conference on Additives, Clearwater Beach, FL.
48. Sprenger, S. and Utz, R. (1998) Proceedings AddCon World '98, London, Paper 18.
49. Nyden, R.M. and Gilman, J.W. (2000) *Recent Adv. Flame Retard. Polym. Mater.*, **11**, 19–24.
50. Schmidt, R. (1998) Proceedings AddCon World '98, London, Paper 17.
51. Ansias, M.P. (1999) Sostituzione di pigmenti a base dimetallo pesante nella colorazione delle poliolefine. *Pitturee Vernici, Eur. Coat.*, **75** (12–13), 39–41.
52. van Damme, H. (2001) Preprints Euro-Fillers'01, Łodź, Poland, Paper L-01.
53. Soma, I. (1998) *Purasuchikkusu*, **49** (10), 20–27.
54. Maltha, A. (1998) Proceedings Organic Peroxides Symposium (AKZO Nobel), Apeldoorn, Paper 5.
55. Amos, S.E. (1997) Proceedings Polyolefins X, Houston, TX, pp. 133–143.
56. Sumi, H. (1998) *Purasuchikkusu*, **49** (10), 34–40.
57. Sale, N. (2003) in *Proceedings 3rd European Additives and Colors Conference* (ed. J.M. Líegois), SPE Benelux, Antwerp, pp. 117–123.
58. Wheeler, J.W., Zhang, Y., and Tebby, J.C. (1998) *Spec. Publ. R. Soc. Chem.*, **224**, 252–265.
59. Liu, N., Pan, J.-Q., and Lau, W.W.Y. (1998) *Polym. Degrad. Stab.*, **62**, 307–314.
60. Minsker, K.S., Biglova, R.Z., Davydov, E.Y., and Zaikov, G.E. (1998) *Plast. Massy*, **4**, 25–27.
61. Habicher, W.D., Pawelke, B., Bauer, I., Yamaguchi, K., Kosa, C., Chmela, S., and Pospíšil, J. (2001) Synthesis and antioxidative properties of novel multifunctional stabilizers. *J. Vinyl Add. Tech.*, **7** (1), 4–18.
62. Herbst, H. and Pfaendner, R. (1998) Proceedings ARC '98 (Annual Recycling Conference), SPE, Brookfield, CT, pp. 205–214.
63. Matsuo, S., Murakami, T., Bando, T., and Nagatoshi, K. (1989) Reinforced resinous composition comprising polycyano arylene ether. US Patent 4 812 507, assigned to Idemitsu Kosan Company Limited (Tokyo, JP).

3 回收方法

Beena Sethi

3.1 聚合物的回收方法：加成聚合物

3.1.1 引言

全世界每年预计产生 1×10^8t 塑料产品[1]。由于聚合物具有极高的稳定性和耐久性从而受到欢迎并被普遍应用[2,3]。然而，大量使用的塑料释放到环境中时，很大程度上不会自然降解[2,4,5]。

商业化聚合物，尤其是用于包装(例如快餐)、工业和农业领域的商业塑料产量急剧增加，由于其生物降解性差，大量堆积带来的环境污染问题可能会持续几个世纪，已经受到了公众的关注[6]。一方面，现在一些团体十分关注废弃塑料对环境的影响，包括其对野生动物以及城市和森林美观度的不良影响，因为处理不当的塑料会存留在环境中并危害生命；另一方面，聚合物和塑料的燃烧会导致持久性的有机污染物，如呋喃和二噁英[7]。

塑料产品在环境中的降解有四种机制：光降解、热氧化降解、水解降解以及微生物的生物降解[8]。众所周知，塑料制品的自然降解开始于光降解，这是由于太阳光中的紫外光线提供了最初氧原子进入聚合物所需的活化能，进而导致热氧化降解[8,9]。这导致塑料变脆并分解成越来越小的碎片，直到聚合物链达到足够低的相对分子质量，可以被微生物代谢[8]。这些微生物要么将聚合物链中的碳转化成二氧化碳，要么将其引入生物分子中[2,8]。然而，这整个过程非常缓慢，可能需要 50 年甚至更长的时间塑料才能完全降解[10]。

聚合物是一种由许多被称为单体的小分子组成的大分子。聚合物可能是线型的、简单的枝链型的或者高度交联的。有两种主要的体系用于对聚合物的分类：一种是基于它们对热处理的反应(热塑性塑料和热固性塑料)，另一种是基于聚合过程中化学反应的本质(缩聚和加成聚合物)[11]。加聚反应涉及简单分子的组合，该过程不产生任何新产物。相反，缩聚反应是简单的或不同的分子的组合，这一过程伴随着水或氨等副产物的形成[11]。通过了解城市固体废弃物(MSW)中不同类型聚合物的结构，可以获得最有用的分解产物，并且通过催化剂可以改变它们的降解机制[11]。

目前，处理固体塑料废物(约占所有收集的可用固体废物的 62%)的方法仍是基于填埋、不回收能源的焚烧以及回收利用。由于塑料固体废物(PSW)产量巨大，许多城市都面临着解决焚烧有毒物质(二噁英和呋喃)排放和垃圾填埋场短缺等问题。

尽管聚合物是具有较高热量的，但是焚烧已经被广泛认为是生态不友好的方式，这是由于焚烧产生的有毒物质，例如二噁英(含氯高聚物的焚烧中产生)，有害身体健康。在过去的10年里，为了构建一个更加可持续的回收导向型社会，很多环境法规相继实施[13]。根据可持续发展的原则，塑料管理政策的目标不仅仅是重复利用高分子材料，还应该是生产可以复制的原材料(单体)，或其他次级有价值的产品(图3.1)[14]。

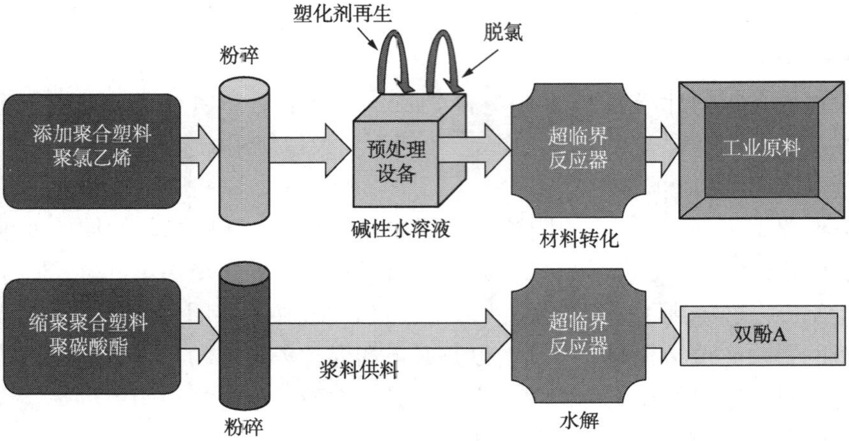

图3.1 聚合物的回收再利用

当前，在实现零排放和可持续的行动中，常见的术语如碳中和、可再生资源和循环利用等，已经加入了聚合物化学领域的其他关键词，如循环、可逆、可再生、去交联以及生物质等，所有这些都表明了逐步稳定地向可持续技术的模式转变。事实上，为了执行基本法的规定，所有塑料最终都必须回收利用。在可回收性方面，大多数商品塑料相对稳定，使得单体的回收率较差。然而，也有一些塑料，即所谓的可回收塑料，具有能够转化为有价值的原料化学品的重要特性。一种特殊种类的塑料，称为可解聚塑料，能够转化回相应的单体。例如，聚甲基丙烯酸甲酯(PMMA)、聚对苯二甲酸乙二酯(PET)、尼龙6以及聚乳酸(PLA)是众所周知的可解聚塑料[12]。

从这个意义上讲，通过各种技术实现废聚合物的循环利用已经被证明可行，废聚合物循环利用的方法也在持续开发中[14]。图3.2展示了四种主要的处理方法[15,16]。

3.1.2 一次回收利用

一次回收利用指的是回收过程中废弃材料的工厂内部循环利用，也就是说在其原有结构上的再利用[17]。这一过程仍然是最普遍的方式，因为该过程确保了简易性和低成本，这一方式仅用于清洁、未受污染、类型单一的废物的循环利用[14]。这对某些废弃物的回收利用是可能的，但对每种塑料的循环利用次数有明显的限制。

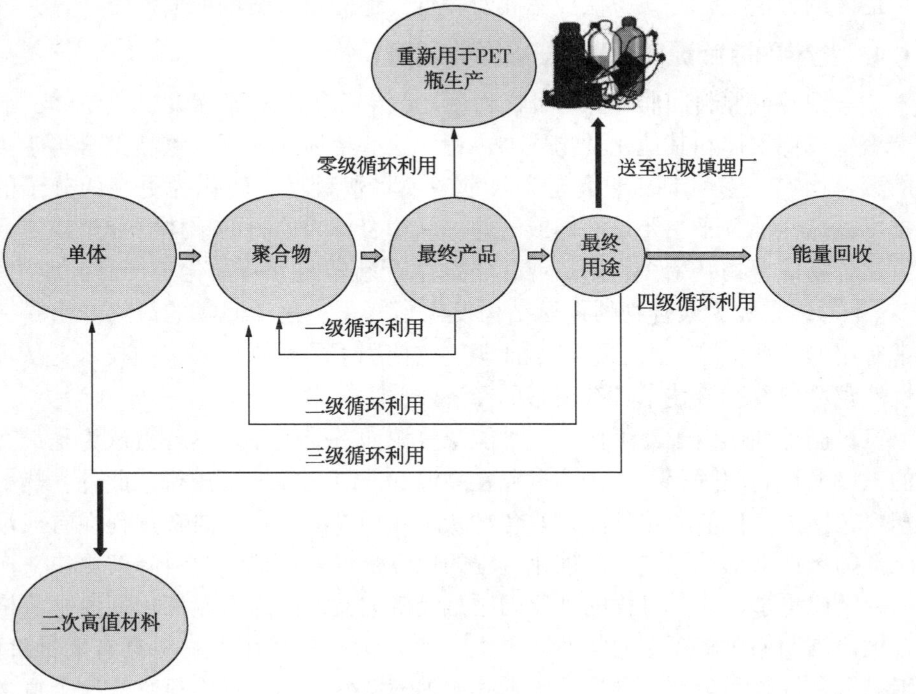

图 3.2　典型的聚合物回收再利用方法

3.1.3　机械回收利用(或二次回收利用)

机械回收利用(或二次回收利用)是指废塑料材料通过切割、撕碎、清洗等物理方式再加工成塑料制品。在这种方法中，聚合物从它的伴生污染物中分离出来，聚合物很容易通过传统的熔体过滤挤压再加工成颗粒。废塑料经过分类、清洗、干燥后，尺寸缩小，然后直接加工成质量一致的成品或薄片，可进一步用于制造其他商品。后续的回收步骤可能因操作和最终的使用而不同[18]。基本的聚合物在这一过程中没有改变。二次回收利用的主要问题是固体废弃物的异质性和每个循环中产品性能的恶化。这是由于水和微量酸性杂质引起的链式断裂反应，使得循环树脂的相对分子质量降低了。在后处理过程中保持聚合物平均相对分子质量的方式包括强化干燥、真空脱气再处理、使用扩链剂等。在机械回收中，只有热塑性塑料可以使用，因为它们可以重新融化，再加工成最终产品[18]。

热固性塑料不能融化再加工，因此机械回收不适合回收此类塑料。热固性塑料可以在水泥窑或柏油道路上进行加工。

机械回收的步骤如下：收集/分离，清洗和干燥，碎裂/涂料，染色/聚集，粒化/挤压，最终产品的制造[18]。

在研磨或熔化阶段，再加工的材料可以与原材料混合以获得更好的效果。机械回收需要同质塑料和相对清洁的材料。这是许多国家进行塑料回收的最传统且使用最多的方法之一。该方法成本相对较低，但需要大量的前期投资。

3.1.4 化学回收或原料回收(三级回收利用)

化学回收或原料回收(三级回收利用)是指聚合物全部解聚生成单体，或部分解聚生成低聚体和其他化学物质的过程。这些单体随后可以重新聚合再生为原来的聚合物[14]。换句话说，化学回收是一项将塑料材料转化为更小的分子的先进技术，这些小分子主要是液体或气体，从适合作为原料的单体、低聚物或其他碳氢化合物混合物开始，利用热或化学剂生产新塑料和石油化工产品。使用“化学”这个术语是因为聚合物的化学结构发生了变化。化学回收的最终产出是一种非常有用的燃料，这一点已被科学证明。它使用了一种叫作解聚的技术，从可持续性的角度来看，该技术具有很好的经济效益。

三级循环利用由于其可作为一种能源资源而备受关注。热解被认为是最有前途的三级循环利用过程之一，该过程在高温和非氧化环境下进行。此外，热解将废塑料转换为有价值的化学品以及各种状态和用途的燃料。热解过程在有或没有催化剂的条件下都可以进行。催化过程的优点是温度更低，原料降解更快，产品的馏分组成更窄。这一过程的主要问题是经济效益，因为商业催化剂通常价格昂贵，生命周期相对较短，通常不能再生[19-28]。如果所使用的材料具有能量价值，即碳、氢含量高而杂原子含量低，则其成为燃料生产的宝贵原料。从这个意义上说，石油被认为是最具吸引力和最易于提炼的原料，因为它可以提供传统燃料，如汽车汽油、航空燃料和柴油。然而，这些产品必须符合 EN228、EN590 等一系列严格标准[29-36]。化学回收的许多方法都是可用的，如直接化学处理，包括气化、在高炉或炼焦炉中熔化以及通过液化降解。对于其他聚合物，化学回收的子类包括气化、热解、液气加氢、蒸汽或催化裂解，以及在高炉中使用 PSW 作为还原剂。像聚烯烃这样的加成聚合物的化学回收，就可以得到含有多种成分的混合物，这些混合物可以用作燃料。缩聚物化学回收的子类有水解(酸性、碱性和中性)、糖解、甲醇解、氨解等。缩合聚合物如 PET 和尼龙经过降解可以制备单体单元，即原料或单体回收[18]。

三级回收利用包括以下几种方法：加氢、气化、化学解聚、热裂解、催化裂化重整、光降解作用、超声波降解、微波反应器中的降解。

目前，正在研究通过降解获得石化产品的多种方法，气化和热解的适宜条件也在广泛研究中。

3.1.5 能源回收(四级回收利用)

能源回收(四级回收利用)是指塑料的能量回收。这是一种减少有机材料体积的有效方法。以能量回收为目标的焚烧是目前减少有机材料体积最有效的方法。虽然这种方法从聚合物中产生了相当大的能量，但从生态角度来说这一方式是不被接受的，这是由于该过程会在空气中产生有毒物质，例如二噁英(在含氯聚合物焚烧中产生)，从而带来健康风险。除上述方法外，塑料材料的直接再利用(例如 PET)也可以被视为零级回收技术[37]。在许多国家，重新填充和重复使用 PET 瓶是一种普遍做法。然而，这一方法在使用的时候需非常小心，因为塑料瓶比玻璃更容易吸收污染物，当瓶子被重新装满时，这些污染物可能会释放到瓶内所填装的物质中(特别是食物)。此外，用高酒精含量的饮料重新填充 PET 瓶可能会导致大分子链的降解，从而造成不可预知的后果。

一些研究人员已经测试了上述所有的原料回收方法。所有这些方法都有许多缺点：例如，机械回收只适用于热塑性塑料，微小的杂质会改变聚合物的性能和价值。机械回收得到的聚合物质量比原始聚合物差(废弃物中已经降解的聚合物)。在大多数情况下，回收的聚合物是灰色的。氢化过程中氢气成本高，操作过程中需要较高的氢气压力。气化过程包括高黏性的熔化塑料的形成并伴随有腐蚀性化合物产生。化学解聚也有缺点，其很难应用于加成聚合物，并且需要几步处理过程。在热裂解过程中，会产生碳氢化合物的混合物，并形成低浓度的原始单体。在催化裂化和重整过程中，经过一段时间后，催化剂会被分解的炭渣毒化失活，这是由于废塑料中含有的氯化物和硝基化合物对催化剂的毒化作用所导致的。在催化裂化和重整过程中形成的高黏性熔融塑料也会阻碍热量流动[12]。

尽管这些聚合物和技术在有效性、效率和精度方面取得了巨大的进步，但仍需进一步改进，以满足集装箱、包装材料、家用电器和报废车辆回收的可持续系统的实际需求，所有这些都符合发达国家和发展中国家的回收法律[12]。因此，可以得出结论，尽管有许多可用的技术，但有必要发展更经济、安全、环保和可持续的方法[12]。

根据可持续发展原则(既满足当代人的需要，又不损害后代人满足需要的能力的发展)，塑料管理政策的目标不应该只是聚合物材料的再利用，还包括原料(单体)的再生，或其他可用于各种下游工业过程的有用原料或作为运输燃料的其他次级有价值的产品。从这个意义上说，在上述废弃聚合物回收技术中，最具挑战性的方法是化学或原料回收再利用，各种技术已经成功地进行了示范，并将继续为此目的发展下去[38]。

到目前为止，塑料垃圾的处理主要有三种方法：在垃圾填埋场中填埋，焚烧，在有限的范围内回收[39]。

每种方法都有其固有的局限性，例如，垃圾填埋场占用的空间可以用于农业等更有益的方面[39]。大多数塑料的降解缓慢，这意味着被占用的土地很长一段时间都无法使用。填埋垃圾中的塑料成分已被证明可以存在 20 年以上。这是由于垃圾填埋场的氧气供应有限，周围环境基本上是厌氧的[41,42]。许多塑料所经历的有限降解主要是热氧化降解[8]，而垃圾填埋场的厌氧条件只会进一步限制降解速率。填埋场中的塑料垃圾也是许多二级环境污染物的来源。值得注意的是，污染物包括挥发性有机物，如苯、甲苯、二甲苯、乙苯和三甲基苯，它们以气体的形式释放并包含在渗滤液[43]中，还有干扰内分泌的化合物，特别是双酚 A

(BPA)[44-46]。除了具有破坏内分泌的特性外，从垃圾填埋场塑料中释放的 BPA 也被证明会增加硫化氢的产生，这是土壤中硫酸盐还原细菌导致的。高浓度的硫化氢有潜在的致命危险。

废旧塑料垃圾的焚烧也有缺点。虽然塑料焚烧克服了垃圾填埋场大量占用空间的问题，还能以热量[47]的形式回收能量。有一个重要的权衡因素是焚烧塑料会形成许多有害化合物，其中大部分会被释放到大气中[39]。当塑料被焚烧时，会产生并释放多芳香烃(PAH)、多氯联苯(PCB)、重金属、有毒碳和含氧自由基，更不用说大量的温室气体(GHG)，尤其是二氧化碳[47-51]。通过垃圾填埋和焚烧的方式处理塑料废弃物带来的重大环境问题是塑料回收工艺[52]发展的驱动力。

本章对广泛使用的聚合物[如聚丙烯(PP)、聚苯乙烯(PS)、低密度聚乙烯(LDPE)、高密度聚乙烯(HDPE)、聚氯乙烯(PVC)]的化学回收再利用进行了综述。3.2 节包括 PET、聚碳酸酯(PC)和尼龙等缩合聚合物的化学回收。

3.1.6 聚乙烯(LDPE 和 HDPE)的化学回收

3.1.6.1 引言

先进的聚乙烯化学回收工艺与石油化工工业中使用的工艺类似，例如，热解、汽化、气液相加氢、减黏裂化和蒸汽或催化裂化。催化裂化和重整有利于废塑料的选择性降解。固体催化剂如氧化硅、ZSM-5 分子筛和介孔材料可以有效地将聚烯烃转化为液体燃料，与热裂解[53]相比，催化裂解可以提供更轻的馏分。

聚乙烯被用作燃料(汽油)生产技术的潜在原料。聚乙烯可热裂解成气体、液体、蜡、芳烃和炭。气体和液相馏分的相对含量在很大程度上取决于所用聚合物的类型。结晶度较低或支链较多的聚合物在热降解中稳定性较差，因此 PP 的热降解率较高，LDPE 和 HDPE[54]次之。聚乙烯(以及其他乙烯基聚合物)通过四步自由基机制降解：自由基引发，链断裂(与聚合反应中的链生成)、分子间和分子内的氢转移，随后是β-断裂(碳氢化合物热裂解化学中生成自由基的初始步骤)，最后是自由基终止[53]。

在一条链的生成顺序中，β-断裂和吸氢步骤经常同时发生。也就是说，一个自由基从反应物中提取一个氢原子，形成一个分子和一个新的自由基。然后在自由基中心断裂β键(β-断裂)，再生一个新的自由基，并产生一个含有双键的分子(包含一个曾经作为自由基中心的碳原子的双键分子)。样品的尺寸和熔体的表面积、体积比对聚合物降解过程的速率和各种机理的相对重要性具有显著的影响。

如今，人们对开发增值产品的兴趣日益增长，如通过聚乙烯的热降解方式合成润滑油和开发增值回收技术，这将增加聚合物回收的经济效益。目前使用的几种化学回收方法，如直接化学处理，包括气化、高炉或焦炉冶炼和液化降解。化学回收的主要优点是仅通过简单的预处理方式即可实现对异质性和受污染聚合物的处理。由于石化工厂的规模比塑料制造工厂大得多(6~10倍)，因此，建议使用PSW衍生的原料来补充石化工厂的常规原料[53]是必要和明智的。

3.1.6.2 热解方案和技术

3.1.6.2.1 热解

热解是在没有催化剂的情况下，在可控的温度下进行热处理。热解过程可分为以下几种：

① 高级热化学处理或热解(惰性气氛中的热裂解)；

② 气化(在亚化学计量的空气存在下，通常产生CO和CO_2)；

③ 加氢(加氢裂化)。

热降解工艺流程产生大量的组分分子、高热值的可燃洁净气体和从各种固体烃基废物和生物质流产生的能量。减少填埋是热降解的另外一个优势。废物中的碳氢化合物转化为一种气体，该气体适合用于燃气发动机的发电，也适用于锅炉且不需要进行烟气处理。这种气体通常有22~30MJ/m^3的热值，热值取决于被处理的废料。固体焦也可以从这个过程中产生，它包含了碳和原始进料中的矿物质。焦炭既可以在现场进一步处理利用其能量，也可以在现场以外的其他热过程中利用[53]。

在微克尺度下，热解是随机引发和分子间转移的过程，而在毫克尺度下，热解是以氢原子通过攫取的方式发生分子间转移，通过自由基作为主要转移机制去产生挥发分。

热解提供了许多优势，如操作优势、环境优势和经济效益。操作优势是利用剩余的焦炭作为燃料或作为其他石化工艺的原料。热解的另一个操作上的好处是不需要清理烟气。在环境方面，热解提供了垃圾填埋的替代方法并减少了温室气体和CO_2排放。从经济上讲，热解生产一种高热值的燃料，可以很容易在市场上销售并用于燃气发动机发电和加热[53]。热解存在的主要阻碍是对所产生的焦的处理以及对所产生的最终燃料的处理(如果需要特定的产品)，除此之外，对于潜在的反应途径并没有足够的认识来预测全部产物[53]的定量分布。

3.1.6.2.2 气化

在这个工艺流程中，使用空气作为气化剂增加了一些优势，如使用空气而不是纯氧气使该工艺流程简单并降低了成本。与此相关的唯一缺陷是在空气中(惰性)N_2的存在，由于对燃料气体的稀释作用，导致所产生燃料的热值降低。因此，需要以化学计量比引入蒸汽以减少存在的N_2。气化过程中总会产生大量的焦炭，这需要进一步处理和燃烧。

理想的PSW气化工艺是能够产生高热值的气体、完全燃烧焦炭、容易从灰中分离金属并且不需要任何额外的装置减少空气/水污染的。据20世纪70年代的报道，早期的气化尝试是为了利用塑料(PP、PVC和PET)获得高热值的燃料气体。对替代燃料的需求导致了PSW与其他类型的废弃物(主要是生物质)的共气化[55,56]技术的开发。Pinto 和他的团队研究了 PE、松树、煤以及与 PE 混合的生物质的流化床共气化。Xiao 等将五种典型有机成分[木材、纸张、厨房垃圾、纺织品和塑料(即聚乙烯)]和三种典型的模拟城市生活垃圾在流化床(400~800℃)[57]内共气化。研究表明塑料应在高于 500℃的温度下气化以达到 10000kJ/Nm^3 的较低热值(LHV)[53]。

3.1.6.2.3 加氢(加氢裂化)

加氢(加氢裂化)的定义是通过单元操作，利用化学反应实现氢的加成。加氢工艺回收 PSW 的主要技术是 Veba 工艺。Veba Oel AG 以煤的液化技术为基础，通过该工艺将煤转化为石脑油和柴油[53]。AL-Salem 等对主要技术进行了综述。

3.1.6.2.4 其他化学物品回收计划

降解挤压提供了最佳的工程解决方案，特别是在小型工业规模中(10kg/h)。降解挤压的优点是：①实现热塑性塑料的分子分解，从而实现低黏度聚合物熔化；②应用机械和化学循环的组合方案，如果需要，还可以通过引入蒸汽、气体、氧气或催化剂促进降解过程。其他有利的化工技术处理方法还包括催化裂化和蒸汽裂化。这两种工艺的概念都是在单元操作中使用蒸汽或催化剂。

3.1.6.3 反应器类型

3.1.6.3.1 流化床反应器

采用流化床反应器或类似装置实现大规模废塑料的连续改性[58]，原位催化热解也作为相关研究课题进行研究。锥喷床反应器(CSBR)由于其较低的床层偏析和磨损，被认为是较好的催化热解反应器。CSBR 的良好性能已经得到证实，因为它可以生产特定的蜡[60]、类燃料烃和单体[61]。这种优异的表现源于其固体流动模式、两相之间的高传热性以及在处理黏性固体时具有较小的反流态化问题。反流态化是固体颗粒(砂)包覆熔融塑料所形成的结块，这在流化床反应器中是一个严重的问题。在 CSBR 中，它们以聚烯烃融化物的形式进入反应器，随着它们的循环运动，它们均匀地覆盖在砂子和催化剂颗粒上。强劲的固体流动和喷口的作用避免了结块的形成。此外，CSBR 在气体停留时间方面具有很强的通用性，可以缩短到 20ms 左右[62]，从而产生最少的多芳香族化合物。此外，由于没有分布板，催化剂颗粒的磨损更小，这是在催化过程中使用流化床的另一个优点。CSBR 的这种优良性能已经在催化热解之前的其他过程中得到展现，例如催化聚合，在催化聚合过程中也会出现类似的催化剂颗粒(砂)包覆熔融聚合物塑料的问题[63]。CSBR 的简单设计使其等比例放大更加容易。此外，其反应器体积单元的物料通过量高于鼓泡流化床，这是由于为了增强固体流态化而使用更少的砂量所致。

3.1.6.3.2 间歇式反应器

在常压下，在间歇式反应器中进行了聚乙烯的热降解和催化降解[63]。反应器是一个放置在恒温炉中的 1L 圆形不锈钢瓶。在预先混合的塑料和催化剂进入反应器系统之前，反应器系统被连接到氮气供应系统以消除空气。反应器温度升至 450℃并保持 30min 直至反应完全结束。

VanGrieken 使用了另一种类型的实验室规模的间歇式反应器，在螺旋搅拌器转速为 120r/min 条件下，该反应器被用于催化降解聚乙烯[64]。在氮气流动下，Van Grieken 研究了三种温度（380℃、400℃和 420℃）和不同的反应时间（0～360min）的影响。反应器产生的废汽通过连接的一个水冷阱冷却得到液体产品，而流出的气体最终被收集在一个聚四氟乙烯的袋中。

3.1.6.3.3　固定床反应器

Achilias 采用实验室规模的固定床反应器研究了 PE 的热降解和催化降解情况[54]。反应器内充入催化裂化（FCC）催化剂，活塞内充入聚合物，实验持续反应 17min，反应温度为 450℃。对于 LDPE、HDPE 和 PP 三种聚合物，在类似的实验条件下，当使用 FCC 催化剂时，其反应产生的液体馏分随固体残渣增加而增加，而气态产物产率随之降低。

3.1.7　聚烯烃热裂解

实验室规模的热降解实验可以评估一些重要参数，如热动力学、活化能（降解处理材料和产物形成所需的能量）、聚合物半衰期的参考温度和可达到的最大降解点。适当的设计和规模（运行和经济）对于热处理工厂来说是至关重要的。在升级到工业规模之前，使用一些反应器和单元操作进行中试规模的实验也是同样重要的。这也将有助于确定热电厂的材料加工模式（例如脉动、连续、批量等）。热解（在惰性气氛中解聚）通常是热电厂的第一个过程，该过程需要对最终产品进行适当的设计。

Achilias 和他的团队对聚烯烃在惰性（热解）和/或部分氧化气氛（如步进热解、气化）中的热裂解进行了大量研究[58,64]。尽管所使用的实验条件非常不同，但热重分析法是测定动力学参数最常用的技术，涉及大范围的温度、样品量、升温速率（在动态运行的情况下）、反应气氛和压力[65,66]。

Achilias 及其团队[58]对不同催化剂在聚烯烃热解过程中的应用进行了研究，利用热重法（TG）和微反应器对沸石基酸催化剂催化的塑料热解反应进行了研究[67,68]。PE 样品的催化热解是在实验室规模的反应器中进行的，如间歇式反应器[69,70]、半间歇式反应器（有挥发性产物的排出）[71,72]和固定床反应器[54]。许多催化剂被用于催化降解聚合物材料，包括无晶态硅铝、Y 沸石、发光沸石、介孔 MCM-41 材料家族的 ZSM-5[73,74]以及少量的磷酸硅铝（SAPO）分子筛[75,76]。结果表明，催化剂的催化活性与酸中心的数量、孔径大小以及催化剂的形状密切相关[27,77]。SAPO 分子筛代表了一类重要的吸附剂和催化材料，它是通过将硅引入磷酸铝骨架进行制备的。

由于中孔 SAPO 结构中存在特定的酸位点，可以将聚合物转化为有用的碳氢化合物，因此中孔 SAPO 具有催化应用的前景[71]。$BaCO_3$被作为热降解和催化降解废弃 HDPE 的催化剂使用也有报道[78]。

Haung 发现，更常用于聚烯烃裂解的催化剂是特殊形状的沸石和介孔材料，如 HY、HZSM-5、Hβ 和 MCM-41[79]，这些催化剂不可避免地会因积炭而失活。事实上，催化剂的失活是通过裂解的方式实现和提高塑料价值的主要障碍[80]。微孔沸石具有很高的热稳定性和特殊的酸性位点。因此，沸石的选择应以目标选择性为基础：HZSM-5 沸石促进烯烃(原始单体)的生产，Hβ 和 HY 沸石可以使中间馏分的生产最大化[81]。

Marcilla 和他的团队主要使用热天平作为反应器，研究了由结焦引起的沸石失活以及 HDPE 裂解过程中沉积在沸石上的焦炭的表征方法[82]。需要指出的是，焦炭的形成受到催化剂性质(如特殊形状、酸度、酸性位点的密集程度)[79]、反应器介质[83]、操作条件和原料性质的强烈影响。

3.1.8 聚丙烯的化学回收利用

3.1.8.1 引言

缩合聚合物(如 PET、尼龙等)可以与不同的试剂进行化学分解，该过程主要生成它们的单体，这些单体是由聚合物已经分解产生或其他低聚体分解产生的。相比之下，乙烯聚合物[如聚烯烃(PP 和 PE)]由于 C—C 键的随机断裂，不能用简单的化学物质降解成单体。两种主要的化学回收途径是这些聚合物的热降解和催化降解。在热降解过程中会产生一系列产品，而且该过程要求较高的操作温度，通常会超过 500℃甚至高达 900℃。聚乙烯和 PP 薄膜的热裂解通常在高温(>700℃)下发生，产生烯烃混合物($C_1 \sim C_4$)和芳香烃化合物(主要是苯、甲苯和二甲苯)，或在低温(400~500℃)(热分解)下产生三种馏分：高热值气体、可压缩的烃油、蜡。

在第一种情况下，目标是最大限度地提高气体馏分和回收烯烃，这些烯烃可以在分离后作为单体用于再生产相应的聚烯烃。在较低的温度下裂解会在反应器中留下蜡质产品，主要由石蜡和炭化的炭组成。燃烧后的气体馏分可用于提供热解所需的能量。液态馏分主要由线型烯烃和碳原子数为 $C_{11} \sim C_{14}$ 的烷烃组成，仅有少量芳香族化合物[84]。聚烯烃的热裂解通过一个随机断裂的机制，分为四个步骤：①引发；②链断裂作用；③分子间或分子内的氢转移，随后 β 断裂；④终止。

总的来说，HDPE 的热裂解难度较大，其次是 LDPE，PP 次之。由于聚合物导热系数低，再加上裂解吸热，热裂解消耗大量的能量。因此，催化技术已被提出以促进在较低的温度下裂化，从而降低能耗并获得更高的转化率。此外，使用特定的催化剂可以使这一过程朝着形成分布更窄的、具有更高市场价值的碳氢化合物产品的方向发展。使用具有酸性的固体催化的多相催化过程已经被广泛研究。研究最多的是用于烃类原料(Y、ZSM-5、Beta)催化裂化的沸石以及其他熟知的酸性固体，如硅铝、氧化铝和黏土。这些催化剂的混合物也被使用，例如

SAHA/ZSM-5 和 MCM-41/ZSM-5。酸性催化剂的裂解是通过形成碳正离子来进行的，这需要具有强酸性结构。酸强度和结构性能是决定酸性固体在聚合物催化转化中性能的主要参数。孔隙度、表面特征和颗粒大小在很大程度上决定了体积较大的聚合物分子与固体内部酸性的催化位点的接近程度。因此，在 HDPE 和 LDPE 的裂解中，尽管催化剂 HZSM-5 展示的反应性高于 HMCM-41，在大分子 PP 的裂解中，其转化率与热裂解几乎是一样的，这是因为聚合物横截面太大以至于不能进入催化剂的微孔所致[54]。

这些因素极大地限制了它们的适用范围，特别是增加了废塑料原料回收处理的成本。因此，催化降解为解决这些问题提供了一种途径。催化剂的加入降低了分解温度、提高了分解速度并对产物进行了改性。一系列用于聚合物材料的催化降解反应的模型催化剂已经被报道，这些模型催化剂以活性组分为中心，包括无定形硅铝、Y 沸石、丝光沸石、ZSM-5 和介孔 MCM-41 材料家族。然而，尽管这些催化剂性能良好，但由于生产成本的原因，从实际使用的角度来看，它们的使用是不可行的，催化降解受催化剂的成本影响很大。聚合物废料化学回收利用的另一个有前景的选择是使用催化裂化催化剂。因此，通过催化裂化提高回收利用过程的另一种方法是将聚合物废料与商业催化裂化催化剂混合。

最近，关于通过热裂解或催化裂解循环利用废弃聚合物生产高附加值产品（高价值的石化原料）或能源（合成燃料馏分）方面的研究受到了广泛关注。以下选取几种有代表性的案例进行综述[13,85]。

3.1.8.2 热解

Achilias 在实验室固定床反应器中，以模型聚丙烯或以这些聚合物[54]为基础的废料为原料研究了聚丙烯的热解技术。结论非常有趣，回收的石油和气体馏分主要是由一系列不同碳数的烷烃和烯烃组成的脂肪族成分，这些化合物具有巨大的潜力，这些化合物可被回收至石化工厂作为生产新塑料或精制燃料的原料，详情将在另一节介绍。Hayashi 研究了 PP 在氧气存在下的热解过程[86]。聚丙烯被包覆在多孔 α-氧化铝颗粒上，然后常压下在氦气或氦氧混合气气氛中热解。在 200~300℃范围内、氧气存在下，PP 的释放量显著提高。在氧存在下，PP 净质量释放速率与氧分压为一级动力学关系，主要受控于 PP 叔碳上过氧化物的生成，活化能为 60~70kJ/mol。氧化热解在 2500℃下将 90%的 PP 转变为挥发物，这些挥发物主要由链长平均数为 10 的 CS 溶性油组成。Dawood 通过三种恒定升温速率和恒温下的热重分析（TGA）研究了 γ 辐射对 PP 热降解的影响[87]。在所有的升温速率下，辐射样品的热重曲线比未辐射样品的热重曲线向更低的温度移动。随着辐射剂量的增加，这一位移明显增大，说明辐射提高了热解速率。由于未辐射样品与 10kGy（1Gy=1J/kg）和 30kGy 辐射样品的热重曲线差异较大，因此，小剂量辐射就足以显著提高热解活性。小剂量（10kGy 和 30kGy）辐射样品的热解行为与其他辐射样品不同，加热速率很小，只有 3K/min。10kGy 和 30kGy 试样的 TG

曲线与60kGy试样的TG曲线接近，但在10K/min时，前者的TG曲线与后者的TG曲线有明显的不同。这些结果表明，不同辐射样品的热解活性提高的机理不同。在恒温下对样品进行热解，进一步考察辐射的影响。与动态升温速率的情况类似，未辐射样品与30kGy辐射样品之间的热解反应活性差异很大，而辐射样品之间的差异很小。这支持了小剂量辐射足以使PP的热解活性显著增强的观点。

3.1.8.3　共热解

Assumpcao通过改变温度(400~500℃)和加入反应器中的PP的量来研究PP与巴西原油的共热解情况[88]。废塑料在惰性气氛中共热解产生80%左右的石油，其中50%为柴油。该技术有利于废旧PP的回收利用，最大限度地减少了PP处置不当造成的环境负担，同时，通过使用该工艺获得的柴油馏分，可以实现不可再生自然资源(石油)的再利用。结果表明，温度的升高有利于提高热解液的收率并降低固体产生的量[14]。

PP用量的大幅增加会导致总产率(液体产品)的下降。总的来说，随着温度的升高，在柴油蒸馏范围内的产率有小幅度的下降。此外，这些液体馏分的大部分都在高于柴油的范围内，相当于一种减压重瓦斯油产品(GOP)。这种产品(GOP)仍然可以在FCC中裂解，产生更有经济效益的产品(石脑油和液化石油气)，或者可以用作燃料油。相比于纯重油热解，在该反应中，PP的增加有利于柴油蒸馏范围内的产物产率增加，并且形成大量低于柴油馏分范围的化合物[14,88]。

Ballice研究了土耳其Soma褐煤与PP的程序升温共热解[89]。在褐煤、塑料总碳比分别为1∶3、1∶1、3∶1的条件下，对褐煤和聚丙烯进行了一系列共热解操作。采用固定床反应器在惰性气体(氩气)流下热解少量褐煤和PP混合物样品。此外，通过建立碳平衡来考察实验装置的性能，并测定了样品中脂肪烃类和固体残渣中有机碳的总回收率。在褐煤-PP体系中发现，增加PP比例使得转换成挥发性碳氢化合物的量更高，然而，在PP存在下，C_{16+}碳氢化合物和焦炭沉积的量更低。对于褐煤-PP体系的共热解，温度大约在440℃时产品的产量达到最大化。

在共热解产物中的直链烷烃、支链烷烃、烯烃，从甲烷到C_{26}、二烯和简单芳香烃的烃类都被测定。褐煤比例高时，混合物中正构烷烃的含量高于1-烯烃的含量。褐煤与聚丙烯共热解产生的C_{16+}正构烷烃和1-烯烃比增加聚丙烯比例的褐煤共热解产生的少。增加PP比例，共热解过程中的焦炭沉积减少。正构烷烃主要由C_1~C_9馏分组成，C_{10}~C_{15}和C_{16+}馏分相对较少。随着PP配比的增加，由于燃料中氢含量的增加，共热解过程中1-烯烃的转化率降低。共热解过程中存在轻微的协同效应，实验结果表明PP的热解产物具有较高的脂肪族性质，在热解初期，PP的这些热解产物对于褐煤的结构来说是较差的溶剂。此外，相对于煤等液化来源材料，固体垃圾(主要为 PE、PS、PET、PP)的主要成分是富氢的，因此，煤与废塑料共热解是废塑料回收再生成有用产品的一种很好的途径。

Hajekova 和 Bajus 研究了通过聚烯烃的热分解方式生产石化原料的循环路线[90]。在 450℃下，PP 在间歇式反应器中单独热分解，形成油/蜡产品。然后将产物溶于初级重质石脑油中，得到蒸汽裂解原料。研究了质量分数 10%的 PP 油/蜡和石脑油溶液在 740~820℃、停留时间 0.09~0.54s 下共热解的选择性和动力学性质。

证实了聚烯烃油/蜡在共热解过程中的分解作用。结果表明，与石脑油中产生的相比，目标的烯烃(丙烯)产率增加或略有下降。除了主要的反应外，还研究了导致焦炭形成的次要反应。在测量开始时，PP 蜡溶液在反应器的清洁表面上生成的焦炭略多。在壁上覆盖一层薄薄的焦炭后，其产量与石脑油相同。该结果证实了通过聚烯烃油和石蜡在现有的工业乙烯装置上与常规液体蒸汽裂解原料共热解的方式实现聚烯烃循环利用的可能性。

3.1.8.4 催化裂化

对不同类型塑料的直接催化裂化进行了大量的实验室研究。使用了各种各样的催化剂，虽然它们表现良好，但从实际使用的角度来看塑料的直接催化裂化可能是不现实的，这是由于生产成本和直接催化裂化过程受催化剂成本的影响很大。以下对文献中报道的一些研究进行综述。

Zhao 采用热重法，在氮气流动条件下，研究了 HY、NaY、L、H-发光沸石、Na-发光沸石等不同沸石对 PP 催化降解的影响[91]。结果表明，聚丙烯的降解温度与沸石的种类和添加量密切相关。HY 分子筛(320HOA)的一种类型被发现是一种非常有效的催化剂。通过气相色谱-质谱联用(GC/MS)检测，热解产物也受沸石类型的影响。有些沸石没有改变产物的结构，但将产品分布缩小到一个更小的分子区域。而 HY 分子筛则使碳氢化合物集中在含有 4~9 个碳的混合物。此外，在使用 HY 沸石时，还发现了一些具有环结构的新化合物[91]。

Zhao 研究了在沸石存在下辐射对 PP 热解的影响。结果表明，在沸石的存在下辐射 PP，可显著降低 PP 的热降解温度。辐射诱导的温度降低取决于沸石的结构和组成以及混合物的形貌。对热解产物的鉴定表明，在没有沸石的情况下，辐射只改变了产物的分布，而没有形成新的化合物。然而，在沸石的存在下，形成了一系列氧化产物。此外，热解可在更低的温度下进行。当沸石存在时，辐射能使 PP 更容易发生热降解。然而，这种效应与沸石的类型、混合方式和辐射条件密切相关。此外，在适当辐射的 PP-沸石混合物的热解过程中，除传统碳氢化合物外，还可能得到丙酮、乙酸等新的化学物质。

Ishihara 在半间歇式反应器、氮气气流、温度 180~300℃时，研究了硅铝催化降解 PP 的情况[92]。气体前体的产生对分解是必不可少的。最重要的基元反应是液态组分中链端仲碳离子与内部叔碳原子的分子内重排。聚丙烯的催化分解过程如下：聚合物生成降解聚合物+低聚物+液体+气体。气体从液体馏分的链端产生，其成分主要是异丁烯和异戊烷。在分解中最重要的基元反应是分子内重排，该反应的发生是通过六元过渡态得到内叔碳原子(背咬合反应)，主要气体组分是由背咬合反应形成的碳馏分分解产生的。

Durmus 研究了 BEA、ZSM-5 和 MOR 分子筛对 PP 的热催化降解动力学[93]。采用四种不同升温速率，利用热重分析方法研究了聚丙烯在沸石上的降解速率，采用 Kissinger 方程确定了反应的表观活化能。当 BEA>ZSM-5a(Si/Al=12.5)>ZSM-5b(Si/Al=25)>MOR 时，分子筛的催化活性取决于催化剂孔径大小和酸度。MOR 和 BEA 催化剂比 ZSM-5 催化剂的初始降解速度快，这取决于表观活化能。结果表明，除了催化剂的孔结构和尺寸外，催化剂的酸度是决定聚合物降解活性的最重要参数。

Lin 以氮气[24]为流化气体，研究了使用 H-ZSM-5、H-USY、H-发光沸石、硅铝和 MCM-41 作为催化剂在流化床反应器中催化 PP 的催化裂解情况(图 3.3)。在环境压力下、等温运行的实验室流化床反应器中，采用不同催化剂对聚丙烯进行热解。沸石催化剂催化的反应产生的挥发性烃收率高于非沸石催化剂催化的反应。HZSM-5 催化的反应的产品分布中含有更多的烯烃材料，其中约 60%(质)在 $C_3 \sim C_5$ 范围内。然而，HMOR 和 HUSY 都产生了更多的含异丁烯(i-C_4)的石蜡流，并且两种催化剂都在降解过程中失活。SAHA 和 MCM-41 的转化率最低，生成碳域范围最广($C_3 \sim C_7$)的富烯烃产物。

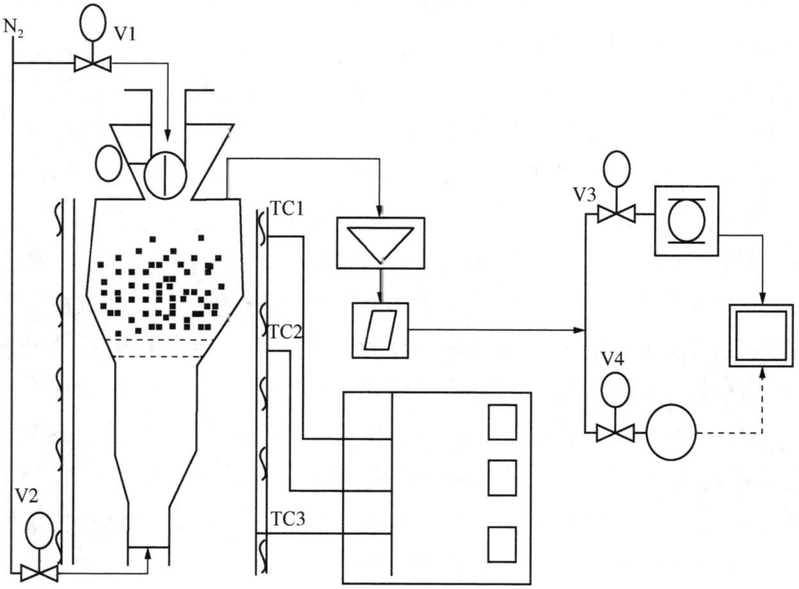

图 3.3　催化流化床反应器系统示意图[94]

HZSM-5 和 HMOR 催化剂的产物选择性更强，$C_3 \sim C_5$ 范围的产物约占 60%，HMOR 催化剂的 $i-C_4$ 收率在所有研究的催化剂中最高。相比于限制性较强的 HZSM-5，孔隙较大的分子筛(HUSY 和 HMOR)则表现出失活现象。在相同的反应条件下，观察到的产物产率和产物分布的差异可以归因于催化剂的微观结构。低温度和短接触时间可制得烯烃和异烯烃中的有价值的碳氢化合物。Lin 在环境压力下等温运行的实验室流化床反应器中，使用废弃的 FCC 商业催化剂(FCC-s1)热解 PP[94]。在 390℃下，废弃的 FCC 商业催化剂的气态和液态烃产品的收率(87.8%)远高于硅酸盐[只有 17.1%(质)]。FCC-s1 作为后续利用的催化剂，产品具有更好的选择性，其在 $C_3 \sim C_7$ 范围内的烯烃产品约为 61%(质)[94]。从成本的角度来看，使用流化床反应系统和废 FCC 平衡催化剂是一个更好的选择，因为它可以在相对短的反应时间里提供高的转化率。虽然其活性低于沸石(ZSM-5 和 HUSY)和硅铝(SAHA)，但可以通过提高催化剂与 PP 的比例来弥补。FCC-s1 催化剂的产品分布在 $C_3 \sim C_7$ 范围内含有较多的烯烃物质(在 390℃时约为 56%)。结果表明，使用废弃的 FCC 商用催化剂并在适当的反应条件下，能够同时控制聚合物降解的产物收率和产物分布，从而可能使得过程更加经济并且产生更有价值的产品。Dawood 在热平衡和半间歇式反应器中，研究了在 HY 分子筛催化聚丙烯热解前 γ 辐射 PP 对反应的影响[87]。PP 在 10kGy 的小剂量辐射下，催化热解速率显著提高。辐射聚丙烯的催化热解反应活性高，残渣和焦炭产率低，此外，该反应对轻馏分($C_7 \sim C_{10}$)选择性增强。对热解温度的影响研究表明，在 325～375℃的研究温度范围内，催化热解更倾向于在高温下进行。以上结果表明，聚丙烯在催化热解前先进行电离辐射，可以显著提高催化热解速率，提高 $C_7 \sim C_{10}$ 化合物的选择性。结果表明，所提出的热解方法对提高塑料垃圾催化转化为有用碳氢化合物方面具有可适性。利用含 Pt 和 Fe 的活性炭催化剂，Uemichi 研究了聚丙烯降解为芳香烃的情况。将所得结果与聚乙烯的降解结果进行了比较[87]。在活性炭中加入 Pt 或 Fe 均可提高 PP 制备芳烃的收率，但增幅小于 PE 制备芳烃的收率。当反应需要较长的接触时间时，铂金属比铁更有效。芳烃形成的机制可以用与聚乙烯基本相同的机理进行解释，该机理考虑了聚丙烯的甲基支化对芳构化收率的影响，以及含 Pt 和 Fe 的催化剂在扩环反应中催化活性的差异。

Park 报道了聚丙烯在介孔 MCM-48 材料上的热解过程，介孔 MCM-48 材料是聚丙烯降解的催化剂[71]。Al-MCM-48 的催化活性远高于 Si-MCM-48，Al-MCM-48 催化剂主要生成 $C_7 \sim C_{10}$烃类，而 Si-MCM-48 催化剂的油品分布范围更广($C_7 \sim C_{14}$)。Al-MCM-48 对 PP 的降解表现出很高的催化稳定性，因此可以认为 Al-MCM-48 是一种很有前景的废塑料降解催化剂。Cardona 和 Corma 在半间歇搅拌反应器中，通过催化裂化的方式，研究了聚丙烯的三级循环利用。提出了一种半连续反应器，可以有效地进行聚丙烯的催化裂化[95,96]。通过对不同晶胞尺寸的 USY 沸石的研究，证明了无论是酸中心的总量还是强度都不是聚丙烯裂解的最决定性因素。聚丙烯最初的裂解反应发生在外表面或靠近外表面。介孔的形成极大地提高了沸石的裂解活性，合成的晶粒尺寸更小的 Y 型沸石的催化结果也证明了这一点。结果表明，无定型或有序硅铝都是非常活泼的催化剂。然而，从成本的角度来看，FCC 平衡催化剂是一个更好的选择，因为它具有非常好的选择性，即使它的活性低于硅铝，这可以通过提高催化剂与聚丙烯的比值来弥补。Xie 报道了 Zr 和 Mo 修饰的 MCM-41 催化聚丙烯的裂解情况[97]，研究了 Zr-Mo-MCM-41 的结构、酸度与催化活性的关系。结果表明，Zr-Mo-MCM-41 对聚丙烯具有较高的裂解活性并且对较高碳数的液态烃具有很好的选择性。将所得结果与 HZSM-5、SiO_2-Al_2O_3和其他的 MCM-41 介孔分子筛所得结果进行比较。对于 PP 的催化裂化，Mo 提高了对高碳数烃类的选择性，Zr 提高了催化剂的酸度及 PP 的裂化转化率，Zr-Mo-MCM-41 利用 $Zr(SO_4)_2$作为 Zr 源，对高碳数烃类具有最佳的催化活性和选择性，这也意味着 Zr-Mo-MCM-41 是一种具有很好潜力的 PP 裂化催化剂。

Panda 研究了高岭土和硅铝在 PP 热降解中的催化性能[98]。聚丙烯在高岭土和硅铝存在下，在半间歇式反应器中于 400~550℃范围内进行热催化裂化，以获得适宜的液体燃料。他们发现，在高达 450℃热裂解温度以下，热解的主要产品为液态油，而在较高温度(475~550℃)下的主要产品为黏性液体或蜡，并且在 500℃时，热解产品的最高产率为 82.85%。高岭土和硅铝的加入降低了反应时间，提高了液体馏分的收率。同样，在所有温度下，催化热解的主要热解产物都是低黏度的液态油。结果表明，硅铝在液体收率和降低反应温度方面均优于高岭土。采用硅铝催化剂和高岭土催化剂的最高产油率分别为 91%和 89.5%，在此基础上，提出了聚丙烯废塑料连续加工生产发动机燃料的设想。

综上所述，聚丙烯的催化热解减少了对环境的影响，也缩短了回收时间，并产生了非常有用的产品，这些产品有可能作为燃料的替代品。

3.1.9 聚苯乙烯的化学回收

3.1.9.1 引言

聚苯乙烯(PS)由于其具有强度好、质量轻、经久耐用等良好的性能，被广泛用于各种电子产品和其他易碎物品的包装以及许多产品的制造中。在过去的几年里，PS 受到了公众和媒体的广泛关注，因为它占了城市生活垃圾中塑料垃圾的 9%~10%。由于受到如不可降解、不可回收、燃烧时有毒、填埋场窒息、消耗臭氧、杀死野生动物，甚至致癌等方面的各种误解，它受到了一些地方的抵制。实际上，在运往垃圾填埋场的固体废物中，PS 只占不到 0.5%。

PS 以固体形态(咖啡杯、托盘)和膨胀形态被使用，这两种形态的 PS 都可以被回收。固体聚苯乙烯可回收用于其他用途，如录像带盒、办公设备等，但膨胀的聚苯乙烯(EPS)泡沫废弃物在回收过程中失去了泡沫特性。回收的材料可以再气化，但产品变得比用原始材料制造的更贵。膨胀的和固体的聚苯乙烯废料都以挤压塑料木材-木材的方式被成功地回收利用。回收的PS被用来生产花盆和桌子上的物品，如钢笔、铅笔等。与其他类型的塑料材料一样，工业部门在考虑生态效益、可用性、企业社会责任、产品质量、卫生方面和可追溯性[14]等一系列问题后才进行PS回收。电子产品的繁荣急剧增加了来自电气和电子设备(WEEE)的垃圾数量，加剧了它们的处理问题。全世界有超过1000t的聚苯乙烯泡沫塑料作为生活垃圾被排入环境，而且这个数量每年都在增加。现代环境设计(DFE)特别注重回收和拆卸，这是解决这一问题的唯一途径。

以下类型的PS物料可回收利用：

① 用于包装的EPS泡沫塑料。这是常见的白色材料，在运输过程中专门缓冲、绝缘和保护所有类型的产品。

② PS树脂泡沫。被用于房屋和商业建筑的EPS保温板，餐饮产品如杯子、盘子、托盘等，PS树脂泡沫可以提供独特的绝缘质量和填充包装。

③ 无泡沫PS产品。即高冲击聚苯乙烯(HIPS)。

④ 定向聚苯乙烯(OPS)。消费后的产品、后工业化的产品和聚苯乙烯泡沫(陶氏化学公司对PS泡沫保温产品的品牌商标)[99]。

3.1.9.2 聚苯乙烯产品的回收方法

大量的膨胀聚苯乙烯是从批发市场、超市、百货商店、餐厅、商店(如电器商店)和机械制造工厂收集的。它被公司或资源回收机构回收并成为一种可回收的资源，然后，用清水冲洗，以去除任何食物或污染颗粒。为了使它们更容易被装进垃圾桶和卡车，过大的材料(如纸箱、牛奶罐等)都被压碎，塑料瓶和玻璃瓶的瓶盖要扔掉。通过溶剂减容(用溶剂溶解)、加热减容、粉碎减容(粉化)等方法可以减少EPS的体积。经过处理的EPS在其还原状态下作为回收产品的原料使用，或者燃烧产生热能。PS的回收通常有四种方法。

3.1.9.2.1 溶解技术

在这种方法中，使用合适的溶剂选择性地溶解聚合物，并使用另一种溶剂从不同塑料的混合物中回收聚合物。从这个意义上说，一种天然化合物——柠檬烯(存在于柑橘类水果中)已经成功地用于溶解EPS[100]。该溶剂可以安全地大量溶解EPS，而且对聚合物性能的降解可忽略不计。溶解的PS可以通过在混合物中加入非溶剂的方式进行沉淀。溶剂可以被真空蒸发并重复使用。需要注意的是，由于传统的熔体分离方法属于热降解，该方法会导致聚合物的相对分子质量大幅下降。

3.1.9.2.2 PS的化学回收：催化降解

采用改性铁基催化剂对EPS废水进行催化降解。该工艺可以在相对较低的温度下以较高的选择性生成苯乙烯单体(S)[101]。在铁基催化剂的存在下，随着反应温度的升高，油的产率($Y_{油}$)和S的产率(Y_S)都有所提高。通过Fe-K/Al_2O_3催化剂，可以在较低的反应温度(400℃)下，分别以92.2%和65.8%的收率获得$Y_{油}$和Y_S。在Fe-K/Al_2O_3催化剂存在下，EPS降解的热降解E_a值(活化能)分别为194kJ/mol和138kJ/mol。Bajdur通过已知的方法合成了膨胀聚苯乙烯废料的磺化衍生物，这些衍生物可用作聚电解质，聚合物产物的链中硫代基团含量不同[102]。据观察，聚电解质具有类似于阴离子商业聚电解质的良好的絮凝性能。利用降解单分散聚合物和PS模拟物1，3，5-三苯基己烷(TPH)研究了碱催化剂MgO对PS分解的影响[103]。结果表明，催化剂的存在提高了模型化合物的分解速率，但降低了PS的降解速率，这是通过转化的低相对分子质量产物来测定的。模型化合物的结果表明，催化剂的加入提高了起始反应的速率，但由于催化剂也会促进终止反应，使得在链断裂过程中降低了“链长度”。在MgO的存在下，PS和TPH对苯乙烯单体的选择性降低。

Ukei等[104]利用固体酸和碱（如MgO、CaO、BaO、K_2O，SiO_2/Al_2O_3、HZSM-5、活性炭)作为催化剂，对PS降解为苯乙烯(包括单体和二聚体)的情况进行了研究。结果表明，固体碱比固体酸更能有效地催化聚苯乙烯的降解。这是PS在固体酸碱上的降解机理不同所导致的。在所使用的固体碱中，BaO被发现是最有效的催化剂。在350℃下，BaO粉末与PS接触，约有90%的PS受热降解转化为苯乙烯。Koji尝试以碱性金属氧化物为催化剂，将催化剂与PS混合并通过惰性发泡剂从而获得PS泡沫[105]。当这种泡沫被废弃时，它可在非氧化的气氛中加热到300~450℃而被分解，从而回收苯乙烯。碱性氧化物Na_2O、MgO、CaO可被使用，其中CaO比较理想。所使用的发泡剂可以是氮气、氯氟烃、丙烷或任何类似气体。几种固体酸(如硅铝酸、HZSM-5、HY、发光沸石、斜发沸石等)已经被作为催化剂进行研究，并对其催化降解PS的性能进行了筛选[106]。采用斜发沸石催化剂(HNZ、HSCLZ)时，99%以上的苯乙烯和乙苯是液体馏分的主要产物。酸度的增加促进了苯乙烯的加氢反应，有利于乙苯的生成。温度越高，对苯乙烯的选择性越高，而降低氮气流量增加接触时间，则对乙苯的选择性越高。因此，苯乙烯单体和乙苯之间的产品分布可以通过设计参数如催化剂的酸度、反应温度和接触时间来调节。

Ke等在310~370℃和6.0MPa压力下于苯、甲苯、二甲苯等多种超临界溶剂中研究了聚苯乙烯的降解行为[107]。研究发现，PS在极短的反应时间内可以成功解聚成单体、二聚体等产物，转化率高。PS中回收苯乙烯时，甲苯作为超临界溶剂比其他溶剂如苯、乙苯和对二甲苯展现出更加优异的效果。PS于360℃下在超临界甲苯中保持20min，苯乙烯可以获得最高收率(77%)。在氨基醇存在下的亚临界水处理中发现与苯乙烯交联的不饱和聚酯发生了脱交联情况[108]，回收了一种带有端羟基侧链的线型PS衍生物。这些羟基经顺丁烯二酸酐修饰后，PS衍生物与苯乙烯重新交联形成网状结构。由此产生的固体可以在氨基醇和另一种含羟基的PS衍生物的存在下通过亚临界水处理降解。这是一种新的热固性树脂回收方法，可以成功地被重复使用。PS衍生物与苯乙烯和顺丁烯二酸酐的替代共聚物加热后再次交联，其结果是羟基和羧基酸酐之间形成连接。

如果产生的是低聚苯乙烯（相对分子质量为几千）而不是单体，低聚苯乙烯可作为一种燃料油使用，这将节约能源。为此，在200℃下，将甲基苯乙烯作为链转移剂被用于EPS的热分解过程中[109]。将三种有机过氧化物作为自由基促进剂进行试验。研究人员发现，一方面，过氧化二异丙苯（DCP）的加入即使在较低的温度（约140℃）下也会促进EPS的热分解，而叔丁基异丙苯基过氧化物的加入对EPS的热分解作用则不及过氧化二异丙苯（DCP）。另一方面，二叔丁基过氧化物对EPS的热分解几乎没有影响。

3.1.9.2.3 聚苯乙烯裂解机理

纯PS样品的自由基解聚产生大量的单体（苯乙烯），链端背咬合产生大量的二聚体和三聚体。当有催化剂时，聚合物分解的过程完全不同。主要的PS催化裂化挥发性产物的形成可以用最初质子对聚合物芳香环的亲电进攻反应来解释。质子优先攻击环的邻位和对位，因为脂肪族聚合物的主链是芳香环的富电子基团。大多数挥发性产物都是从环质子化开始的机理中得到的。聚合物链（1）中邻位质子化的芳香环混合物的热分解可直接导致主要的催化裂化产物苯的产生或可能导致链缩短。苯不能直接从聚合物中的对位质子化芳环中得到。然而，对位质子化的环可以与邻近的聚合物链反应，产生与邻位质子化环相同的断链产物。在苯生成（2）后，剩余的大分子阳离子可能发生使链缩短的β剪切并产生（3）不饱和链端，重新排列形成内部双键并质子化邻近的芳香环（通过分子内或分子间的质子转移），随后环化形成茚结构或除去一个氢化物产生饱和链段。通过PS催化裂化获得大量的茚，这表明（2）环化形成茚结构是一个有利的过程。链不饱和现象（2）的结果可能是共轭多烯段的形成引起的，这些多烯段随后可能环化形成萘。由（1）或（2）形成的（3）的分解可以导致苯乙烯的生成，也可能导致链端不饱和现象和邻环质子化（图3.4）。

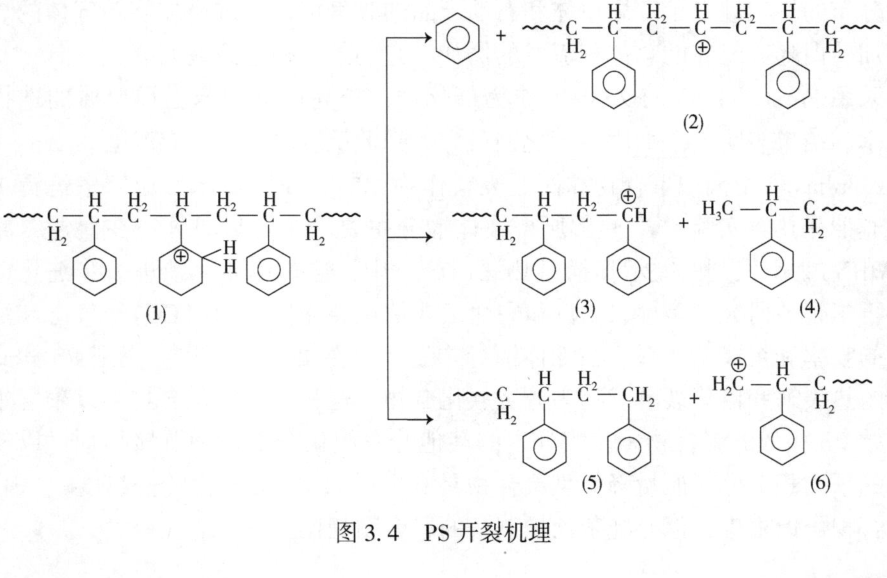

图3.4 PS开裂机理

通过(3)去除氢化物将导致饱和链端的生成。任何 PS 催化剂样品中没有苯乙烯的明显产生，这表明在低温下，(3)的β-裂解形成苯乙烯并不是主要的分解途径。由(3)衍生的链端不饱和现象可能导致茚的形成，只有在 HZSM-5 催化剂存在时才检测到大量茚。HZSM-5 通道的体积限制明显抑制了(3)的氢化物去除途径，从而增加了 PS-HZSM-5 的茚和苯乙烯的产量。甲基端链末端附近的芳香环的质子化(4)可以生成烷基苯、丙烯和苯，这取决于大量阳离子的分解。

3.1.9.2.4 PS 的热化学回收

通常采用热化学回收技术，如热解。在热解过程中，PS 是通过热解聚的方式在相对较低的温度下以高选择性获得苯乙烯单体的。Arandes 等研究了 PS 和聚苯乙烯-丁二烯(PSBD)在介孔二氧化硅(非可测酸性)上的热裂解情况[110]。由于生活垃圾中聚烯烃的含量约为 10%，因此人们对聚苯乙烯在溶剂条件下热解的关注远远少于聚烯烃的溶剂热解。反应器的设计对聚苯乙烯的裂解也起着重要的作用，塑料以固体状态进料，在热裂解的流化床中使用沙子帮助流化[85,111,112]。在实验室或中试工厂规模使用的流化床的设计是基于塑料的热解动力学。因为它涉及很大程度的不确定性，这是由材料的不均匀性、不同组分裂解的协同作用、传热传质的局限性等因素造成的，这些因素阻碍获得在工业温度(450℃以上)下的反应堆设计所需的可靠的动力学数据[113]。聚苯乙烯裂解的主要缺点是在酸位点结焦导致催化剂快速失活，而苯乙烯的芳香性和高 C/H 比有利于催化剂的失活。如果将 CSBR 用于 450~550℃范围内 PS 热解的动力学研究，则固体和气体之间的高传热速率可避免颗粒团聚[114]。开发了一种旋流流化床反应器(内径为 0.0508m，高为 1.5m)，可有效地从聚苯乙烯废料中回收苯乙烯单体和有价值的化学品，因为它可以控制原料的停留时间，提高温度分布的均匀性[115]。旋转流态化模式使温度波动更具周期性和持续性，降低了反应器内的温度梯度，提高了温度分布的均匀性。苯乙烯单体和石油产品的收率可以通过增加旋转气体的比例来增加，但随着气体的总体积流量的增加，它们的产率达到最大值。

采用 Fe_2O_3、BaO、HZSM-5 作为催化剂，提高产物中苯乙烯单体的选择性和收率。结果表明，添加固体催化剂可大大降低反应时间和反应温度。

Achilias 使用模型聚合物和商业废料作为原料，在固定床反应器中进行了催化和非催化热解实验[54]。热解所得液体馏分主要为苯乙烯单体，在偶氮二异丁腈(AIBN)为引发剂的差示扫描量热法(DSC)中，这些单体无须进一步纯化即可进行再聚合。研究了碱性(BaO)和酸性工业催化裂化催化剂(FCC)与气态和液态产物的收率和组成的关系。在液体馏分中鉴定出芳香族化合物。模型 PS 和商业废物的热裂解和催化裂解产物为芳香族化合物，这些芳香族化合物可以聚合生成与原始 PS 相似的聚合物。该馏分中的其他芳香族化合物作为链转移剂可以使聚合物的平均相对分子质量降低且聚合物具有更低的 T_g(玻璃化转变温度)。因此，该聚合物可以再生，但与纯苯乙烯制备的聚合物相比，其性能较差。

Sterling 利用连续分布动力学，通过并发的随机过程和链端过程开发了一个聚合物降解的通用模型。基于基本原理和机械自由基反应的粒数衡算方程都采用矩量法解析求解[116]。该模型适用于所有的相对分子质量分布(MWD)，并可简化为独立的随机或链端断裂的情况。

在 275~350℃的矿物油溶液中降解 PS 的实验支持该模型并测定了反应速率参数。降解达到中等程度需要一个功率相关的随机断裂速率系数。PS 随机断裂活化能与热解法相似为 7.0kcal/mol，但由于两种工艺的本质差异，PS 随机断裂活化能比热解法更低。

采用热重法(TGA)和傅里叶变换红外光谱(FTIR)研究了在硫酸铵存在下的 PS 热降解和热氧化降解情况。TGA 结果表明，硫酸铵加速了 PS 在氮气中的热降解，但延缓了 PS 在空气中的热氧化降解[117]。对在 340℃下降解的样品中的四氢呋喃提取物和其在炉子内热处理后的残留物的红外(IR)分析结果表明，硫酸铵及其分解产物的磺化、氧化作用以及 PS 链中不饱和结构的形成是导致 PS 热降解加速和抑制热氧化降解的主要原因。

在有水存在的亚临界条件下(含水热解)和惰性气氛下的封闭系统中，在温度范围 300~350℃和压力高达 18MPa 下，持续 1~120h，研究了 PS 的热解情况。所获得的产品被分离为气体、挥发分和重质物质化合物[118]。结果表明，主要是在热解过程的第一步，水的存在提高了挥发性产物的产率并导致了单体产率的提高。后续观察表明次级反应程度降低。研究人员在 400℃常压下于半间歇式搅拌反应器中，利用废 FCC 催化剂实现了 HDPE、LDPE、PP 和 PS 等废塑料的催化降解[106,119]。研究的目的是测试塑料类型对催化降解的收率、液体产物收率和液体产物分布的影响。对含聚烯烃结构的废旧聚乙烯和聚丙烯进行催化降解，液体产率为 80%~85%，固体产率低于 1%，而对含多环结构的废旧聚乙烯进行催化降解，液体和固体产率要高得多，气体产率要低得多。催化降解累积液体产品重量与塑料降解温度密切相关。

通过对混有回收塑料的标准原料进行烃类催化裂解，从而将回收塑料转化为燃料，在 550℃下，在流化床间歇反应器内，检测了 FCC 和各种酸性催化剂(分子筛 ZSM-5，发光沸石，Y 和硫改性氧化锆)对溶解在惰性苯中的 PS 的转化效果[120]。实验的接触时间非常短，最长可达 12s。主要产品在汽油范围内，包括苯、甲苯、乙苯、苯乙烯，以及少量的 C_9~C_{12}芳烃和轻质 C_5 化合物。焦炭的产量总是非常可观。虽然含硫氧化锆是高酸性的，但是低比例的布朗斯特类型的酸位点不允许发生次级苯乙烯反应。结果表明，平衡型商业 FCC 催化剂可获得最有利的产物分布(理想产物的收率较高)。

聚苯乙烯可与其他芳烃一起回收成苯乙烯单体，由此生成的苯乙烯可转化为生物可降解的塑料，如聚羟基烷酸酯(PHA)。10%的 PHA 产率来自 PS 已经实现了[121]。产生的 PHA 链长为 10。研究了聚苯乙烯热解和催化热解产生的油、气的产率和组成。在固定床反应器中进行热解和催化热解。采用 ZSM-5 分子筛和 Y 型分子筛两种催化剂，考察了催化剂温度、催化剂负载量以及两种催化剂混合使用对催化剂性能的影响。PS 的非催化热解产物主要为苯乙烯和其他芳香烃如甲苯、乙苯等组成的油，在任何一种催化剂的存在下，都发现气相产量增加而油相产量减少，但催化剂上有明显的碳质焦炭形成。提高 Y 型沸石催化剂的温度和催化剂床层中催化剂的用量，可以降低 $Y_{油}$ 的含量并提高产气率。PS 催化热解油中含有单环化合物苯、甲苯、苯乙烯、间二甲苯、邻二甲苯、对二甲苯、乙甲基苯、丙烯苯、甲基苯乙烯等，双环化合物，如茚、亚甲基、萘、2-甲基萘、1-甲基萘、联苯、甲基-联苯、二甲基萘、三甲基萘、四甲基萘、乙基联苯，三环化合物，如菲，以及四环化合物，如芘和䓛。

3.1.9.3 未来前景

PS 回收的一些未来前景包括：

① PS 的热回收可以产生更高比例的苯乙烯单体，这些单体可以被细菌发酵产生聚羧酸，这是合成可生物降解聚合物的原始材料。

② 废聚苯乙烯可与可生物降解聚合物混合制成可生物降解聚合物。

③ 回收生产的苯乙烯单体可以接枝到可生物降解的聚合物上，得到可生物降解的聚合物[122]。

3.1.10 聚氯乙烯的化学回收

3.1.10.1 引言

聚氯乙烯(PVC)的主要应用领域包括食品包装、鞋类、管道、服装(类似皮革的材料)、天花板、瓷砖、多层地板和窗框。PVC 产品的寿命大约为 5 年，密度与 PET 相同，这使得在回收含有这两种聚合物的塑料废物之前很难分离 PVC。采用 X 射线荧光和红外分选技术对 PVC 进行高效分离，当检测到 PVC 中的氯原子后，废弃物将被送去分离[123]。

一般来说，PVC 废弃物产生有两种方式：MPW 组分(PVC 含量较低)，富含 PVC 的塑料组分。

焚烧聚氯乙烯与形成含氯量很高的物质有关，焚烧聚氯乙烯会形成盐酸(HCl)，并形成二噁英和呋喃等持久性有毒化合物[124-126]。此外，当 PVC 垃圾在焚化炉中燃烧时，HCl 腐蚀焚化炉的锅炉管和其他设备，因此，蒸汽压力必须保持在较低的水平，以防止余热锅炉的腐蚀[127]。

用碳酸钙(石灰)或氢氧化钠(烧碱)中和 HCl，将释放的 HCl 转化为各自的盐类是这个问题的最佳解决方案，还可以使用特殊过滤器，以防止燃烧过程中与大气排放有关的问题[128]。

由于 PVC 本身是不可燃的，所以富含 PVC 的废物需要在高温(>1700K)下才可以发生燃烧。焚烧富含聚氯乙烯的废弃物所回收的净能量也不够高，不能使其具有很高的经济性。PVC 的焚烧发热量约为 64MJ/kg(在理想条件下)，而纸张为 17MJ/kg，木材为 16MJ/kg[129]。因此，机械或化学回收 PVC 塑料垃圾似乎不是一个合理的解决方案。目前，化学回收 PVC 废物的通常方法是通过氢化、热解或气化进行“热裂解”[130-134]。

热裂解的主要中间产物是多烯材料，它通过芳烃的演化而不断降解并转化为产品，其组成在很大程度上取决于工艺变量，如气氛类型、温度和停留时间。在惰性气氛中，降解产物是 HCl、气态和液态碳氢化合物以及炭。HCl 是主要产品，可在氯乙烯生产或其他化学过程中重复使用[135]。

在氯乙烯回收工艺流程中，还加入了气体净化装置，以获得高纯氯化氢气体。在蒸汽气氛和高温下，烃馏分转化为其他产物，如一氧化碳、二氧化碳和氢气。

在一个报道的工艺流程中，在一个小型鼓泡流化床中研究了一些工艺参数对产品结果的影响。床层材料类型的选择影响着产品的效果，例如，使用没有催化活性的固体石英作为床层材料会产生大量的焦炭和焦油，而应用有催化活性的材料，如多孔氧化铝，会导致 PVC 高度转化为合成气。此外，温度对产物的组成有很大的影响，因此，将反应器温度提高到 1250K[14]时，碳气转化率从 1150K 时的约 70%提高到约 100%。

对于 PVC 的化学回收，提高脱氯化氢过程的效率可以使得 PVC 的回收利用成功实现[136]。此外，氧化物的使用使氯化氢的排放发生明显变化，这表明氧化物具有固氯能力。同样，聚乙二醇(PEG)的使用可加速聚氯乙烯(PVC)的脱氯化氢过程，在 210℃下，聚氯乙烯(氯乙烯)/聚乙二醇(PVC/PEG)的 1h 脱氯化氢程度高达 74%，而聚氯乙烯(PVC)仅有 50%。此外，与纯聚氯乙烯相比，聚乙二醇/聚乙二醇体系中聚氯乙烯的分解向较低的温度转移，表明聚乙二醇与聚氯乙烯之间存在一些相互作用，导致脱氯化氢速率增加。结果表明，该工艺过程中没有产生 KCl 等废物副产物，PEG 的循环再利用情况也令人十分满意，可达 10 次[137]。

另一种脱氯化氢的热过程的替代方法是在碱性介质中脱氯化氢，这是很容易的过程，利用这一方法来回收 HCl 是可能的，在碱性水溶液中利用氧气氧化降解 PVC 产生的各种羧酸。

一些研究人员已经证明，柔性 PVC 首先发生脱氯化氢反应，然后氧化。报道的主要产物是草酸(苯羧酸的混合物)和二氧化碳，但是，通过调节碱浓度等反应条件，含氯混合物也可以以 HCl 的形式回收[138]。

在各种热裂解方法中，热解是 PVC 的化学回收过程中一种比较熟知的方法。在没有任何氧气的情况下，在 500~900℃下进行的热解过程是一种非常合适的回收方法，特别是对于混合废塑料的情况(PVC 回收，2005)。在一个典型的过程中，富含 PVC 的废物可以被热解成碳氢化合物(油)、烟灰、HCl、氯化烃类等。HCl 需要从热解气体中去除，尽管这种去除过程在某些阶段会导致有毒的二噁英的形成，然而，热解的主要最终产物是石油[123]。

PVC 和含有 PVC 材料的混合塑料通过生成酸性气体(HCl)进行热解，工艺设备(如热解反应器和管道)的腐蚀是与之相关的主要问题。此外，许多石化行业规范将塑料垃圾产生的气体和石油中的卤素(以氯化氢和氯有机化合物的形式出现)的数量限制在一个非常低的范围内。因此，在混合塑料废弃物中 PVC 含量较低的(将其分离为单一聚合物是不经济的)情况下，常规化学回收通常只用于 PVC 含量低于 30%的废物流(如多种材料产品)[139]。

在针对这一问题提出的多种解决方案中，CaO 对 PVC 进行磨铣是一种从废弃物中提取 Cl 的有效方法[140]。也有人尝试开发一种从合金废料中回收金属的工艺，该方法是利用共磨合金和 PVC 废料发生机械化学的反应，然后用水清洗和过滤[141]。目前，NKT-Watech 在欧洲的热解过程使用另一种两步热解 PVC 废料的搅拌容器。碳酸钙和填料与脱出的盐酸反应生成氯化钙。然后在升高的温度下，聚合物链断裂，产生固体焦炭渣。最后，对剩余的氯化钙进行处理使其适用于市场[142]。

在另一种方法中，PVC 和其他卤化塑料会在混合废塑料的预处理过程中被除去。这种预处理方法包括用含氯较少或不含氯的聚合物混合物稀释含氯过多的废弃物。用来自炼油厂的不含氯石油馏分稀释含氯烃的原料也是很常见的。此外，还有一种更便宜、更容易接受的方法是热脱卤，它可以在液体或流化床中进行。

为了减少生成的 HCl 的腐蚀影响，一种新型的 PVC 与含氮化合物(生物垃圾)共热解的方法被开发出来。研究人员使用统计方法，将牛粪与 PVC 一起用于热解，为了使 PVC 热解过程中 HCl 减少率最高，研究人员对条件进行了优化。他们比较了相同优化条件下用不含牛粪的塑料混合物的热解结果，然后确定所得产品的质量。研究人员得出结论：最低的加热速率、最高的反应温度(450℃)以及 PVC/牛粪比为 1∶5 是最适宜的反应条件，能得到最高的 HCl 减少率。然而，根据他们的结果，粪便的存在使热解的产油率降低了约 17%[139]。

刚性 PVC 氯原子的亲核取代可以化学修饰其结构。以乙二醇为溶剂，硬质 PVC 与碘化物、氢氧根、叠氮化物、硫氰酸酯等多种亲核试剂反应都可以用于对其结构修饰。这种反应使得 Cl 被亲核试剂取代，最后 HCl 被消除，从而实现了硬质 PVC 的脱氯化氢作用。结果表明，随着亲核试剂浓度的增加，脱氯化氢率增加，在较高的亲核试剂浓度下可以使取代率最大。此外，当使用二甘醇替代乙二醇时，脱氯化氢反应加快，这可能是二甘醇与 PVC 的相容性更高，更容易穿透坚硬的 PVC 颗粒所致[143]。

其他基于解聚和再聚合的PVC化学回收技术也被开发出来，不幸的是，其中大多数都比机械回收昂贵[144]。

将聚氯乙烯废料应用于研究回收的电弧炉炉尘与PVC的热处理过程中，整个工艺旨在从炉尘中回收锌、铅、镉。通过对整个工艺进行调整，使得残留炉尘可以喷入电弧炉中[145]。

3.1.10.2 混合塑料回收工艺

英国的Recovinyl公司通过机械回收的方式处理消费后的聚氯乙烯从而再生出两个等级的产品。由于其自身结构和组成的原因，PVC很容易被机械回收以获得优质的回收材料。仔细和适当的分选对PVC的回收利用至关重要[146]。对于富含PVC的PSW来说，Akzo(荷兰)是一种成功的热解工艺，承载量为30kg/h，这种快速热解过程是基于循环流化床系统(两个反应器)和随后的燃烧系统的。该工艺输入的是粉碎的混合废物，其中包括高比例的PVC废物，主要输出的是HCl、CO、H_2、CH_4，根据原料成分的不同，还包括其他碳氢化合物和粉煤灰[147]。

NRC工艺是另一种成功的热解方案。这个工艺是基于热解和随后的金属提取技术的，目的是生产纯净的氯化钙来代替盐酸。这个工艺流程中输入的是PVC废料(电缆、地板、型材等)。没有其他类型的PSW进入处理系统，这导致氯化钙、焦炭、有机凝析物(用作燃料)和用于金属回收的重金属是该工艺流程的产品[53]。

如图3.5所示的NTK工艺是一个非常成功的回收工艺。该工艺基于一个初始预处理步骤，该步骤涉及分离轻塑料(PP、PE等)和其他材料，如木材、沙子、铁、钢、黄铜、铜和其他金属污染物。

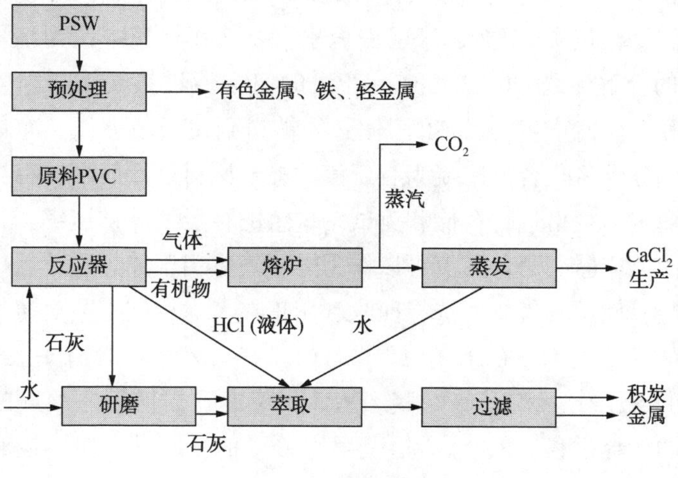

图3.5 NTK流程图示意图

在低压[$2\sim3bar(1bar=10^5Pa)$]和中等温度(375℃)下，将PSW废物送入反应器中。这个工艺过程不会排放二噁英、氯、金属或增塑剂。此外，因为所有的液体都在系统内回收，在这个工艺过程中没有废液产生外流，只有石灰/石灰石与氯化氢反应生成少量的二氧化碳气体，含有金属、沙子、土壤、PE、PP、木材和橡胶废物的混合PVC建筑废物已成功处理[53]。Borgianni等[134]也报道了PVC气化成高热值燃料气体的工艺。

PVC的化学回收也被探索。大多数提出的工艺利用的是PVC在热的影响下或在碱性介质中相当容易脱氢的性质。研究人员发现，在温度为150~260℃、氧压为1~10MPa的碱性水溶液中，氧分子对PVC进行氧化降解。主要产物为草酸和二氧化碳，其产率与反应条件和碱浓度有关，草酸收率最高可达45%，含氯混合物可以以HCl的形式回收，收率42%[148]。

在1~25mol/kg NaOH溶液中，用氧气对硬质PVC(R-PVC)球团进行氧化降解，在150~260℃和1~10MPa范围内的PO_2中，研究了PVC材料的化学循环利用。R-PVC氧化降解的表观速率为零级反应，表观活化能为38.5kJ/mol。主要的产物为草酸、苯和羧酸的混合物和二氧化碳，R-PVC中的锡被完全萃取出来。通过化学回收将PVC材料转化为羧酸等原料的可能性已有报道[127]。

3.1.10.3 混合聚氯乙烯废物世界倡议

对于PVC含量达数个百分点的混合废塑料的化学回收，对废塑料原料进行一些基本的准备是需要的，包括缩小尺寸和去除大部分非塑料。这些准备好的原料被直接送入加热的流化床反应器中，这一过程是聚合物裂解过程的核心，反应器在大约500℃且没有空气的情况下运转。塑料在这些条件下热裂解成碳氢化合物，碳氢化合物蒸发并与流态化气体一起离开床层。固体杂质(包括金属、聚氯乙烯稳定剂和一些焦炭)要么在床层中积累，要么在热气中作为细颗粒被旋流器捕获。PVC的分解导致HCl的形成，产生的HCl通过热气体与固体石灰吸收剂接触进行中和。由此产生的$CaCl_2$固体必须被送到垃圾填埋场。净化后的气体被冷却，使大部分碳氢化合物冷凝为有价值的馏分原料。然后在转移到下游用户工厂前，根据商定的规格进行存储和测试。剩余的轻烃气体被压缩，再加热，作为流化气体返回反应器。部分气流可以作为燃料气体用于加热裂化反应堆，但由于气流富含烯烃，使用其气体的选择回收利用正在考虑。该工艺对氯等元素的去除效果很好。如果输入10000μL/L(或1%)Cl，产品将大约含有10μL/L Cl。这比炼油厂使用的5μL/L标准稍高一些。然而，考虑到在任何炼油厂或石化应用中可能存在高的稀释过程，BP认为这是可以接受的。此外，铅、镉和锑等金属在产品中可以被去除到非常低的水平。试验表明，所有碳氢化合物产品都可以在炼油厂中进一步处理[149]。

3.1.10.4 BASF 原料回收利用工艺

它的设计目的是处理由直接仓库运送(DSD)收集系统供应的混合塑料废物的回收利用。工艺流程如下：在将废塑料送入工艺流程之前，需要进行预处理(图3.6)。在这一步中，塑料被磨碎，与金属等其他材料分离并进行团聚。将经过预处理的混合塑料转化为石油化工原料是在多级熔炼过程中进行的。在第一阶段，塑料被熔化去卤，以保护后续的设备部分不被腐蚀。在这个过程中分离出来的氯化氢被吸收并在盐酸生产装置中进行处理。因此，输入物(如 PVC)中含氯化合物的大部分被转化为可销售的盐酸。少量被转化为含有 NaCl 或 $CaCl_2$的废水[150]。气态有机产物经压缩后可作为裂解的原料。在随后的阶段中，液化的塑料废物被加热到400℃以上，并裂解成不同链长的化合物。生产出大约 20%~30%的气体和 60%~70%的油，这些产物随后在蒸馏塔中被分离出来。原料法生产的石脑油在蒸汽裂解器中进行处理并回收单体(如乙烯、丙烯)。这些原材料用于生产原始塑料材料。高沸点油可以加工成合成气或转化焦炭，然后再进一步使用。残留物最多含有 5%的矿物质，例如颜料或铝盖。PVC 中存在的金属主要在该出口处结束。该过程是在大气压下、密闭系统中进行的，因此不会产生其他残留物或气体排放。

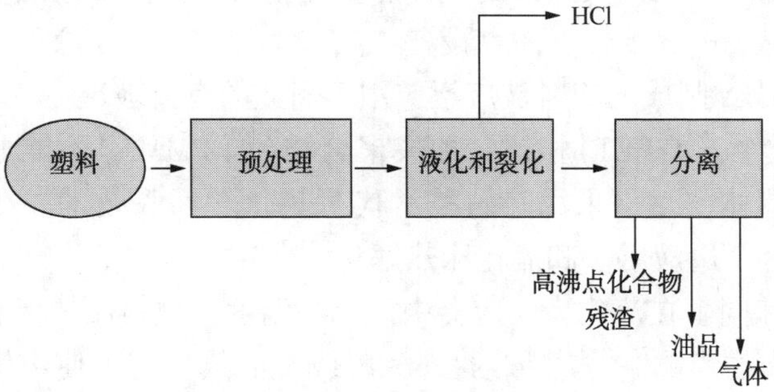

图 3.6 BASF 流程[150]

混合聚氯乙烯废料可作为高炉还原剂用于生铁生产钢铁中，该过程中铁矿石(Fe_2O_3)必须在鼓风炉中被还原为 Fe。在这个过程中，通常使用焦炭、煤和重油作为还原剂。钢铁公司试图通过喷煤技术部分替代煤炭、天然气或燃料油(质量最多为 30%)来降低焦炭的消耗。最近，新的发展已经开始用塑料废料取代传统的还原剂。这一领域的先驱是德国 Stahlwerke Bremen 公司，不过英国钢铁公司(British Steel)等其他公司也已进行了试验。Stahlwerke Bremen 公司是德国大型钢铁制造商，拥有两座高炉，日产量超过 7000t 或约 300×10^4t/a 生铁。目前，德国是世界上唯一一个以这种方式在高炉中利用废弃物的国家[151]。

3.1.10.5 维巴-康比(Veba Combi)裂解工艺

该装置包括解聚段和维巴-康比(Veba Combi)裂化(VCC)段。为了在 VCC 部分的进一步处理，预先需要解聚。在解聚段，结块的塑料废料被保持在350～400℃之间进行解聚和脱氯反应。解聚的塔顶产物被部分冷凝。PVC引入的大部分氯化物(80%)以HCl的形式存在于轻气体中。它在接下来的气体净化过程中被洗掉，产生工业盐酸。含18%氯化物的凝析油被送入水力处理器。HCl和形成的水一起被排除。生成的无氯凝析油和气体与解聚材料混合并在VCC段进行处理。在无内件的液相反应器中，在约100bar的高压和400～450℃条件下，被解聚的材料在VCC段内被氢化。

经过固定床加氢处理后，分离产生的产品是一种合成原油，这种原油是可在任何炼油厂加工的有价值产品。同时，分离过程还会产生氢化后的残渣，其中包括被灰烬、金属和惰性盐污染的重烃。这种氢化沥青是一种副产品，与煤混合用于生产2%(质)的焦炭。在PVC中存在的大部分金属最终很可能都在这种残渣流中。尾气(电子气)被送往处理工段以去除H_2S和氨。如前所述，大部分存在于原料(如PVC)中的氯化物被转化为可用的盐酸。大约2%的氯化物与氯化钙结合，可比化学计量的CaO节约4倍。

3.1.11 聚甲基丙烯酸甲酯的化学回收利用

3.1.11.1 引言

聚甲基丙烯酸甲酯(PMMA)是一种热塑性塑料，在世界范围内广泛应用于透明的全天候片材、电气绝缘、浴室设备、汽车零部件、表面涂层、离子交换树脂等领域。由PMMA制成的塑料被广泛应用于商业的有机玻璃。

与缩合聚合物(如PET)相比，加成聚合物(如PMMA)不能通过简单的化学方法轻松回收单体，而是采用热解技术代替热化学回收技术。在各种解聚方法中，最突出的是金属液浴法和流化床热解法[23,150-153]。

Kaminsky和同事在流化床反应器中研究了温度、填料添加量和进料量对热解产物数量和分布的影响[23,154-156]。此外，PMMA的热裂解可使单体甲基丙烯酸甲酯(MMA)在相对较低的温度(400～500℃)下的回收率接近97%[152]。有报道称，液态热解产物纯度高，无须进一步处理即可再次聚合[154]。Achilias研究了PMMA的热解化学回收方法，其目的是回收纯单体并再聚合回聚合物[54]。

PMMA的化学回收可以通过两种不同的方法来完成。

3.1.11.2 溶解/再沉淀

传统的溶解/再沉淀方法属于机械回收[157,158]。在这项技术中，聚合物使用溶剂/非溶剂系统进行分离和回收。为此，需要在不同的质量百分比和温度下对不同的溶剂/非溶剂系统进行检验。溶剂法包括用溶剂处理塑料废物的各个阶段以使聚合物材料溶解，然后通过再沉淀回收。在这种方法中，模型PMMA与含有PMMA的商业产品一起使用。以二甲苯和甲苯为溶剂，正己烷为非溶剂，其他一些参数可根据工艺要求加以调整，如聚合物的浓度、溶剂/非溶剂体积比以及溶解温度要低于每种溶剂的沸点(二甲苯沸点140℃，甲苯沸点110℃)。

首先，将聚合物和溶剂加入一个装有直形冷凝器和磁力搅拌器的烧瓶中。将系统加热30min至所需温度，然后，冷却烧瓶，将聚合物的溶液适当地倒入非溶剂中。将聚合物沉淀、洗涤、过滤并在80℃的烘箱中干燥10h。回收的聚合物以粉末或颗粒形式获得。

基于选择性溶解的原理，这些方法的优点是能够处理聚合物的混合物。此外，溶解/再沉淀技术似乎还有几个优点：

① 塑料废料最终被转化为制造设备可接受的形式(粉末或小颗粒)。

② 添加剂和不溶性污染物可以通过过滤去除，留下纯净的材料。

③ 除加热溶解外，预计不会因再回收过程本身而进一步降解。

④ 聚合阶段的附加值保持不变且回收的聚合物不含任何污染物，因为最终产品的质量可与原始产品相媲美材料，所以回收的聚合物可用于任何类型的应用。这种方法已经在多种(主要是模型)聚合物的回收方面被研究，包括PVC、PS、LDPE和HDPE[155,156]。

这种方法在几个国家被广泛使用，但它有几个严重的缺点：例如，原凝析MMA可能会受到所用金属(通常是铅)或其他副产物的污染[153]。

3.1.11.3　化学/原料回收

热裂解(或称热解)是指在无氧(通常是氮气)的环境下通过加热降解聚合物材料。在高温热解过程中，根据聚合物类型，大分子会发生端链断裂或随机断裂。在第一种情况下(发生在PMMA中)，单体会大量产生。传统(热)热解可以使用原料聚合物模型或商业产品作为原料进行。实验在实验室固定床反应器中进行，室温为450℃，这是使单体MMA达到最大化的最佳温度[155]。

从模型和商业样品中得到的液体产品都很高，分别是99%和98%。当添加纯PMMA时，单体回收率[98.3%(质)]高于工业样品[94.9%(质)]。在这两种情况下，气体比例都非常小，只产生0.6%(质)或1.5%(质)的气体。同样，获得的残渣比例很低，分别是0.1%(质)和0.4%(质)。此外，两种样品的气体组成大致相同，有大量的CO_2，其次是CO和甲烷。前两种气体是PMMA和MMA的降解产物，这是大分子链中氧的存在所致。液体馏分主要由大量的单体MMA[模型聚合物和工业产品分别为99%(质)和97%(质)]和少量的其他有机化合物(主要是酯类)组成。利用差示扫描量热法(DSC)研究了液体热解馏分作为聚合再生PMMA原料的潜在用途，并将结果与原始单体的结果进行了比较，直接聚合再生的结果并不令人满意。

此外，在实验室固定床反应器中，以模型聚合物为原料或商用产品(PERSPEX)进行热裂解实验，利用差示扫描量热法(DSC)研究了油作为聚合再生PMMA原料的潜在用途，并将该结果与原单体的结果进行了比较，直接聚合再生的结果并不令人满意。

所有的实验都是在位于希腊塞萨洛尼基CPERI的环境燃料与碳氢化合物实

验室中进行的。反应器中填充 0.7g 玻璃微珠，活塞中填充聚合物(1.5g)，系统在氮气条件下加热(30mL/min)。达到反应温度后，将聚合物随即加入反应器中并开始实验。实验时间为 17min，反应温度为 450℃。实验结束时进行吹扫(30min)。实验(100mL/min)和吹扫(30mL/min)均在氮气存在下进行。有关该程序的详细信息，请参见参考文献[159，160]。

液体产物收集在液体浴中(-17℃)并在预先称重的玻璃接收器中进行定量测量。收集的气体产物通过水置换进行测量。液体样品在 HP 5989 MS 发动机中通过 GC/MS 进行分析。气体产物在配备有四个色谱柱和两个检测器(TCD 和 FID)的 HP6890 气相色谱中进行分析。使用已知浓度的气体作为标准混合物对色谱仪进行标准化[13]。

参 考 文 献

1. Williams, P.T. and Bagri, R. (2004) Hydrocarbon gases and oils from the recycling of polystyrene waste by catalytic pyrolysis. *Int. J. Energy Res.*, **28** (1), 31–44.
2. Yamada-Onodera, K., Mukumoto, H., Katsuyaya, Y., Saiganji, A., and Tani, Y. (2001) Degradation of polyethylene by a fungus, *Penicillium simplicissimum* YK. *Polym. Degrad. Stab.*, **72**, 323–327.
3. Zheng, Y., Yanful, E.K., and Bassi, A.S. (2005) A review of plastic waste biodegradation. *Crit. Rev. Biotechnol.*, **25**, 243–250.
4. Marqués-Calvo, M.S., Cerdà-Cuéllar, M., Kint, D.P.R., Bou, J.J., and Muñoz-Guerra, S. (2006) Enzymatic and microbial biodegradability of poly(ethylene terephthalate) copolymers containing nitrated units. *Polym. Degrad. Stab.*, **91**, 663–671.
5. Bonhomme, S., Cuer, A., Delort, A.-M., Lemaire, J., Sancelme, M., and Scott, G. (2003) Environmental degradation of polyethylene. *Polym. Degrad. Stab.*, **81**, 441–452.
6. Albertsson, A.C., Andersson, S.O., and Karlsson, S. (1987) The mechanism of biodegradation of polyethylene. *Polym. Degrad. Stab.*, **18**, 73–87.
7. Jayasekara, R., Harding, I., Bowater, I., and Lornergan, G. (2005) Biodegradability of selected range of polymers and polymer blends and standard methods for assessment of biodegradation. *J. Polym. Environ.*, **13**, 231–251.
8. Andrady, A.L. (2011) Microplastics in the marine environment. *Mar. Pollut. Bull.*, **62**, 1596–1605.
9. Raquez, J.-M., Bourgeois, A., Jacobs, H., Degée, P., Alexandre, M., and Dubois, P. (2011) Oxidative degradations of oxodegradable LDPE enhanced with thermoplastic pea starch: thermo-mechanical properties, morphology, and UV-ageing studies. *J. Appl. Polym. Sci.*, **122**, 489–496.
10. Müller, R.-J., Kleeberg, I., and Deckwer, W.-D. (2001) Biodegradation of polyesters containing aromatic constituents. *J. Biotechnol.*, **86**, 87–95.
11. Seyhan, N. Ege, (1999) *Organic Chemistry–Structure and Reactivity*, Houghton Mifflin Company, pp. 1024–1064.
12. Francis, R. and Sethi, B. (2012) Catalytic feedstock recycling of polymers: a green approach towards sustainable environment. *Sci. Res. Adv. Mater. Phys. Chem.*, **2**, 263–266.
13. Achilias, D.S. (2006) Chemical recycling of polymers: the case of poly(methyl methacrylate). Proceedings of the 2006 IASME/WSEAS International Conference on Energy & Environmental Systems, pp. 271–276.
14. Achilias, D.S. *et al.* (2012) Recent advances in the: chemical recycling of polymers (PP, PS, LDPE, HDPE, PVC, PC, Nylon, PMMA), in *Material Recycling – Trends and Perspectives*, InTech: Croatia.

15. Karayannidis, G.P. and Achilias, D.S. (2007) Chemical recycling of poly(ethylene terephthalate). *Macromol. Mater. Eng.*, **292** (2), 128–146.
16. Scheirs, J. (1998) *Polymer Recycling, Science, Technology and Applications*, John Wiley & Sons, Inc., New York.
17. Butkutė, R. and Miknius, L. (2015) Properties of residual marine fuel produced by thermolysis from polypropylene waste. *Mater. Sci.-Medziagotyra*, **21** (2), 249–254.
18. Jagtap, M.D., Khatavkar, S.S., and Quazi, T.Z. (2015) Methods for waste plastic recycling. *Int. J. Recent Technol. Mech. Electr. Eng.*, **2** (6), 120–122.
19. Stelmachowski, M. (2010) Thermal conversion of waste polyolefins to the mixture of hydrocarbons in the reactor with molten metal bed. *Energy Convers. Manage.*, **51**, 2016–2024.
20. Arabiourrutia, M., Elordi, G., Lopez, G., Borsella, E., Bilbao, J., and Olazar, M. (2012) Characterization of the waxes obtained by the pyrolysis of polyolefin plastics in a conical spouted bed reactor. *J. Anal. Appl. Pyrolysis*, **94**, 230–237.
21. Stelmachowski, M. and Slowinski, K. (2012) Thermal and thermo-catalytic conversion of waste polyolefins to fuel-like mixture of hydrocarbons. *Chem. Process Eng.*, **33** (1), 185–198.
22. Jung, S.H., Cho, M.H., Kang, B.S., and Kim, J.S. (2010) Pyrolysis of a fraction of waste polypropylene and polyethylene for the recovery of BTX aromatics using a fluidized bed reactor. *Fuel Process. Technol.*, **91**, 277–284.
23. Kaminsky, W., Predel, M., and Sadiki, A. (2004) Feedstock recycling of polymers by pyrolysis in a fluidised bed. *Polym. Degrad. Stab.*, **85**, 1045–1050.
24. Lin, Y.H. and Yen, H.Y. (2005) Fluidised bed pyrolysis of polypropylene over cracking catalysts for producing hydrocarbons. *Polym. Degrad. Stab.*, **89**, 101–108.
25. Shah, S.H., Khan, Z.M., Raja, I.A., Mahmood, Q., Bhatti, Z.A., Khan, J., Farooq, A., Rashid, N., and Wu, D. (2010) Low temperature conversion of plastic waste into light hydrocarbons. *J. Hazard. Mater.*, **179**, 15–20.
26. Na, J.G., Jeong, B.H., Kim, S.S., and Chung, S.H. (2006) Pyrolysis of low-density polyethylene using synthetic catalysts produced from fly ash. *J. Mater. Cycles Waste Manage.*, **8**, 126–132.
27. Park, H.J., Yim, J.H., Jeon, J.K., Kim, J.M., Yoo, K.S., and Park, Y.K. (2008) Pyrolysis of polypropylene over mesoporous MCM-48 material. *J. Phys. Chem. Solids*, **69**, 1125–1128.
28. Tekin, K., Akalin, M.K., Kadi, C., and Karagoz, S. (2012) Catalytic degradation of waste polypropylene by pyrolysis. *J. Energy Inst.*, **85** (3), 150–155.
29. Mehrdad, S.A.A., Mehdi, N.H., and Yeganeh, H. (2013) Evaluation of pyrolysis product of virgin high density polyethylene degradation using different process parameters in a stirred reactor. *Fuel Process. Technol.*, **109**, 90–95.
30. Demirbas, A. (2004) Pyrolysis of municipal plastic wastes for recovery of gasoline-range hydrocarbons. *J. Anal. Appl. Pyrolysis*, **72**, 97–102.
31. Aboulkas, A., Makayssi, T., Bilali, L., Elharfi, K., Nadifiyine, M., and Benchanaa, M. (2012) Co-pyrolysis of oil shale and plastics: influence of pyrolysis parameters on the product yields. *Fuel Process. Technol.*, **96**, 209–213.
32. Adrados, A., Marco, I., Caballero, B.M., López, A., Laresgoiti, M.F., and Torres, A. (2012) Pyrolysis of plastic packaging waste: a comparison of plastic residuals from material recovery facilities with simulated plastic waste. *Waste Manage.*, **32**, 826–832.
33. Williams, E.A. and Williams, P.T. (1997) Analysis of products derived from the fast pyrolysis of plastic waste. *J. Anal. Appl. Pyrolysis*, 347–363.
34. Domınguez, A., Blanco, C.G., Barriocanal, C., Alvarez, R., and Dıez, M.A. (2001) Gas chromatographic study of the volatile products from co-pyrolysis of coal and polyethylene wastes. *J. Chromatogr. A*, **918**, 135–144.
35. Singh, S., Wu, C., and Williams, P.T. (2012) Pyrolysis of waste materials using TGA-MS and TGA-FTIR as complementary characterisation techniques. *J. Anal. Appl. Pyrolysis*, **94**, 99–107.

36. Kiran, N., Ekinci, E., and Snape, C.E. (2000) Recycling of plastic wastes via pyrolysis. *Resour. Conserv. Recycl.*, **29**, 273–283.
37. Nikles, D.E. and Farahat, M.S. (2005) New motivation for the depolymerization products derived from PET waste: a review. *Macromol. Mater. Eng.*, **290**, 13–30.
38. Achilias, D.S. and Karayannidis, G.P. (2004) The chemical recycling of PET in the framework of sustainable development. *Water Air Soil Pollut. Focus*, **4**, 385–396.
39. Zhang, J., Wang, X., Gong, J., and Gu, Z. (2004) A study on the biodegradability of polyethylene terephthalate fiber and diethylene glycol terephthalate. *J. Appl. Polym. Sci.*, **93**, 1089–1096.
40. Tansel, B. and Yildiz, B.S. (2011) Goal-based waste management strategy to reduce persistence of contaminants in leachate at municipal solid waste landfills. *Environ. Dev. Sustainability*, **13**, 821–831.
41. Massardier-Nageotte, V., Pestre, C., Cruard-Pardet, T., and Bayard, R. (2006) Aerobic and anerobic biodegradability of polymer films and phsyico-chemical characterization. *Polym. Degrad. Stab.*, **91**, 620–627.
42. Tollner, E.W., Annis, P.A., and Das, K.C. (2011) Evaluation of strength properties of polypropylene-based polymers in simulated landfill and oven conditions. *J. Environ. Eng.*, **137**, 291–296.
43. Urase, T., Okumura, H., Panyosaranya, S., and Inamura, A. (2008) Emission of volatile organic compounds from solid waste disposal sites and importance of heat management. *Waste Manage. Res.*, **26**, 534–538.
44. Xu, S.-Y., Zhang, H., He, P.-J., and Shao, L.-M. (2011) Leaching behaviour of bisphenol A from municipal solid waste under landfill environment. *Environ. Technol.*, **32**, 1269–1277.
45. Svenson, A., Sjöholm, S., Allard, A.-S., and Kaj, L. (2009) Antiestrogenicity and estrogenicity in leachates from solid waste deposits. *Environ. Toxicol.*, **26**, 233–239.
46. Tsuchida, D., Kajihara, Y., Shimidzu, N., Hamamura, K., and Nagase, M. (2011) Hydrogen sulphide production by sulfate-reducing bacteria utilizing additives eluted from plastic resins. *Waste Manage. Res.*, **29**, 594–601.
47. Sinha, V., Patel, M.R., and Patel, J.V. (2010) PET waste management by chemical recycling: a review. *J. Polym. Environ.*, **18**, 8–25.
48. Astrup, T., Møller, J., and Fruergaard, T. (2009) Incineration and co-combustion of waste: accounting of greenhouse gases and global warming contributions. *Waste Manage. Res.*, **27**, 789–799.
49. Khoo, H.H. and Tan, R.B.H. (2010) Environmental impacts of conventional plastic and bio-based carrier bags: part 2: end-of-life options. *Int. J. Life Cycle Assess.*, **15**, 338–345.
50. Shen, C., Tang, X., Yao, J., Shi, D., Fang, J., Khan, M.I., Cheema, S.A., and Chen, Y. (2010) Levels and patterns of polycyclic aromatic hydrocarbons and polychlorinated biphenyls in municipal waste incinerator bottom ash in Zhejiang province, China. *J. Hazard. Mater.*, **179**, 197–202.
51. Simoneit, B.R.T., Medeiros, P.M., and Didyk, B.M. (2005) Combustion products of plastics as indicators for refuse burning in the atmosphere. *Environ. Sci. Technol.*, **39**, 6961–6970.
52. Valavanidis, A., Iliopoulos, N., Gotsis, G., and Fiotakis, K. (2008) Persistent free-radicals, heavy metals and PAHs generated in particulate soot emissions and residue ash from controlled combustion of common types of plastics. *J. Hazard. Mater.*, **156**, 277–284.
53. Al-Salem, S.M., Lettieri, P., and Baeyens, J. (2009) Recycling and recovery routes of plastic solid waste (PSW): a review. *Waste Manage.*, **29**, 2625–2643.
54. Achilias, D.S. (2007) Chemical recycling of poly(methyl methacrylate) by pyrolysis. Potential use of the liquid fraction as a raw material for the reproduction of the polymer. *Eur. Polym. J.*, **43** (6), 2564–2575.
55. Pinto, F., Franco, C., Andre, R.N., Miranda, M., Gulyurtlu, I., and Cabrita,

I. (2002) Co-gasification study of biomass mixed with plastic wastes. *Fuel*, **81** (3), 291–297.

56. Pinto, F., Franco, C., Andre, R.N., Tavares, C., Dias, M., Gulyurtlu, I., and Cabrita, I. (2003) Effect of experimental conditions on co-gasification of coal, biomass and plastics wastes with air/steam mixtures in a fluidized bed system. *Fuel*, **82** (15–17), 1967–1976.

57. Xiao, G., Ni, M.-J., Chi, Y., Jin, B.-S., Xiao, R., Zhong, Z.-P., and Huang, Y.-J. (2009) Gasification characteristics of MSW and an ANN prediction model. *Waste Manage.*, **29** (1), 240–244.

58. Predel, M. and Kaminsky, W. (2000) Thermal & thermo- cataytic conversion of waste polyolefins to fuel. *Polym. Degrad. Stab.*, **70**, 373.

59. Mastral, J.F., Berrueco, C., Gea, M., and Ceamanos, J. (2006) Catalytic degradation of high density polyethylene over nanocrystalline HZSM-5 zeolite. *Polym. Degrad. Stab.*, **91**, 3330.

60. Aguado, R., Olazar, M., San José, M.J., Gaisán, B., and Bilbao, J. (2002) Wax formation in the pyrolysis of polyolefins in a conical spouted bed reactor. *Energy Fuels*, **16**, 1429.

61. Elordi, G., López, G., Aguado, R., Olazar, M., and Bilbao, J. (2007) Catalytic pyrolysis of high density polyethylene on a HZSM-5 zeolite catalyst in a conical spouted bed reactor. *Int. J. Chem. Reactor Eng.*, **5**, A72.

62. Olazar, M., San José, M.J., Aguado, R., Gaisán, B., and Bilbao, J. (1999) Bed voidage in conical sawdust beds in the transition regime between spouting and jet spouting. *Ind. Eng. Chem. Res.*, **38**, 4120.

63. Olazar, M., San José, M.J., Zabala, G., and Bilbao, J. (1994) New reactor in jet spouted bed regime for catalytic polymerizations. *Chem. Eng. Sci.*, **49**, 4579.

64. Achilias, D.S. (2006) Chemical recycling of poly(methyl methacrylate). *WSEAS Trans. Environ. Dev.*, **2** (2), 85–91.

65. Al-Salem, S.M., Lettieri, P., and Baeyens, J. (2010) The valorization of plastic solid waste (PSW) by primary to quaternary routes: from re-use to energy and chemicals. *Prog. Energy Combust. Sci.*, **36**, 103–129.

66. Al-Salem, S.M. and Lettieri, P. (2010) Kinetic study of high density polyethylene (HDPE) pyrolysis. *Chem. Eng. Res. Des.*, **88**, 1599–1606.

67. Marcilla, A., Beltran, M., and Conesa, J.A. (2001) Catalyst addition in polyethylene pyrolysis thermogravimetric study. *J. Anal. Appl. Pyrolysis*, **58**, 117.

68. Marcilla, A., Beltran, M.I., Hernandez, F., and Navarro, R. (2004) HZSM5 and HUSY deactivation during the catalytic pyrolysis of polyethylene. *Appl. Catal., A*, **278**, 37–43.

69. Seo, Y.-H., Lee, K.-H., and Shin, D.-H. (2003) Investigation of catalytic degradation of high density polyethylene by hydrocarbon group type analysis. *J. Anal. Appl. Pyrolysis*, **70** (2), 383–398.

70. Van Grieken, R., Serrano, D.P., Aguado, J., García, R., and Rojo, C. (2001) Thermal and catalytic cracking of polyethylene under mild conditions. *J. Anal. Appl. Pyrolysis*, **58**, 127.

71. Akpanudoh, N.S., Gobin, K., and Manos, G. (2005) Catalytic degradation of plastic waste to liquid fuel over commercial cracking catalysts. *J. Mol. Catal. A: Chem.*, **235**, 67.

72. Cardona, S.C. and Corma, A. (2002) Kinetic study of the catalytic cracking of polypropylene in a semibatch stirred reactor. *Catal. Today*, **75**, 239.

73. Marcilla, A., Gómez, A., García, A.N., and Olaya, M.M. (2002) Kinetic study of the catalytic decomposition of different commercial polyethylenes over an MCM-41 catalyst. *J. Anal. Appl. Pyrolysis*, **64**, 85–101.

74. Marcilla, A., Gomez, A., Reyes-Labarta, J.A., Giner, A., and Hernandez, F. (2003) Kinetic study of polypropylene pyrolysis using ZSM-5 and an equilibrium fluid catalytic cracking catalyst. *J. Anal. Appl. Pyrolysis*, **68–69**, 46–480.

75. Araujo, A.S., Fernandes, V.J. Jr., and Fernandes, G.J.T. (2002) Thermogravimetric kinetics of polyethelyne degredation over silicoaluminophosphate. *Thermochim. Acta*, **392**, 55–61.

76. Fernandes, G.J.T., Fernandes, V.J. Jr., and Araujo, A.S. (2002) Catalytic

degradation of polyethylene over SAPO-37 molecular sieve. *Catal. Today*, **75**, 233–238.
77. Serrano, D.P., Aguado, J., Escola, J.M., Rodriguez, J.M., Morselli, L., and Orsi, R. (2003) Thermal and catalytic cracking of a LDPE–EVA copolymer mixture. *J. Anal. Appl. Pyrolysis*, **68–69**, 481–494.
78. Jan, M.R., Shah, J., and Gulab, H. (2010) Catalytic degradation of waste high-density polyethylene into fuel products using BaCO3 as a catalyst. *Fuel Process. Technol.*, **91**, 1428–1437.
79. Huang, J., Jiang, Y., Marthala, V.R.R., Bressel, A., Frey, J., and Hunger, M. (2009) Effect of pore size and acidity on the coke formation during ethylbenzene conversion on zeolite catalysts. *J. Catal.*, **263**, 277–283.
80. Marcilla, A., Beltran, M.I., and Navarro, R. (2007) Study of the deactivation process of HZSM5 zeolite during polyethylene pyrolysis. *Appl. Catal., A*, **333**, 57–66.
81. Elordi, G., Olazar, M., Lopez, G., Amutio, M., Artetxe, M., Aguado, R., and Bilbao, J. (2009) Catalytic pyrolysis of HDPE in continuous mode over zeolite catalysts in a conical spouted bed reactor. *J. Anal. Appl. Pyrolysis*, **85**, 345–351.
82. Cerqueira, H.S., Caeiro, G., Costa, L., and Ramoa Ribeiro, F. (2008) Deactivation of FCC catalysts. *J. Mol. Catal. A: Chem.*, **292**, 1–13.
83. Aguayo, A.T., Gayubo, A.G., Ortega, J., Olazar, M., and Bilbao, J. (1997) Catalyst deactivation by coking in the MTG process in fixed and fluidized bed reactors. *Catal. Today*, **37**, 239–248.
84. Aguado, J. and Serrano, D.P. (eds) (1999) *Feedstock Recycling of Plastic Wastes*, The Royal Society of Chemistry, Cambridge.
85. Scheirs, J. and Kaminsky, W. (eds) (2006) *Feedstock Recycling and Pyrolysis of Waste Plastics. Converting Waste Plastics into Diesel and Other Fuels*, Wiley-VCH Verlag GmbH.
86. Hayashi, J.-I. (1998) Pyrolysis of polypropylene in the presence of oxygen. *Fuel Process. Technol.*, **55**, 265–275.
87. Dawood, A. and Miura, K. (2001) Pyrolysis kinetics of g-irradiated polypropylene. *Polym. Degrad. Stab.*, **73**, 347–354.
88. Assumpção, L.C.F.N., Carbonell, M.M., and Marques, M.R.C. (2011) Co-pyrolysis of polypropylene waste with Brazilian heavy oil. *J. Environ. Sci. Health Part A*, **46**, 461–464.
89. Ballice, L. and Reimert, R. (2002) Temperature-programmed co-pyrolysis of Turkish lignite with polypropylene. *J. Anal. Appl. Pyrolysis*, **65**, 207–219.
90. Hájeková, E. and Bajus, M. (2005) Recycling of low-density polyethylene and polypropylene via copyrolysis of polyalkene oil/waxes with naphtha: product distribution and coke formation. *J. Anal. Appl. Pyrolysis*, **74** (1-2), 270–281.
91. Zhao, W. *et al.* (1996) Effects of zeolites on the pyrolysis polypropylene. *Polym. Degrad. Stab.*, **53**, 129–135.
92. Ishihara, Y., Nanbu, H., Saido, K., Ikemura, T., Takesue, T., and Kuroki, T. (1993) Mechanism of gas formation in catalytic decomposition of polypropylene. *Fuel*, **72** (8), 1115–1119.
93. Durmus, A., Koc, S.N., Pozan, G.S., and Kasgoz, A. (2005) Thermal-catalytic degradation kinetics of polypropylene over BEA, ZSM-5 and MOR zeolites. *Appl. Catal., B*, **61**, 316–322.
94. Lin, Y.-H. and Yang, M.-H. (2007) Chemical catalysed recycling of waste polymers: catalytic conversion of polypropylene into fuels and chemicals over spent FCC catalyst in a fluidised-bed reactor. *Polym. Degrad. Stab.*, **92**, 813–821.
95. Uemichi, Y., Makino, Y., and Kanazuka, T. (1989) Degradation of polypropylene to aromatic hydrocarbons over Pt- and Fe- containing activated carbon. *J. Anal. Appl. Pyrolysis*, **16**, 229–238.
96. Cardona, S.C. and Corma, A. (2000) Tertiary recycling of polypropylene by catalytic cracking in a semibatch stirred reactor use of spent equilibrium FCC commercial catalyst. *Appl. Catal., B*, **25**, 151–162.
97. Xie, C. *et al.* (2008) Catalytic cracking of polypropylene into liquid hydrocarbons over Zr and Mo modified

MCM-41 mesoporous molecular sieve. *Catal. Commun.*, **10**, 79–82.
98. Panda, A.K. and Singh, R.K. (2011) Catalytic performances of kaoline and silica alumina in the thermal degradation of polypropylene. *J. Fuel Chem. Technol.*, **39** (3), 198–202.
99. Vilaplana, F., Ribes-Greus, A., and Karlsson, S. (2006) Degradation of recycled high-impact polystyrene: simulation by reprocessing and thermooxidation. *Polym. Degrad. Stab.*, **91**, 2163–2170.
100. Achilias, D.S., Giannoulis, A., and Papageorgiou, G.Z. (2009) Recycling of polymers from plastic packaging materials using the dissolution/reprecipitation technique. *Polym. Bull.*, **63** (3), 449–465.
101. Kim, J.S., Lee, W.Y., Lee, S.B., Kim, S.B., and Choi, M.J. (2003) Degradation of polystyrene waste over base promoted Fe catalysts. *Catal. Today*, **87**, 59–68.
102. Bajdur, W., Pajaczkowska, J., Makarucha, B., Sulkowska, A., and Sulkowski, W.W. (2002) Effective polyelectrolytes synthesized from expanded polystyrene wastes. *Eur. Polym. J.*, **38**, 299–304.
103. Woo, O.S., Ayala, N., and Broadbelt, L.J. (2000) Mechanistic interpretation of base-catalyzed depolymerization of polystyrene. *Catal. Today*, **55**, 161–171.
104. Ukei, H., Hirose, T., Horikawa, S., Takai, Y., Taka, M., Azuma, N., and Ueno, A. (2000) Catalytic degradation of polystyrene into styrene and a design of recyclable polystyrene with dispersed catalysts. *Catal. Today*, **62**, 67–75.
105. Koji, U., Yoshio, M., Naoto, A., Tamaki, H., Sanae, H., and Mitsunori, O. (1998) Recycling of Polystyrene. Patent JP10130418.
106. Lee, K.H., Noh, N.S., Shin, D.H., and Seo, Y. (2002) Comparison of plastic types for catalytic degradation of waste plastics into liquid product with spent FCC catalyst. *Polym. Degrad. Stab.*, **78**, 539–544.
107. Ke, H., Li-hua, T., Zi-Bin, Z., and Cheng-Fang, Z. (2005) Reaction mechanism of styrene monomer recovery from waste polystyrene by supercritical solvents. *Polym. Degrad. Stab.*, **89**, 312–316.
108. Suyama, K., Masafumi, K., Masamitsu, S., and Hiroyuki, Y. (2010) Chemical recycling of networked polystyrene derivatives using subcritical water in the presence of an aminoalchocol. *Polym. Degrad. Stab.*, **95**, 1588–1592.
109. Xue, F., Takeda, D., Kimura, T., and Minabe, M. (2004) Effect of organic peroxides on the thermal decomposition of expanded polystyrene with the addition of a -methylstyrene. *Polym. Degrad. Stab.*, **83**, 461–466.
110. Arandes, J.M., Abajo, I., Lopez-Valerio, D., Fernández, I., Azkoiti, M.J., Olazar, M., and Bilbao, J. (1997) Transformation of several plastic wastes into fuels by catalytic cracking. *Ind. Eng. Chem. Res.*, **36**, 4523–4529.
111. Milne, B.J., Behie, L.A., and Berruti, F. (1999) Recycling of waste plastics by ultrapyrolysis using an internally circulating fluidized bed reactor. *J. Anal. Appl. Pyrolysis*, **51**, 157–166.
112. Westerhout, R.W.J., Waanders, J., Kuipers, J.A.M., and van Swaaij, W.P.M. (1997) Kinetics of the low temperature pyrolysis of polyethene, polypropene, and polystyrene modeling, experimental determination, and comparison with literature models and data. *Ind. Eng. Chem. Res.*, **36**, 1955–1964.
113. Mehta, S., Biederman, S., and Shivkumar, S. (1995) Thermal degradation of foamed polystyrene. *J. Mater. Sci.*, **30**, 2944–2949.
114. Aguado, R., Olazar, M., Gaisan, B., Prieto, R., and Bilbao, J. (2003) Kinetics of polystyrene pyrolysis in a conical spouted bed reactor. *Chem. Eng. J.*, **92**, 91–99.
115. Lee, C.G., Cho, Y.J., Song, P.S., Kang, Y., Kim, J.S., and Choi, M.J. (2003) Effects of temperature distribution on the catalytic pyrolysis of polystyrene waste in a swirling fluidizedbed reactor. *Catal. Today*, **79–80**, 453–464.
116. Sterling, W.J., Walline, K.S., and McCoy, B.J. (2001) Experimental study of polystyrene thermolysis to moderate conversion. *Polym. Degrad. Stab.*, **73**, 75–82.

117. Zhu, X., Elomaa, M., Sundholma, F., and Lochmuller, C.H. (1998) Infrared and thermogravimetric studies of thermal degradation of polystyrene in the presence of ammonium sulfate. *Polym. Degrad. Stab.*, **62**, 487–494.
118. Beltrame, P.L., Bergamasco, L., Carniti, P., Castelli, A., Bertini, F., and Audisio, G. (1997) Hydrous pyrolysis of polystyrene. *J. Anal. Appl. Pyrolysis*, **40–41**, 451–461.
119. Lee, S.Y., Yoon, J.H., Kim, J.R., and Park, D.W. (2002) Degradation of polystyrene using clinoptilolite catalysts. *J. Anal. Appl. Pyrolysis*, **64**, 71–83.
120. Puente, D.L.G. and Sedran, U. (1998) Recycling polystyrene into fuels by means of FCC: performance of various acidic catalysts. *Appl. Catal., B*, **19**, 305–311.
121. Ward, P.G., Goff, M., Donner, M., Kaminsky, W., and O'Connor, K.E. (2006) A two step chemobiotechnological conversion of polystyrene to a biodegradable thermoplastic. *Environ. Sci. Technol.*, **40**, 2433–2437.
122. Maharana, T., Negi, Y.S., and Mohanty, B. (2007) Review article: recycling of polystyrene. *Plast. Technol. Eng.*, **46** (7), 729–736.
123. Sadat-Shojai, M. and Bakhshandeh, G.-R. (2011) Recycling of PVC wastes. *Polym. Degrad. Stab.*, **96**, 404–415.
124. Garcia, D., Balart, R., Sanchez, L., and Lopez, J. (2007) Compatibility of recycled PVC/ABS blends effect of previous degradation. *Polym. Eng. Sci.*, **47**, 789–796.
125. Ulutan, S. (1998) A recycling assessment of PVC bottles by means of heat impact evaluation on its reprocessing. *J. Appl. Polym. Sci.*, **69**, 865–869.
126. Siddiqui, M.N., Achilias, D.S., Redhwi, H.H., Bikiaris, D.N., Katsogiannis, K.-A.G., and Karayannidis, G.P. (2010) Hydrolytic depolymerization of PET in a microwave reactor. *Macromol. Mater. Eng.*, **295**, 575–584.
127. Yoshioka, T., Furukawa, K., and Okuwaki, A. (2000) Chemical recycling of rigid-PVC by oxygen oxidation in NaOH solutions at elevated temperatures. *Polym. Degrad. Stab.*, **67**, 285–290.
128. Machado, H.M.A.M.M.S., Rodrigues Filho, G., De Assunc, R.M.N., Soares, H.M., Cangani, A.P., Cerqueira, D.A. *et al.* (2010) Chemical recycling of poly(vinyl chloride): application of partially dehydrochlorinated poly(vinyl chloride) for producing a chemically modified polymer. *J. Appl. Polym. Sci.*, **115**, 1474–1479.
129. Xiong L. (2010) PVC: an Enemy of Public Health and Environment, http://cdn.intechopen.com/pdfs/32560.pdf.
130. Ryu, C., Sharifi, V.N., and Swithenbank, J. (2007) Waste pyrolysis and generation of storable char. *Int. J. Energy Res.*, **31** (2), 177–191.
131. Williams, P.T. and Williams, E.A. (1998) Recycling plastic waste by pyrolysis. *J. Inst. Energy*, **71**, 81–89.
132. De Marco, I., Caballero, B., Torres, A., Laresgoiti, M.F., Chomón, M.J., and Cabrero, M.A. (2002) Recycling polymeric wastes by means of pyrolysis. *J. Chem. Technol. Biotechnol.*, **77** (7), 817–824.
133. Kaminsky, W. and Kim, J.-S. (1999) Pyrolysis of mixed plastics into aromatics. *J. Anal. Appl. Pyrolysis*, **51** (1), 127–134.
134. Borgianni, C., Filippis, P.D., Pochetti, F., and Paolucci, M. (2002) Gasification process of wastes containing PVC. *Fuel*, **14** (81), 1827–1833.
135. Slapak, M.J.P., van Kasteren, J.M.N., and Drinkenburg, B.A.A.H. (1999) Hydrothermal recycling of PVC in a bubbling fluidized bed reactor: the influence of bed material and temperature. *Polym. Adv. Technol.*, **10**, 596–602.
136. Wu, Y.-H., Zhou, Q., Zhao, T., Deng, M.-L., Zhang, J., and Wang, Y.-Z. (2009) Poly (ethylene glycol) enhanced dehydrochlorination of poly(vinyl chloride). *J. Hazard. Mater.*, **163**, 1408–1411.
137. Brown, T. (2001) Infinity nylon – A never-ending cycle of renewal. Presentation at 6th Annual Conference on Recycling of Fibrous Textile and Carpet Waste, Dalton, Georgia, 2001.

138. Yoshioka, T., Furukawa, K., Sato, T., and Okuwaki, A. (1998) Chemical recycling of flexible PVC by oxygen oxidation in NaOH solutions at elevated temperatures. *J. Appl. Polym. Sci.*, **70**, 129–135.
139. Duangchan, A. and Samart, C. (2008) Tertiary recycling of PVC-containing plastic waste by copyrolysis with cattle manure. *Waste Manage.*, **28**, 2415–2421.
140. Tongamp, W., Kano, J., Zhang, Q., and Saito, F. (2008) Simultaneous treatment of PVC and oyster-shell wastes by mechanochemical means. *Waste Manage.*, **28** (3), 484–488.
141. Zhang, Q., Saeki, S., Tanaka, Y., Kano, J., and Saito, F. (2007) A soft-solution process for recovering rare metals from metal/alloy-wastes by grinding and washing with water. *J. Hazard. Mater.*, **139**, 438–442.
142. Scheirs, J. (2010) End-of-Life Environmental Issues with PVC in Australia.
143. Kameda, T., Fukuda, Y., Grause, G., and Yoshioka, T. (2010) Chemical modification of rigid poly(vinylchloride) by the substitution with nucleophiles. *J. Appl. Polym. Sci.*, **116**, 36–44.
144. La Mantia, F.P. (1996) *Recycling of PVC and Mixed Plastic Waste*, ChemTec Publishing, Toronto.
145. Lee, G.-S. and Song, Y.J. (2007) Recycling EAF dust by heat treatment with PVC. *Miner. Eng.*, **20**, 739–746.
146. Recovinyl (2008) Application Covered by Recovinyl, http://www.recovinyl.com/certification/recyclers/applications-covered.
147. Tukker, A., de Groot, H., Simons, L., and Wiegersma, S. (1999) Chemical Recycling of Plastic Waste: PVC and other Resins. European Commission, DG III, Final Report, STB-99-55 Final. Delft, the Netherlands.
148. Shin, S.-M., Yoshioka, T., and Okuwaki, A. (1998) Dehydrochlorination behavior of rigid PVC pellet in NaOH solutions at elevated temperature. *Polym. Degrad. Stab.*, **61** (2), 349–353.
149. Brophy, J.H., Hardmann, S., and Wilson, D.C. (1997) Polymer cracking for feedstock recycling of mixed plastic wastes, in *Chemical Aspects of Plastics Recycling* (eds W. Hoyle and D.R. Karsa), The Royal Society of Chemistry Information Services, Cambridge.
150. Heyde, M. and Kremer, S. (1999) LCA Packaging Plastics Waste. LCA Documents, Vol. 2, No. 5, EcoMed, Landsberg, Germany.
151. DKR/DSD (1999) Mit Altkunststoffen Ressourcen schonen. Leaflet with information on chemical recycling, DKR, Germany.
152. Smolders, K. and Baeyens, J. (2004) Thermal degradation of PMMA in fluidized beds. *Waste Manage.*, **24**, 849–857.
153. Sasse, F. and Emig, G. (1998) Chemical recycling of polymer materials. *Chem. Eng. Technol.*, **21**, 777–789.
154. Kaminsky, W. and Frank, J. (1991) Monomer recovery by pyrolysis of poly(methyl methacrylate). *J. Anal. Appl. Pyrolysis*, **19**, 311–318.
155. Kaminsky, W. and Eger, C. (2001) Pyrolysis of filled PMMA for monomer recovery. *J. Anal. Appl. Pyrolysis*, **58–59**, 781–787.
156. Grause, G., Predel, M., and Kaminsky, W. (2006) Monomer recovery from aluminum hydroxide high filled poly(methyl methacrylate) in a fluidized bed reactor. *J. Anal. Appl. Pyrolysis*, **75**, 236–239.
157. Papaspyrides, C.D., Gouli, S., and Poulakis, J.G. (1994) Recovery of poly(methyl ethacrylate) by the dissolution/reprecipitation technique. *Adv. Polym. Technol.*, **13** (3), 213–218.
158. Gouli, S., Poulakis, J.G., and Papaspyrides, C.D. (1994) Solvent recycling of poly (methyl methacrylate) decorative sheets. *Adv. Polym. Technol.*, **13** (3), 207–211.
159. Billmeyer, F.W. Jr., (1971) *Textbook of Polymer Science*, 2nd edn, John Wiley & Sons, Inc.
160. Achilias, D.S., Kanellopoulou, I., Megalokonomos, P., Lappas, A., and Antonakou, E. (2006) Chemical Recycling of Polystyrene, Protection and Restoration of the Environment VII, Chania, Greece, July 3–7, 2006.

3.2 聚合物回收方法：缩合聚合物

3.2.1 引言

缩聚是简单的不同分子的联合并形成小分子的副产物(如水或氨)的过程。缩合聚合物通常是由反应基团通过逐步的分子间缩合形成的。通过了解城市生活垃圾中不同类型的聚合物的结构，可以研究它们的降解机制(可能会因催化剂的存在而改变)，从而可以获得最有用的分解产物[1]。聚氨酯的合成是一个显著的例外，它是由异氰酸酯与羟基化合物反应形成的，遵循分步动力学，没有从各自的单体[2]上消除小分子。本章主要介绍了尼龙和聚碳酸酯(PC)聚合物的回收方法。

3.2.2 尼龙的化学回收

3.2.2.1 引言

尼龙是一种最常用的聚合物，被称为聚酰胺，它可以通过下列任何一种反应生产：二胺与二羧酸的反应，适当氨基酸的缩合，内酰胺的开环，二胺与二酸氯的反应，或二异氰酸酯与二羧酸[3]的反应。尼龙是一种高模量、高强度、高冲击性能、低摩擦系数、耐磨损的结晶聚合物。已有多种商用尼龙可进行选择，包括尼龙 6、尼龙 11、尼龙 12、尼龙 66、尼龙 610 和尼龙 612。使用最广泛的尼龙是尼龙 66 和尼龙 6。尽管工程应用也很重要，但聚酰胺通常以纤维的形式使用，主要是尼龙 66 和尼龙 6。

3.2.2.2 回收方法

根据美国能源部的数据，美国每年大约有 35×10^{8}lb(1lb=0.45359237kg)的废弃地毯被丢弃，其中大约 30%是由尼龙 6 制成的。因此，随着尼龙的回收在过去几年中的大幅增加，大部分回收工作都集中在地毯的回收上。为了将回收的材料转化为制造新产品的原材料，必须对可回收物进行加工。一般来说，尼龙回收分为两类：

① 化学回收。利用化学物质来分解聚合物的分子结构，反应的产物被提纯并再次用于生产相同的或相关的聚合物[3]。

② 热回收(热解)。利用热来破坏聚合物的化学结构。在热解过程中，聚合物(或聚合物混合物)在缺乏足够氧气的情况下进行高温燃烧。在高温下，聚合物结构会分解[3]。

3.2.3 关于尼龙解聚的化学回收，可通过尼龙 66 和尼龙 6 的水解或氨解进行研究

废弃地毯被收集、分类，然后在解聚前进行机械粉碎。由于与地毯中使用的其他聚合物相比，尼龙的价值更高，尼龙地毯被视为一种通过解聚来制造原始尼龙的资源。商业上使用的大多数聚酰胺是尼龙 66 或尼龙 6，用于回收尼龙的最大

废物供应来源是旧地毯[4]。

3.2.3.1 尼龙 6 的水解

在这一过程中，在 125~130psi(表)(963~997kPa)的高压蒸汽和 175~180℃的条件下，粉碎的废料在间隙式反应器中溶解 0.5h，然后在 350℃和 100psi(表)(790kPa)的过热蒸汽下持续水解生成 ε-己内烷，几乎 98%的己内酰胺可以被回收。回收的单体无需额外的纯化即可重新聚合[5,6]。Braun 研究表明，在小型实验装置中，尼龙 6 地毯的解聚在 340℃和蒸汽压强为 1500kPa[200psi(表)]下需要 3h，可得纯度为 94.4%的粗 ε-己内内酯，收率为 95%[7,8]。在过热蒸汽存在下，尼龙 6 废液[9]的酸水解已被用于制备氨基己酸，氨基己酸在酸性条件下转化为 ε-己内酰胺[10]。无机或有机酸均可用于此过程，如硝酸、甲酸、苯甲酸和盐酸。正磷酸和硼酸通常在 250~350℃下用作催化剂。典型的例子如下，在 250~300℃和磷酸存在下过热的蒸汽通过熔化的尼龙 6 废料，所得溶液经过提纯后，浓缩为 70%的溶液，在碱存在的情况下进行分步蒸馏，从而回收纯净的 ε-己内酰胺。在常压、400℃条件下，硼酸(1%)可用来解聚尼龙 6。在 250~350℃下，过热蒸汽通过熔融尼龙 6 可以以 93%~95%的回收率获得 ε-己内酰胺[11]。

3.2.3.2 尼龙 66 和尼龙 46 的水解

尼龙 66 和尼龙 46 的解聚涉及酸和碱催化水解中酰胺键的水解。在苄三甲基溴化铵的 50%氢氧化钠水溶液中，采用有效的相转移催化剂将尼龙 66 和尼龙 46 转化为低聚物[12]。再生的低聚物的解聚效率(失重百分比)和分子量取决于氢氧化钠的用量、浓度和反应时间。在 165℃下，尼龙 46 纤维(M_v = 41400g/mol)在 100mL 25%(质)氢氧化钠溶液中不会发生解聚，如果加入 6.0g 的尼龙纤维进行解聚，则 5.95g 尼龙纤维不发生反应，当氢氧化钠浓度增加到 50%时，解聚反应就会发生，生成低相对分子质量低聚物[12]。只有在确定回收的低聚物是否能再聚合形成尼龙 46 后，才能确定碱水解回收尼龙 46 的可行性。为此，碱水解形成尼龙 46 低聚物，在 165℃下于 50%(质)NaOH 溶液中进行固相聚合反应，反应 24h。为了分离己二酸，尼龙 66 纤维在含有催化量苄基三甲基溴化铵的 50%的氢氧化钠溶液中回流，发生解聚反应，形成的低聚物在类似的条件下继续被解聚。然而，六亚甲基二胺并没有被分离出来，己二酸的总收率为 59.6%[12]。

3.2.3.3 尼龙 66 的氨解

在此反应中，在温度为 300~350℃和压力约为 68atm(1atm = 101325Pa)的情况下，将氨水加到尼龙 66 和尼龙 66/尼龙 6 的混合物中，在磷铵催化剂的作用下产生下列单体产品的混合物：其中，HMDA(己二胺)、己二腈(ADN)和 5-氰戊酰胺来自尼龙 66，ε-己内酰胺、6-氨基腈、6-氨基丙酰胺来自尼龙 6[13,14]。通过不断去除反应过程中所形成的水使反应平衡向产物方向移动。大部分 HMDA 产物是由单体加氢形成的。氨解的机理包括酰胺键断裂和酰胺端脱水(硝化)反应以及对尼龙6[15]中的环内酰胺进行加环和开环反应。Bordrero采用两步氨解的工艺来解聚尼龙66：第一步是在300℃和45atm下，利用正丁胺对尼龙66进行氨解并产生游离HMDA和*N*,*N'*-二丁基己二酰二胺化合物[16]。第二步是在285℃和50atm下，*N*,*N'*-二丁基己二酰二胺的氨解反应的最终产物是ADN。在最佳反应条件下，ADN的产率约为48%，HMDA的产率约为100%[16]。

3.2.3.4 尼龙66单体的回收

尼龙66在浓硫酸中水解得到己二酸和HMDA化合物，通过重结晶得到己二酸，中和体系中的酸后通过蒸馏的方式回收HMDA。由于己二酸的重结晶需要较长的时间[16]，该工艺对于处理大量废物速度慢、效率低。在连续的工艺流程中，利用浓度30%~70%的无机酸来水解尼龙66废料，产生的水解产物被送至结晶区，结晶的己二酸被连续地从水解液中分离除去，随后，加入氢氧化钙中和母液并通过蒸馏产生HMDA(图3.7)。

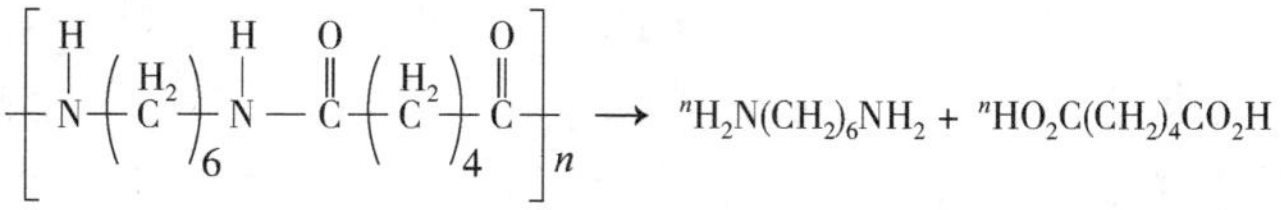

图3.7 尼龙66的水解解聚

在这一过程中，含有10%~20%己二酸的热水解液不断被引入平均温度为20~30℃的搅拌结晶容器中。从结晶容器中得到的悬浮液通过过滤得到己二酸晶体。用氢氧化钙不断中和含有HMDA酸盐的母液，产生的钙盐通过过滤除去后，通过蒸馏的方式分离出滤液中的HMDA产物。

在通过氨解回收尼龙66废物的实例中，在330℃和7MPa压力下，以磷酸盐作为催化剂，尼龙通过氨进行处理。反应混合物的蒸馏可以产生可循环利用的氨和三种组分，包括己内酰胺，HMDA和氨基丙烯腈，ADN。氨基己腈和ADN氢化生成纯净的HMDA产品，己内酰胺通过进一步氨解转化为氨基己腈或者蒸馏得到纯己内酰胺。此工艺生产的HMDA纯度极高(>99.8%)，主要杂质是氨甲基环戊胺和四氢吖庚因，这些杂质有望在大型工厂中使用的大型精馏塔上被更有效地去除[16]。

3.2.3.5 催化热解

催化热解是一种化学循环和高温热解的混合过程。化学循环将尼龙6转化为己内酰胺，己内酰胺通过热裂解生成合成天然气。Czernik在[17]流化床反应器中研究了α-氧化铝负载KOH催化剂对尼龙6热降解的催化作用。在330~360℃时，己内酰胺的收率超过85%。Bockhorn使用一种液体催化剂对尼龙6热降解的催化作用进行研究，在290℃时，己内酰胺产率超过95%。该催化剂由60%(摩)NaOH和40%(摩)KOH的共晶混合物组成，该混合物熔点为185℃[18]。

3.2.3.6 解聚尼龙6的应用

纤维从尼龙6地毯的化学回收发展为闭环回收过程[11,19]。回收的尼龙6表面纤维在解聚反应器中解聚，并在催化剂存在下用过热蒸汽处理以产生含有己内酰胺的馏分。粗己内酰胺经蒸馏再聚合形成尼龙 6。所得己内酰胺的纯度与原己内酰胺相当。再聚合的尼龙 6 被转化成纱线并簇绒成地毯。通过这种方法得到的地毯在物理性能上与从原始己内酰胺中得到的地毯非常相似。其工艺包括收集旧尼龙 6 地毯，粉碎和分离表面纤维，将表面纤维制成球团进行解聚和化学蒸馏得到纯化的己内酰胺单体，再将己内酰胺再聚合制成尼龙聚合物[20]。

在两级选择性热解过程中，将粉碎的尼龙废料用高压蒸汽溶解，再用过热蒸汽连续水解生成己内酰胺。每年有超过 10×10^4t 的废地毯被回收来生产与原始产品质量相当的己内酰胺产品，从而节省了垃圾填埋场的占地[19]。

3.2.4 聚碳酸酯的化学回收

3.2.4.1 引言

聚碳酸酯(PC)塑料($C_{16}H_{14}O_3$)是具有优良的机械性能、高耐冲击、抗紫外线、阻燃以及优良的电阻性能的聚酯材料。聚碳酸酯没有自己的回收标识码，因此被归入第七个“其他”类别[3]。由于其优异的性能，PC 被用于制作光盘、防弹窗、食品等包装，以及饮料瓶。近年来，随着 PC 产量和消费量的迅速增加，关于通过对废旧 PC 的化学回收方法来获得有价值的产品的研究受到了越来越多的关注。

3.2.4.2 回收技术

对废旧 PC 进行化学回收来回收原料的各种方法已被报道。这些方法包括热裂解[21-24]、醇解[25]和水解[23,26]。回收纯双酚 A(BPA)化合物很难通过热裂解法实现，只能通过水解[27]方法得到。为了回收 PC，已经报道了许多解聚方法，例如聚[2,2-双(4-羟基苯基)碳酸丙烷]，解聚为基本单体 BPA[28]。

3.2.4.2.1 甲醇分解

PC 用甲醇分解是回收纯单体 BPA 和碳酸二甲酯(DMC)的重要方法之一。由于 PC 不溶于甲醇，所以甲醇分解需要高温、高压和大量浓碱或酸的存在。不使用传统的酸碱催化剂是因为它们不能被重复使用且还有其他缺点，如设备腐蚀、繁琐的检查程序和环境问题。超临界法虽然可以克服上述的一些缺点，但也有其自身的缺点，如反应条件苛刻，因此超临界法的应用受到限制。在高压(非常压)和高温蒸汽(300℃)下，PC 在 5min 内可完全分解为其单体(BPA)。已知 PC 在碱性乙醇或水溶液中可分解为单体，但是，由于 BPA 在这些反应条件下不稳定使得单体 BPA 的产率相对较低。为了开发一种高效的 PC 回收工艺，需要一个反应气氛来保持 BPA 的稳定性和 PC 的高反应活性。为了确定 PC 的最佳回收条件，必须了解 BPA 的稳定性或反应性以及 PC 的分解速率。在超临界或近临界条件下，碱催化的 PC 废料的醇解反应已被研究，该方法的目的是回收基本单体 BPA 和有价值的副产物 DMC。以甲醇为溶剂/试剂、氢氧化钠为碱催化剂对废 PC 塑料进行连续分解，在 75~180℃范围内和 2~25MPa 压力下可实现 PC 的完全解聚。

在离子液体[Bmim][Ac]中，PC 可以在温和的条件下进行甲醇分解得到原始单体 BPA 和 DMC，该过程不需要酸、碱催化剂。在 *m*([Bmim][Ac])：*m*(PC)=0.75：1、*m*(甲醇)：*m*(PC)=0.75：1、反应温度为90℃、反应时长为2.5h 的条件下，可以实现 PC 近 100%的转化率以及超过 95%的 BPA 收率，该反应的离子液体[Bmim][Ac]可重复使用 6 次且 PC 的转化率和 BPA 的收率均无明显下降。

Liu 等最近研究了离子液体[Bmim][Ac]作为催化剂催化 PC 的甲醇分解情况，考察了温度、时间、甲醇用量和[Bmim][Ac]用量对甲醇分解反应的影响。研究者认为，这种策略可以克服传统方法的缺点，如催化剂不可重复使用、设备腐蚀、繁琐的调试程序和环境问题。动力学研究表明，PC 在[Bmim][Ac]中的甲醇分解反应为一级反应，活化能为 167kJ/mol。在此过程中，PC 溶解在离子液体[Bmim][Ac]中，PC 在离子液体中溶解或膨胀后，在离子液体催化下与甲醇反应生成低聚物。然后，得到的低聚物与甲醇进一步反应生成最终产物 BPA 和 DMC。

Oku 研究了聚[2,2-双(4-羟基苯基)碳酸丙烷]在甲醇和甲苯或二噁烷[30]混合溶剂中的碱催化甲醇分解情况。在该工艺中，PC 颗粒在催化剂 NaOH 和 60℃的条件下于甲醇中反应 330min，BPA 的产率约 7%。在甲醇和甲苯的混合溶剂中反应 70min，PC 完全解聚(96%)，得到游离的 BPA(96%)固体和 DMC(100%)液体。甲醇分解的特点是在温和的反应条件下，使用催化量的碱金属氢氧化物可将 PC 解聚为原始单体组分 BPA 和 DMC。这些单体几乎可以在非常纯净的状态下定量获得，它们可以作为 PC 和环氧树脂的单体被回收利用。Liu 在有搅拌器和回流冷凝器的反应器中研究了碱催化甲醇分解的情况[29]。由于使用了回流冷凝器，结果几乎相同。在这两个研究中，温度都影响甲醇分解的效率，当温度为 60℃时，BPA 的生成速率更高[27]。

3.2.4.2.2　*高温蒸汽水解*

Watanabe 发现，在 573K 的水的饱和压力附近，PC 在高压高温蒸汽中迅速水解。在 300s(5min)反应时间内，PC 完全分解为 BPA，最高产率约为 80%[31]。在 573K 的液态水相中，PC 甚至可以存在 3000s(50min)。

高压蒸汽中 BPA 的高产率是由于其自身的稳定性高，降解所需的水量大幅减少，因此，高压高温蒸汽工艺在能源和经济上都是较好的。以碱土金属氧化物和氢氧化物[MgO、CaO、$Mg(OH)_2$或$Ca(OH)_2$]为催化剂，在蒸汽气氛中开展了热解水解实验。这些催化剂极大加快了 PC 的水解，MgO 和 $Mg(OH)_2$比其他 CaO 和 $Ca(OH)_2$更有效。当使用氧化物和氢氧化物时，反应速率几乎没有差异，这表明机理是相同的，与使用的催化剂的性质无关。反应温度对产物的产率和性质有影响：在 MgO 存在下，300℃时 BPA 是主要产物(产率 78%)，但在 500℃时 BPA 降解为苯酚和异丙烯基苯酚(IPP)。研究表明，结合 300℃下 PC 的水解和 500℃下 BPA 的裂变的联合工艺可使得苯酚和 IPP 的产率高而残基[26]的产率急剧下降。PC 高温高压蒸汽水解的反应装置的表面和整体可能都会被侵蚀。

3.2.4.2.3 在其他溶剂中水解

溶剂如 N-甲基-2-吡咯烷酮、1,4-二噁烷、四氢呋喃和二甲基甲酰胺(DMF)都可被用于碱催化的 PC 水解，PC 在这些溶剂中可以充分溶解[29]。在这些溶剂中，PC 水解可以在温和的条件下进行。如果在没有共溶剂的水中进行反应，则不会检测到 BPA。然而，当有共溶剂存在时，在相同的条件下进行水解，水解速度加快。由于 PC 不溶于水，其在水中的解聚需要较长的反应时间以及高温高压等苛刻条件。因此，有机溶剂体系(如二氯甲烷)与氨结合来替代水系统也被采用[32]。一种含有碱催化剂的苯酚和二氯甲烷的混合溶剂已被报道。然而，对于有机溶剂体系，通常需要繁琐的产品分离过程。BPA 的产量随 H_2O 添加量的增加而增加，当 PC/H_2O 的比值接近 1.5∶1 时，产率达到最大值，在此浓度以上，BPA 的产率降低，PC 的转化率几乎为 100%。此外，在反应温度=100℃、$m(PC):m(H_2O)=1:0.7$、$m(PC):m(NaOH)=10:1$、反应时间为 8h 的情况下，以1，4-二氧六烷为溶剂，PC 的水解转化率几乎为 100%，BPA 的收率达 94%以上。

3.2.4.2.4 PC 在乙二醇中的糖酵解

这是一个绿色的过程，因为它既不使用有毒溶剂也不使用碱催化剂。利用该方法，探索了在不使用任何催化剂的情况下，利用乙二醇(EG)对 PC 废料进行糖酵解解聚以获得 BPA 单体[31-33]。在 220℃下于 EF/PC 体系中反应 85min，BPA 的最高收率为 95.6%，反应机理如图 3.8 所示。PC 聚合物颗粒随着乙二醇的渗透而膨胀，然后通过乙二醇的扩散使 PC 在固体状态下解聚。PC 发生随机断裂从

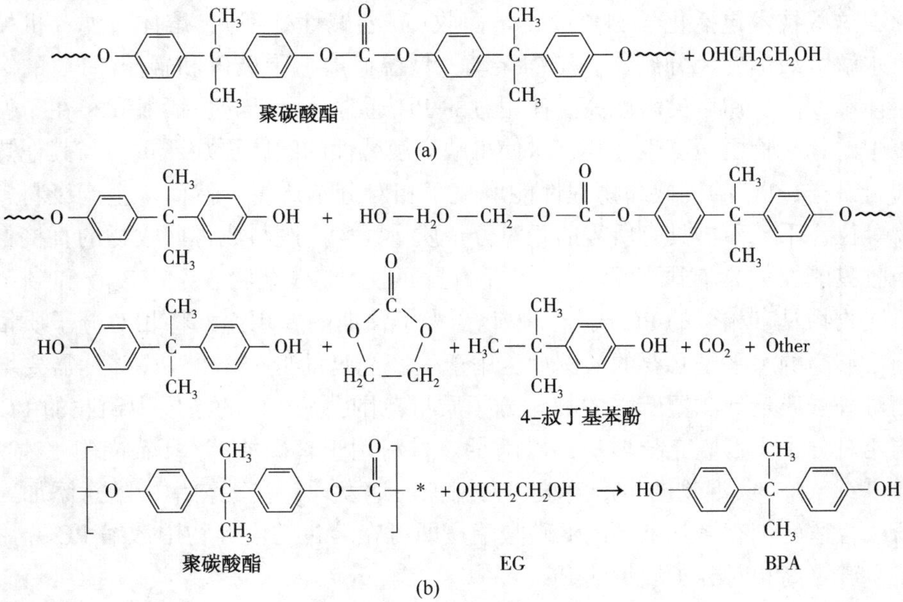

图 3.8 PC 糖酵解反应途径[34]

而降低平均相对分子质量，直到生成的低聚物可以大量溶解在乙二醇溶液中，但该低聚物仍是固态。随着溶解过程的进行，PC 粒子的尺寸逐渐缩小并最终溶解在 EG 中，这是一个多相反应。溶解的低聚物继续在本体溶液中与 EG 发生解聚生成单体 BPA，这是一个均相反应。

3.2.4.2.5 PC 基聚合物的热解

Achilias 等[21]研究了利用 PC 和基于 PC 的废弃电子电器设备的热解工艺作为该聚合物的化学回收方式。为此，利用验室规模的固定床反应器，选择合适的热解温度，通过热重分析测量 PC 模型的热降解情况。热解后，得到了大量的油和少量的气体产物，产生了很少的固体残渣。对于模型 PC 和基于 PC 材质的 CD 两个样品的热解，气体馏分主要由 CO_2和 CO 组成，而在液体馏分中得到大量不同的酚类化合物，包括单体 BPA。这表明，利用热解回收旧 CD 是一项很有前途的技术，该方法具备生产有用的高价值化学品的潜力，有可能在石化工业中得到应用。

3.2.4.2.6 PC 回收利用的问题

填料和颜料的加入降低了塑料的回弹性，因此，与新制造的 PC 相比，回收 PC 的弹性通常较差，抗冲击性降低。这一问题可以通过使用化学品来改善回收 PC 的抗冲击性来解决。据观察，可以安全地添加高达 15%的再生材料到原始树脂中且后者的性能不会发生显著改变。CD 本身的材质组成使得它们不允许被随意回收。磁盘是由 PC 基板和三层涂层组成的多层产品。这些涂层分别是铝、漆和印刷材料且只占整个磁盘的一小部分，这些材料应该被分离或回收，以便回收 PC。从化学方法到物理机械方法，有多种方法可以将油漆或镀层从工程塑料中去除，这些技术包括化学剥离或化学回收(高温碱性处理)、熔体过滤、机械磨损、水解、液体旋风分离器、压缩振动、低温研磨、干破碎和辊压。PC 的缺点是熔体黏度高、切口灵敏度高。使用过的 PC 通常会由于光、辐射和存在于使用环境中的化学物质而产生裂纹，这使得缺口敏感性的问题更加严重。与其他热塑性塑料一样，PC 的机械和物理性能取决于相对分子质量。然而，生产废料、回收物等往往不或不再具有所需的相对分子质量。生产废料或可回收物的直接材料的回收只能在非常有限的程度上实现。当回收 PC 残余物、生产废物和剩余物时，回收物具有相似的 PC 成分；因此，为了预期的新用途，将相对分子质量提高到足够高的水平是必要的。例如，用于生产光盘的低分子量 PC 碎片需要增加其相对分子质量到注塑所需的相对分子质量范围；从 CD 的涂层中回收的 PC 的平均相对分子质量应充分增加，以满足该材料用于聚碳酸酯/丙烯腈/丁二烯/苯乙烯(PC/ABS)共混物的生产要求。人们惊讶地发现，在真空中，随意添加一些双酚或合适的带有羟基末端的低碳酸酯，即可在熔化的废弃物中浓缩 PC 并用于直接生产更高相对分子质量的 PC 产品。

3.2.5 聚合物回收再利用的优点

因此，可以得出结论，回收和再利用是塑料产品报废后的废物管理方法。这些措施在经济上和环境上都很有意义。最近的趋势表明，塑料废物的回收和再利用率大幅度提高。这些方法有优点也有缺点。主要优点如下：

① 回收利用有助于以最平衡的方式保护环境。

② 回收利用有助于节约重要的原材料。

③ 回收利用为后代保护自然栖息地和保护自然资源，如木材、水和矿物，从而确保它们得到最佳利用。

④ 政府和各种环保组织经常强调回收利用的许多益处。

⑤ 回收减少了必须送往垃圾填埋场或焚烧的废物数量。

⑥ 金属、玻璃和其他材料的回收利用减少了用原始材料生产产品所造成的污染。

⑦ 使用可回收材料还可以节约能源，因为使用可回收材料比用原始材料生产产品所需的能源更少。

⑧ 重复使用塑料比回收塑料更可取，因为它使用更少的能源和资源。有些塑料物品只使用一次(单一生命周期或循环周期)或购买后很短时间内(如食品包装)就会进入废物流。

⑨ 重复使用塑料可以节约化石燃料，因为塑料生产使用了全球石油产量的4%~8%(4%作为原料，4%用于转换)。

⑩ 回收利用可减少能源的使用和都市固体废物的产生。

⑪ 循环利用可以减少二氧化碳(CO_2)、氮氧化物(NO_2)和二氧化硫(SO_2)排放[35]。

废塑料的处理是众所周知的世界范围的问题。许多研究人员提出了很多在能源上可行且对环境无害的解决方案。通过了解目前采用的许多不同类型的聚合物的结构和它们的降解机制，仍需要更多的研究来开发更精准有效的方法。这将使优化该废物流的分解产物以得到有用的产物成为可能。在催化剂的存在下，聚合物的降解途径可能由高能的自由基机制转变为更稳定的碳正离子机制，这导致更高比例的高 *RON*(研究法辛烷值)燃料的产生，从而达到节能的目的。在回收行业，在短时间内分类和识别塑料会极大地影响回收商收入，快速准确地识别某一特定物品中所含的主要塑料以及通过手动或自动方式分类某种类型塑料也是必不可少的。对于塑料瓶，可采用以下分类方法：

① 自动化技术(由于形状和尺寸的不同，或者油漆和涂层的存在导致分析技术延迟等原因，该技术并不总是适用的)。

② 密度分类法。该方法不是特别有用，因为大多数塑料的密度几乎相同(例如，$q_{HDPE}=0.941g/cm^3$，$q_{MDPE}=0.926\sim0.940g/cm^3$，$q_{LDPE}=0.915\sim0.925g/cm^3$，$q_{LLDPE}=0.91\sim0.94g/cm^3$，$q_{PP}=0.96g/cm^3$)

③ 重介质分离法是针对来自电子零件的硬塑料固体废物(PSW)的分选，该方法可以通过在水中添加改性剂或使用四溴乙烷(TBE)来实现。然而，这是一个

昂贵的过程并可能导致回收塑料的污染。

④ 提高密度分离效果的水力旋流器。该方法利用离心力来增强材料的润湿性。影响给定材料液体分离的一些因素是材料的润湿性、密度的变化(来自孔隙度、填料、颜料等)、尺寸缩小的颗粒的形状因素以及它从其他材料中逸出的水平。由于不润湿或表面污染，即使是材料表面气泡会附着在塑料上，也会导致单个片状物质漂浮在比散装物质密度更低的溶液中[38]。

除了分类，每个回收循环中最重要的步骤是去除塑料上的油漆，这仍然是清洁工作面临的主要问题。由于这些涂层材料产生的应力集中，回收塑料的性能可能会受到影响。去除涂层的主要方法有：

① 研磨用于去除涂层。例如，电镀塑料中的铬可以通过简单研磨去除，有时辅以低温方法来增强分离过程以防止电镀材料嵌入塑料颗粒中。这些低温方法提供了很好的分离，但从涂料中实际分离塑料的颗粒仍然存在问题。

② 摩擦是另一种去除涂层的方法，最适用于大尺寸的整个部件。回收者也使用溶剂剥离法(即将涂层塑料浸入溶剂中)将涂层从塑料中剥离出来。该方法适用于 CD 涂层的去除[38]。

总之，我们建议研究应该继续发展正确回收聚合物的方法以及合适的分类和鉴定方法。

参 考 文 献

1. Billmeyer, F.W. Jr., (1971) *Textbook of Polymer Science*, 2nd edn, John Wiley & Sons, Inc.
2. Nicholson, J.W. (1991) *The Chemistry of Polymers*, Royal Society of Chemistry.
3. Achilias, D.S. *et al* (2012) Recent advances in the: chemical recycling of polymers (PP, PS, LDPE, HDPE, PVC, PC, Nylon, PMMA), in *Material Recycling – Trends and Perspectives*, InTech, www.intechopen.com (accessed 11 May 2016).
4. Sifniades, S., Levy, A., and Hendrix, J. (1999) Process for depolymerizing nylon-containing waste to form caprolactam. US Patent 5,932,724.
5. Braun, D. (2002) Recycling of PVC. *Prog. Polym. Sci.*, **27**, 2171–2195.
6. Braun, M., Levy, A.B., and Sifniades, S. (1999) Recycling nylon 6 carpet to caprolactam. *Polym. Plast. Technol. Eng.*, **38** (3), 471–484.
7. Chaupart, N., Serpe, G., and Verdu, J. (1998) Molecular weight distribution and mass changes during polyamide hydrolysis. *Polymer*, **39**, 1375.
8. Corbin, T., Handermann, A., Kotek, R., Porter, W., Dellinger, J., and Davis, E. (1999) Reclaiming epsiloncaprolactam from nylon 6 carpet. US Patent 5,977,193.
9. Bajaj, P. and Sharma, N.D. (1997) Reuse of polymer and fibre waste, in *Manufactured Fibre Technology* (eds V.B. Gupta and V.K. Kothari), Chapman & Hall, New York, p. 615.
10. Polk, M.B., LeBoeuf, L.L., Shah, M., Won, C.-Y., Hu, X., and Ding, Y. (1999) Nylon 66, nylon 46, and pet phase-transfer-catalyzed alkaline depolymerization at atmospheric pressure. *Polym. Plast. Technol. Eng.*, **38** (3), 459.
11. Kasserra, H.P. (1998) in *Science and Technology of Polymers and Advanced Materials* (eds P.N. Prasad *et al.*), Plenum Press, New York, pp. 629–635.
12. McKinney, R.J. (1994) Recycling of carpet and textile fibres. US Patent 5,302,756.
13. Kalfas, G.A. (1998) Mathematical modeling of the depolymerization of

polyamide mixtures part 1 : Kinetic Mechanism and parameteric studies in batch reactor. *Polym. React. Eng.*, **6** (1), 41.
14. Bodrero, S., Canivenc, E., and Cansell, F. (1999) Chemical recycling of polyamide 6.6 and polyamide 6 through a two step ami-/ammonolysis process. Presentation at 4th Annual Conference on Recycling of Fibrous Textile and Carpet Waste, Dalton.
15. Czernik, S., Elam, C., Evans, R., Meglen, R., Moens, L., and Tatsumoto, K. (1998) Catalytic pyrolysis of Nylon 6 to recover caprolactam. *J. Anal. Appl. Pyrolysis*, **56**, 51–64.
16. Bockhorn, H., Donner, S., Gernsbeck, M., Hornung, A., and Hornung, U. (2001) Pyrolysis of polyamide 6 under catalytic conditions and its application to reutilization of carpets. *J. Anal. Appl. Pyrolysis*, **58-59**, 79–84.
17. BASF Corp. (2001) BASF 6ix Again Program, www.nylon6ix.com.
18. Yoshioka, T., Sugawara, K., Mizoguchi, T., and Okuwaki, A. (2005) Chemical recycling of polycarbonate to raw materials by thermal decomposition with calcium hydroxide/steam. *Chem. Lett.*, **34**, 282–283.
19. Duangchan, A. and Samart, C. (2008) Tertiary recycling of PVC-containing plastic waste by copyrolysis with cattle manure. *Waste Manage.*, **28**, 2415–2421.
20. Yoshioka, T., Furukawa, K., and Okuwaki, A. (2000) Chemical recycling of rigid-PVC by oxygen oxidation in NaOH solutions at elevated temperatures. *Polym. Degrad. Stab.*, **67**, 285–290.
21. Achilias, D.S., Giannoulis, A., and Papageorgiou, G.Z. (2009) Recycling of polymers from plastic packaging materials using the dissolution/reprecipitation technique. *Polym. Bull.*, **63** (3), 449–465.
22. Chiu, S.J., Chen, S.H., and Tsai, C.T. (2006) Effect of metal chlorides on thermal degradation of (waste) polycarbonate. *Waste Manage.*, **26**, 252–259.
23. Hu, L.C., Oku, A., and Yamada, E. (1998) Alkali-catalyzed methanolysis of polycarbonate. A study on recycling of bisphenol A and dimethyl carbonate. *Polymer*, **39**, 3841–3845.
24. Grause, G., Sugawara, K., Mizoguchi, T., and Yoshioka, T. (2009) Pyrolytic hydrolysis of polycarbonate in the presence of earth-alkali oxides and hydroxides. *Polym. Degrad. Stab.*, **94**, 1119–1124.
25. Ikeda, A., Katoh, K., and Tagaya, H. (2008) Monomer recovery of waste plastics by liquid phase decomposition and polymer synthesis. *J. Mater. Sci.*, **43**, 2437–2441.
26. Liu, F.-S., Li, L., Yu, S., Lv, Z., and Ge, X. (2011) Methanolysis of polycarbonate catalysed by ionic liquid [Bmim][Ac]. *J. Hazard. Mater.*, **189**, 249–254.
27. Liu, F.-S., Li, Z., Yu, S.T., Cui, X., Xie, C.X., and Ge, X.P. (2009) Methanolysis and hydrolysis of polycarbonate under moderate conditions. *J. Polym. Environ.*, **17**, 208–211.
28. Oku, A., Tanaka, S., and Hata, S. (2000) Chemical conversion of poly(carbonate) to bis(hydroxyethyl) ether of bisphenol A. An approach to the chemical recycling of plastic wastes as monomers. *Polymer*, **41**, 6749–6753.
29. Watanabe, M., Matsuo, Y., Matsushita, T., Inomata, H., Miyake, T., and Hironaka, K. (2009) Chemical recycling of polycarbonate in high pressure high temperature steam at 573 K. *Polym. Degrad. Stab.*, **94**, 2157–2162.
30. Fox, D.W. and Peters, E.N. (1989) Methods of recycling a dihydric phenol from a scrap polyester. US Patent 4,885,407.
31. Buysch, H.J., Schoen, N., and Kuehling, S. (1994) Polymerization of polycarbonate waste by ethylene glycol. Ger. Offen., DE 4,220,412.
32. Shafer, S.J. (1994) Introduction to green chemistry : second edition. US Patent 5,336,814.
33. Kim, D., Kim, B., Cho, Y., Han, M., and Kim, B.S. (2009) Kinetics of polycarbonate glycolysis in ethylene glycol. *Ind. Eng. Chem. Res.*, **48**, 685–691.
34. Kim, D., Kim, B.-K., Cho, Y., Han, M., and Kim, B.S. (2009) Kinetics of polycarbonate methanolysis by a consecutive reaction model. *Ind. Eng. Chem. Res.*, **48** (14), 6591–6599.
35. Al-Salem, S.M., Lettieri, P., and Baeyens, J. (2009) Recycling and recovery routes of plastic solid waste (PSW): a review. *Waste Manage. (Oxford)*, **29**, 2625–2643.

4 塑料的回收利用

Preetha Balakrishnan，Meyyappallil Sadasivan Sreekala

4.1 引言

多年来，人们一直担心废塑料引起的环境污染和人类健康问题。大约从2000年开始，一些研究进展严重影响了公众对塑料的接受程度，如废塑料处置、回收及其对人类健康的影响。常见的塑料包括聚乙烯(PE)、聚丙烯(PP)、聚苯乙烯(PS)、聚氯乙烯(PVC)和聚碳酸酯(PC)，这些塑料制品遗弃到自然环境中很难被生物降解。采用焚烧处理废塑料过程中易生成汞、硫氧化物及二噁英类污染物而被反对。填埋浪费了大量土地，且渗滤液可能对生态环境和人类健康造成严重影响。塑料被广泛应用于许多产品中，它的问世及用量的增长导致了环境与健康问题，因此必须对废塑料进行处理且通过禁止部分塑料制品的使用抑制其增长。塑料包装约占塑料消费总量的35%左右，是需要处理处置和回收再生废弃塑料的主要来源。英国生活垃圾中的废塑料约占7%，其中3%为薄膜类塑料，这些废塑料大部分没有回收利用，最终被填埋或焚烧。塑料已经成为了人类生产与生活不可分割的一部分，其在家用电器、包装、建筑、医药、电子、汽车和航空航天零部件等各领域均有较大用途。

塑料可分为热塑性塑料和热固性塑料。热塑性塑料包括PE、聚对苯二甲酸乙二醇酯(PET)、聚氯乙烯(PVC)、PP、PS和聚苯乙烯泡沫(EPS)等。热固性塑料包括环氧树脂(EP)、酚醛树脂(PF)和聚氨酯(PUR)等。热塑性塑料在一定的温度条件下能够软化或熔融成任意形状，冷却后形状不变；而热固性塑料熔点足够高，加热过程中这类塑料在熔化前就开始燃烧，导致其难以回收[1]。上述塑料原料大部分是通过石脑油蒸馏从原油中提取获得的。一部分塑料也可以通过天然气裂解成乙烯来制备。此外，根据所生产的塑料类型，还会额外添加化学品单体[2]。塑料回收可通过原料回收或机械回收来完成，其中原料回收是将塑料分解为单体，然后用于炼油厂深加工或生产化学品；机械回收包括破碎、清洗、熔融或造粒[1]，仅当废塑料不含污染物且为单一类型聚合物，并可以根据最终用途按所需颜色进行充分分选时，才能生产出优质塑料产品。例如，当容器中混杂着黑色塑料时，按颜色分选已不重要。澳大利亚每年生产约100×10^4t塑料，其中45×10^4t被填埋，占垃圾填埋场垃圾总重量的5%~15%[1]。全球每年生产5000万t塑料，但回收总量难以量化。塑料具有较高的体积/重量比，按体积计算，塑料占垃圾填埋场中垃圾的10%~30%。由于压实度对文献中引用的数字有显著影响，导致垃圾填埋场中塑料的体积难以量化。

目前，各类组织均制定了减少塑料废弃物的目标。10 年内，英联邦环保局(CEPA)希望将城市固体废物(MSW)总量减少 50%；澳大利亚和新西兰环境保护委员会(ANZECC)目标是将塑料包装垃圾减少 50%；KEMCOR 是澳大利亚 90%用于牛奶包装的高密度聚乙烯(HDPE)的供应商，其设定的目标是将送往垃圾填埋场的 HDPE 总量减少 50%[3]，这与全球各类组织制定的目标相一致。塑料回收在成为减少垃圾填埋场中塑料废物的有效手段之前，仍面临许多阻碍。目前，城市生活垃圾回收利用率较低，无法对塑料废物问题产生明显影响。由于经济、技术和制度方面的障碍，塑料回收与再生利用的稳定市场尚未形成。塑料废物回收是否有效，效果如何？本章主要阐述塑料回收的可行性、回收方式以及各种塑料制品的回收机制。

天然生物纤维复合材料正在成为玻璃纤维增强塑料的替代品，特别是在汽车应用方面。近年来，由 PP、PE、PS 或生物聚合物(如聚乳酸 PLA)组成并通过添加天然纤维增强的热塑性生物复合材料引起了人们的广泛关注。与热固性基材制成的塑料相比，这类热塑性生物复合材料可以加工成不同的形状，且具有较大的机械回收潜力。2007 年，欧洲研发机构 Eureka 宣布完成了一项研究项目，该项目将亚麻、木材、黄麻和大麻等天然纤维与热塑性塑料相结合生产用于消费品和音频组件的新型可回收化合物。评估产品对环境影响的主要工具是生命周期评价(LCA)，LCA 可以评价产品从原材料采集到产品最终处置整个生命周期阶段有关的环境负荷。然而，使用可再生原料并不能保证塑料在整个生命周期中都是环保的。如果原料不能回收，那么使用可再生原料的可持续性可能就不够。为了研究生物塑料及其衍生物等高分子材料的可回收性，通过多次挤压试验模拟机械回收过程，并通过加速热老化和水热老化试验来确定其耐久性或使用寿命，这些方法可以评价热、水热以及形变热对高分子材料老化的影响[4,5]。

塑料循环利用包括回收、分选、加工、制造和销售四个阶段。由于只有清洁且成分单一的塑料才能在二次工艺中(材料回收再生)生产出最高质量的再生塑料产品，以及在第三次加工(原料回收)中生产出高价值化学品，因此对混合废塑料进行有效分选是非常必要的。尽管自动分选、重力分选和静电分选等技术可用于分选混合塑料废弃物，但均存在局限性。泡沫浮选是选矿工程中一种主要且有效的分离方法，对混合塑料的分选也有一定的应用价值。

4.2 塑料废弃物管理方案

塑料已经成为我们生活中不可分割的一部分。塑料低密度、高强度、对用户友好的设计和制造能力以及低成本导致每年的塑料消费量一直在稳步增长，除了广泛应用于包装、汽车及工业中外，也应用于医疗输送系统、人工植入物及其他医疗保健器械、海水淡化、除菌等方面。在食品包装与储存、住房以及家电方面的应用更是不计其数。特殊设计的塑料已成为通信和电子行业不可缺少的一部分，无论是在芯片或印刷电路板的制造中，还是在计算机外壳中。与大多数一次性使用后就被丢弃的包装和便利品不同，汽车、电脑、家用电器、地毯和织物等这类耐用塑料的使用寿命通常是3年甚至更长。随着设计工程师、制造商和消费者越来越依赖于塑料的优异性能、低成本以及设计优点，耐用塑料的应用也持续增长。耐用塑料制品通常由几种塑料和非塑料成分组成，从其中回收塑料比较复杂，通常需要分离、回收、提纯等步骤，而且可用于回收的这类塑料的总量是有限的。然而，关于耐用塑料使用后回收利用的研究仍在进行，这些产品的制造商已承诺尽可能使用可回收材料作为其材料需求的一部分。Rigamonti 等[6]认为应该通过考虑这些材料的特性和欧洲最常见的一些做法来确定塑料垃圾管理方案。与铁、铝、纸等其他包装材料相比，通常被称为“塑料”的这种材料实际上是一个非常复杂的混合物。因此，在回收之前需要对其进行分类，目的是去除非塑料成分，按不同聚合物分类(PET、PE)，按不同颜色分类(仅限PET)。

分类后，不同的塑料分别被送往回收过程，该过程会产生一些残留物。一次性塑料包装使用寿命短，这是产生塑料垃圾的主要原因，因此，塑料包装是大多数家庭回收工作的重点。然而，由于严格的法律法规限制，塑料包装被回收后，应再加工成其他物品，而不能直接用于与食品接触。实际上，这意味着为回收和再加工后的塑料创造了一个全新的市场。目前，由回收塑料加工成的产品包括垃圾桶、板条箱、管道、管道接头以及用于木材和混凝土替代品的结构性产品(这些产品不一定是由回收的塑料包装制成)。

随着经济的发展，中国制定了回收塑料垃圾的法律法规，形成了一个高效的回收体系，在许多公园和居民区设置了废塑料回收点。塑料垃圾的回收利用以其节约资源、保护环境的优点成为一个具有吸引力的新领域。中国早在1992年就成立了全国塑料垃圾回收利用委员会，主要职责是指导废塑料的回收利用。废塑料热解制油技术适用于中国，但应进一步制定废塑料回收再生的工艺和产品标准，或借鉴德国、日本等发达国家的经验采用更先进的废塑料热解技术[7-10]，如固定床催化反应器或流化床反应器。此外，所设计的热解反应器类型必须适用于处理混合废塑料和中小规模生产。研究人员应重视废弃PVC的回收和热解，以及废塑料热解操作条件的优化。

4.3 回收方法

由于塑料造成了严重的环境污染和健康危害，人们越来越关心塑料的回收。大部分塑料使用方便且价格低廉，使用后亟需进行处置。废塑料回收方式主要有三种：机械回收、化学回收以及重复利用。合适的废弃物处理和回收方法是我们现代社会关注的焦点，主要原因是：一方面，金属、塑料等制品的消费和生产量单调增加，由此产生的废弃物造成了严重的能源和环境问题。另一方面，如果没有这些材料的应用，国内生产总值(GDP)的增长和生活水平的提高都是不敢想象的。

废塑料的化学回收和机械回收越来越重要。在化学回收过程中，废塑料被转化为燃料或石化行业的化工原料(气体、油品和残渣)。大量资料报道了有关聚烯烃、PS、PET等材质的塑料包装和其他家用聚合物的降解，原料结构和运行参数(如温度、催化剂等)对裂解所得馏分的收率和特性有很大影响。催化剂对废塑料裂解有一定的促进作用，在催化剂作用下，热解油中轻质组分增加，产品质量提高[11-23]。常用的催化剂是酸性沸石(硅铝催化剂、β沸石、Y沸石、丝光沸石、斜发沸石等)。热解产物的产率和结构主要受Si/Al比、微孔或大孔比表面积等催化剂特性的影响[24,25]。C—C键的裂解行为和β-剪切发生的概率主要取决于催化剂的酸度，此外，孔径越大，生成烃类的主链越长。

在美国，填埋是废物处理的主要方式，占城市固体废物(按重量)的62%。然而，由于容量有限或未能符合严格的环保规定，许多填埋场已于2005年关闭。由于潜在的健康危害，公众反对利用焚烧方式大规模处置城市生活垃圾。未来10年，城市生活垃圾产生量的增长主要是由于人口增加和物质生活水平的提高所导致的。随着垃圾填埋和焚烧受到严格限制，减少城市生活垃圾产生量已成为固体废物管理越来越重要的目标，这可以通过减少原料和回收利用来实现。减少原料来源的措施包括减少用于生产货物或包装所用的材料，例如：

① 设计产品或包装，减少所用材料的数量或毒性，如浓缩洗衣粉；

② 延长产品寿命，并减少一次性产品(如一次性尿布)的供应；

③ 重复使用产品或包装，如可重复使用的容器。

回收是大多数国家固体废物管理必不可少的环节，但在偏远、人口稀少的地区，由于垃圾填埋场较多、填埋费用较低，且废弃物不需要远距离运输，对废塑料进行回收可能行不通。为了促进废塑料回收，制造商可以采取一些措施使回收过程在技术上更容易、更便宜，例如：

① 重新设计产品和包装，减少塑料用量；

② 识别由不同塑料制成的零件，便于拆解和分类；

③ 减少添加剂、黏合剂、涂料和标签的使用，防止其污染或削弱可回收塑料，或用易于从塑料中分离出来的标准化的添加剂替换它们。

政府需要采取一些影响消费者甚至行业行为的措施，包括促使家庭配合的政策，例如：

① 根据所收集固体废物的总量和种类征收费用；

② 收取饮料瓶等塑料包装和汽车等耐用制品的押金。

其他有助于保障再生塑料具有长期需求性方面的政策，包括：

① 对不能回收的塑料包装或原材料征税，以涵盖处置成本；

② 对于再生塑料，制定较高的采购价格；

③ 对私营企业再生塑料的要求，应类似于地方政府要求报纸应包含一定比例的再生材料那样。

4.3.1 重复利用

塑料可分为热塑性塑料和热固性塑料，常用的热塑性塑料包括 PE、PET、PVC、PP、PS 和 EPS 等，热固性塑料包括 EP、PF 和 PUR。热塑性塑料可以通过加热成型，冷却后形状不变；而热固性塑料熔点足够高，加热过程中这类塑料在熔化前就开始燃烧，导致其难以回收[26]。上述塑料是通过石脑油蒸馏从原油中提取获得的，一些塑料也可以通过天然气裂解成乙烯来制备。根据所生产的塑料类型，通常额外添加一些化学品单体[2,27]。塑料回收可通过原料回收或机械回收来完成，其中原料回收是将塑料分解为单体，然后用于炼油厂深加工或生产化学品；机械回收包括破碎、清洗、熔融或造粒[26]，仅当废塑料不含污染物且为单一类型聚合物，并可以根据最终用途按所需颜色进行充分分选时，才能生产出优质塑料产品。例如，当容器中混杂着黑色塑料时，按颜色分选已不重要。重复使用最常见的是玻璃容器，如回收的牛奶瓶和饮料瓶清洗后再次使用。塑料包装重复使用较少，塑料制品通常在使用一次后就会被丢弃。然而，在市场中也有重复使用的案例，例如一些洗涤剂制造商销售瓶装洗涤液和衣物柔顺剂的袋装补充装，消费者可以在家里将袋中液体装入塑料瓶，从而重复使用塑料瓶。但所有情况下，塑料瓶或容器不能长时间重复使用，尤其是在食品应用中。

4.3.2 机械回收

机械回收也被称为物理回收，废塑料粉碎后经再加工和复配，用于生产可能满足也可能不满足其原始用途的新产品[28]。Vallim 等[29]利用双螺杆挤出机将 HDPE 再生料与聚酰胺(PA6)原生料混合并对共混物进行表征，结果表明，由于 HDPE 再生料晶粒尺寸减小，PA6 的加入改善了共混物的力学性能和热稳定性。Bahlouli 等[30]研究了 PP 基复合材料的可回收性，考察了挤压回收对 EPDM/PP 和滑石/PP 等复合材料性能的影响，每次挤压后，测定并对比复合材料的流变性能、力学性能和结构性能。结果表明，随着挤压次数的增加，复合材料的熔体黏度降低，这与纯 PP 材料的研究结果一致[31]；此外，复合材料的力学性能也随挤压次数的增加而降低。复合材料性能的所有显著变化都归因于在挤压过程中其结构性能的变化，该研究结果对优化回收工艺和在产品设计中更好地利用回收材料具有重要意义。

4.3.3 化学回收

聚烯烃类废塑料通常被转化为油品或碳氢化合物，聚酯类和 PA 废塑料被转化为单体，这些废塑料既可以作为新聚合物材料生产和石化产业的原料，也可以使用合适的化学溶剂将其转化为纯净的聚合物[32]。Vicente 等[33]以苯酚为溶剂对 HDPE 进行化学回收，考察了苯酚对 HDPE 热裂解过程的影响，结果表明，裂解反应的主要产物是烯烃，烯烃在石化产业占有重要地位。此外，苯酚作为溶剂有利于随机剪切和链式反应，从而促进裂解反应，因此废塑料转化率较高且烃类产物的产率和选择性也较高。Achilias 等[34]在固定床反应器中以模型化合物或商业废弃产品为原料研究了 PS 的催化热解及非催化热解特性，发现热解油馏分可以重新聚合成原始 PS。然而，该馏分中的芳香族化合物可作为链转移剂，导致反应速率曲线形状发生改变，且显著降低了热解过程制备的 PS 的平均相对分子质量和玻璃化转变温度。

4.4 聚乳酸

聚乳酸(PLA)主要源于淀粉、糖等可再生资源，是最重要的可生物降解的聚酯之一。由于成本高且相对分子质量低，几十年之前，PLA 的主要用途一直局限于生物医学和制药方面。乳酸中同时存在羟基和羧基，它可以通过缩聚反应直接转化为聚酯。研究人员对聚乳酸及其共聚物产生了浓厚的兴趣[35-38]。Duigou 等[39]研究了回收再生对可降解亚麻/聚乳酸复合材料力学性能的影响。这种复合材料用单螺杆挤出机进行制备，然后用注塑机成型，通常用于替代玻璃纤维增强的石化聚合物。为了研究该复合材料的可回收性，对其循环 6 次注塑成型，并测定了循环次数对复合材料流变性能、力学性能和形态特性的影响。结果表明，添加纤维后，PLA 的刚度提高，但断裂应力和断裂应变显著降低。此外，尽管复合材料的相对分子质量随注塑成型次数增加而降低，但其刚度不受影响，这是由于注塑成型后 PLA 相结晶度增加[40]，而断裂应力和断裂应变降低。

作为一种良好的回收方式，机械回收法已被考虑用于回收聚乳酸等生物塑料。对 PLA 或淀粉基生物塑料采用四种方法进行回收，并进行从“摇篮”到“大门”和从“摇篮”到“坟墓”的生命周期评价，Piemonte[41]认为与机械回收过程相比，焚烧、堆肥和厌氧消化等方法从环境角度来看具有明显劣势。虽然聚乳酸可生物降解且大大降低了这类废弃物对环境的负面影响，但回收聚乳酸及研究其经多次回收处理后性能的变化是非常重要的。第一个原因是在各种工业生产过程中，将切断料的在线研磨和纯净聚合物的混合集成在一起，不可避免地会产生工业废料[42]。第二个原因是在将生产后或使用过的聚乳酸废料最终丢弃到堆肥厂等生物处理设施之前，明确其回收再利用的可能性可以延长其使用寿命[43,44]。最后，如果不能实现聚乳酸循环利用，其对环境较低的影响特性将会大打折扣[42]。有研究[42]对含 92%左旋乳酸和 8%右旋乳酸的聚乳酸进行回收，结果表明，对 PLA 进行七次注塑成型后，该材料仅拉伸模量保持不变；相反，断裂应力、断裂应变、模量、硬度和流变性能均呈下降趋势；PLA 的黏度仅在一次注塑成型循环后就大幅度降低，从 3960Pa/s 降至 713Pa/s，PLA 的零切黏度(η_0)与注塑成型次数的函数如图 4.1 所示。回收后的聚乳酸力学性能变得很差，不适合任何工业应用。

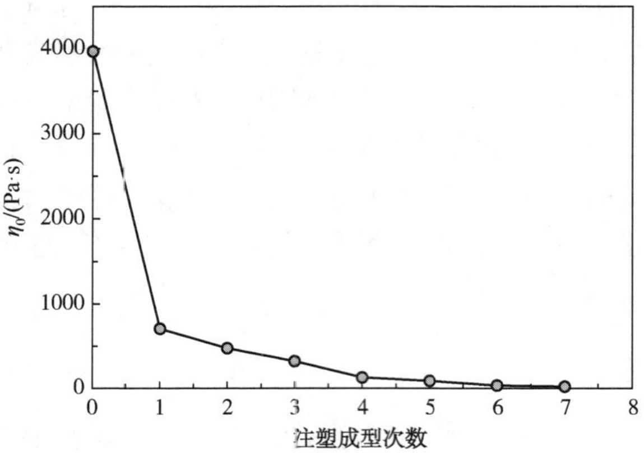

图 4.1　PLA 的零切黏度(η_0)与注塑成型次数之间的函数关系(Pillin 等[42])

这种多次注塑成型产生的显著影响主要是由于加工过程中 PLA 发生链断裂，导致相对分子质量显著降低。为了了解 PLA 的降解现象，将醌(PLA-Q)和环庚三烯酚酮(PLA-T)两种稳定剂与 PLA 进行混合。醌是一种有效的稳定剂，能在加工温度下捕获自由基并维持 PLA 链的长度，这证实了 PLA 降解的主要机制是形成自由基，而不是水解[42]。对经三次再加工处理的 PLA 和原生 PLA 进行加速水热老化试验，结果表明，水扩散速率随再加工处理次数的增加而减小，随水热老化温度的升高而增大。PLA 降解是由于温度升高促进了链断裂反应，然而，当水存在于聚合物基质中时，水解断链反应也发生，再加工后的 PLA 在较高温度下该反应更明显，水热老化程度尤为显著[45]。聚左旋乳酸(PLLA)和脂肪族聚酯(Mater-Bi TF01U/095R)分别机械回收 5 次和 10 次后的力学性能和热性能损失均可接受，而使用后的淀粉基废弃物(Mater-Bi YI014U/C)由于回收性能非常差通常用于堆肥[46]。PLLA 为混晶态，具有较高的机械强度，而 PDLLA 由于其固有结构本质上是无定形的，或结晶度较低[47]。Helfenbein[48] 为了满足 PLA 板材直接且经济地加工成再生 PLA 颗粒的需求，对加工设备和工艺参数进行了改进。在原生 PLA 中添加 20%~50%的再生 PLA 颗粒不仅可以降低材料成本，而且减少了垃圾填埋量，有助于保护环境。最近，酸奶制造商 Stonyfield Farm 启动了一个 PLA 回收试点项目，该公司已经开始与 NatureWorks 公司合作，从其热成型/填充/密封包装生产线中机械回收 Ingeo PLA 废弃物[49]。Tsuneizumi 等[50] 对 PLA/PE 和 PLA/聚丁二酸丁二醇酯(PLA/PBS)等 PLA 基共混聚合物进行化学回收，PLA/PE 的回收方式有两种：

① 根据 PLA 和 PE 在甲苯中溶解度的不同对两者进行直接分离，然后利用蒙脱土对 PLA 进行化学回收；

② 在 100℃ 的甲苯溶液中，蒙脱土选择性降解 PLA/PE 共混聚合物中的 PLA，将其转化为小相对分子质量的乳酸(LA)低聚物，PE 保持不变，通过再沉

淀法对其进行定量回收(图 4.2)。

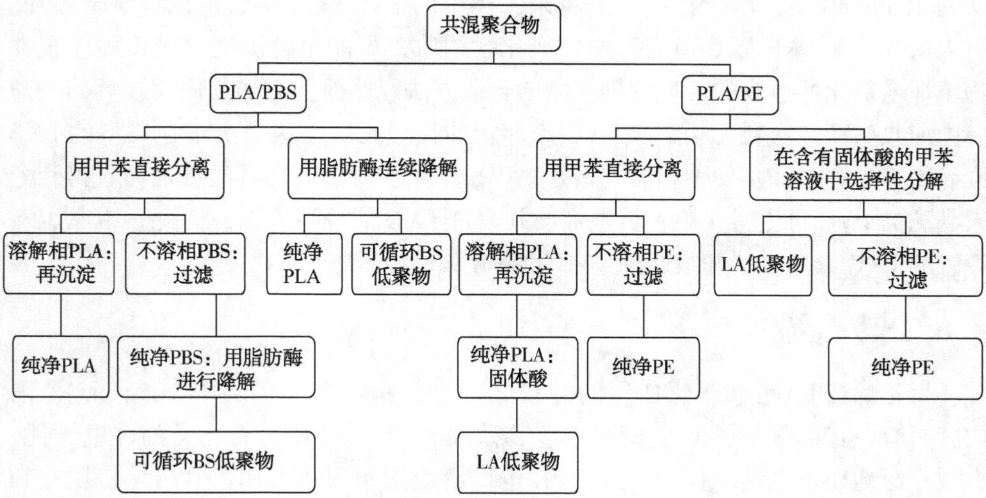

图 4.2　PLA/PE 和 PLA/PBS 的化学循环

4.5　聚氯乙烯

聚氯乙烯(PVC)塑料制品具有低成本、高性能的优点，再加上通过不同的配方能够获得更多的特性，使其在建筑产品中得到广泛应用。由于 PVC 产品使用寿命较长，PVC 消费量与 PVC 废弃物累积量之间存在较长的时间滞后性，可达 50 年之久。很明显，所有正在生产的 PVC 产品终有一天会成为废弃物。近 10 年，各种研究对聚氯乙烯及其系列制品的回收再生进行了报道。

对于从 PVC/PET、PVC/PP、PVC/PE、PVC/PS 等双组分混合塑料中机械回收 PVC，最常用的技术是摩擦带电分选。Yarahmadi 等[51]研究了用于建筑地板的 PVC 板材的机械可回收性，结果表明，PVC 地板作为塑料垃圾，无需升级和添加新的增塑剂即可机械回收。为了研究木纤维含量对 PVC 可回收性的影响，考察了纯 PVC 和木纤维增强 PVC 复合材料在回收过程中力学性能的变化[52]，结果表明，添加木材纤维提高了 PVC 的可回收性，复合材料重复回收多达 5 次，其性能仍保持稳定，但重复回收 10 次后，特别是回收 20 次后，复合材料的抗弯强度增加，而其他力学性能基本保持不变。塑料包装中添加的少量 PVC 带来了许多问题：PVC 与由其他树脂制成的瓶子基本相同，但即使添加少量的 PVC 也会使大量回收材料无法使用。此外，PVC 制品的生产和焚烧被认为是高度污染的，但其生产者反驳了这一说法。目前，PVC 塑料包装都可以用其他树脂来替代。假设塑料包装中的 PVC 被 HDPE、LDPE、PP 和 PET 等其他树脂替代，这将减少 PVC 废弃物，并增加对其他树脂回收的需求。

近年来，由于工业和家庭产生了大量的塑料垃圾，包括 PVC，世界一直面临着垃圾危机。此外，考虑到约50%的PVC被用于经久耐用产品，这类产品的寿命约为30~40年，预计在不久的将来，产生的PVC废弃物数量也将显著增加。有人认为，对PVC废弃物进行原料或化学回收，可能是解决这类城市固体废弃物填埋或焚化所造成的环境污染问题的合适方法。然而，正如前面所强调的，简单的回收生产二次料无法解决PVC废弃物的处理问题，这是由于在典型的PVC废弃物流中存在许多种不相容的聚合物。事实上，要想成功且经济地回收得到令人满意的PVC再生料，第一步是推动并改进PVC的分离方法。因此，本文也对传统的PVC分离方法和最新的PVC分离方法进行了综述。

4.6 聚乙烯

聚乙烯(PE)是最广泛使用的塑料之一，其密度在0.918~0.965g/cm^{3}范围内，具有一定的韧性，其主要用作包装薄膜。同时，PE具有优异的介电性能，也被广泛地用作电绝缘体。此外，PE也广泛应用于家用器皿、管材、挤压瓶和冷水罐等方面(表4.1)。

表4.1 反应温度为360℃在不同催化剂条件下LDPE/HDPE共混物分解的主要产物 %(质)

产物	催化剂				
	USY(沸石催化剂)	ZSM-5(沸石催化剂)	MOR(沸石催化剂)	ASA(非沸石催化剂)	MCM-41(非沸石催化剂)
气体	87.5	93.1	90.2	85.6	87.3
液体	3.7	3.3	4.3	4.7	5.6
残渣	8.8	3.6	5.5	9.7	7.1
非挥发残渣	4.7	2.4	2.9	7.4	5.2
焦炭	4.1	1.2	2.6	2.3	1.9

Jin等[53]研究了机械回收对低密度聚乙烯(LDPE)流变性能和热性能的影响，LDPE样品被挤压多达100次，结果表明，在较低的测试频率0.628rad/s下，样品复数黏度随挤压次数的增加而增加[图4.3(a)]，这主要是由于在活性炭自由基存在的条件下，回收时LDPE链中发生交联反应所致[54,55]。熔体流动指数(MFI)具有相同的变化趋势，表明LDPE的MFI随着挤压次数的增加而减少[图4.3(b)]。同时，在重复挤压40次后，LDPE的加工性能才会受到影响。此外，Kartalis等[56]也研究了低密度聚乙烯/中密度聚乙烯(LDPE/MDPE)共混物的可回收性，结果表明，在连续5次挤压周期后，材料仍具有显著的加工稳定性。

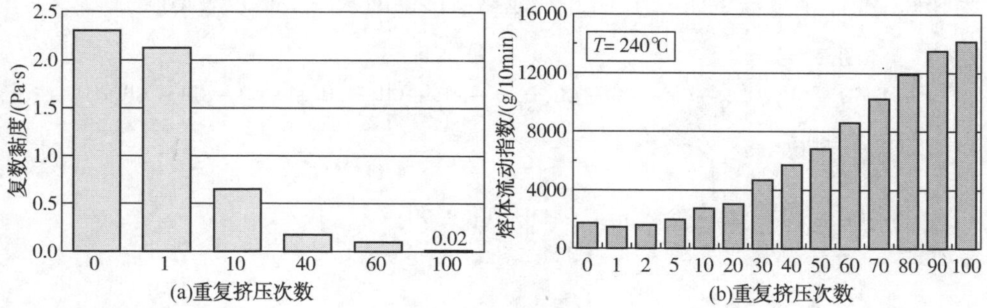

图 4.3　LDPE 重复挤压后的(a)复数黏度和(b)熔体流动指数(Jin 等[53])

Puente 等[57]利用催化裂化(FCC)技术在 500℃下使用不同商业催化剂对 LDPE 进行化学回收，该过程将 LDPE 溶解在甲苯中进行。结果表明，不同催化剂的催化裂化产物在性质上相似，主要是汽油馏分且芳烃含量较高，气相产物中低碳烯烃 $C_3 \sim C_4$ 含量较高，异链烷烃 $C_4 \sim C_5$ 含量也较高。Hajekova 和 Bajus[58]采用两步热解法对 LDPE 和 PP 废弃物进行化学回收，第一步在间歇式反应器中 450℃下将聚合物废弃物转化为蜡或油品；第二步将石蜡或油品溶于重质石脑油中，得到蒸汽裂解原料。在石脑油中添加 10%(质)的由 LDPE 或 PP 热解获得的蜡或油品，利用工业乙烯装置在反应温度为 740～820℃、停留时间为 0.09～0.54s 条件下研究了两者共热解的选择性和动力学，结果表明，在现有的工业乙烯装置上，将传统的液态蒸汽裂解原料与聚烯烃油或石蜡共热解，有可能实现聚烯烃废弃物的循环利用。

Achilias 等[59]对从包装膜、塑料袋、管道以及食品零售等各种应用中获得的 LDPE、HDPE 以及 PP 进行化学回收，采用了两种方法：①使用不同的溶剂和非溶剂对其进行溶解和再沉淀；②采用 FCC 技术对其催化热解。

第一种方法是将聚合物溶解在二甲苯中，用正已烷再沉淀，然后对纯聚合物进行干燥。第二种方法是在 FCC 催化剂存在条件下对聚合物进行热解。

对第一种方法获得的纯净聚合物进行力学测试，并与原废弃物进行对比，而对第二种方法获得的产品则使用光谱分析法进行了表征(图 4.4)。

当反应温度为 430℃时，废弃聚合物可在 45min 内转化为轻质馏分，其转化率与所选催化剂有关，通常为 40%～50%。HZSM-5 提高了气态($C_1 \sim C_4$)产物和液态($C_5 \sim C_{23}$)产物的收率，而 FCC 和斜发沸石催化剂提高了液态产物的收率。当催化剂添加量为 2%时，产物分布发生明显改变，这是因为在热催化裂化过程中，烃类产物支链增多，烯烃的双键位置也发生了变化。HDPE 的降解是通过降低重质馏分(C_{24^+})的平均相对分子质量来实现的。液态烃和残渣中的硫和氮源于原材料，其含量较低，因此它们适用于发电或作为石化工业的原料。薄膜主要材质是 HDPE 和 LDPE，在塑料消费中所占比例最大，已被确定为原料回收的下一个主要来源[60]。回收薄膜的来源可能仅限于商业和机构部门，如干洗袋、收缩膜和商品袋，而不是经常被食品和其他物质污染的家用塑料包装薄膜。

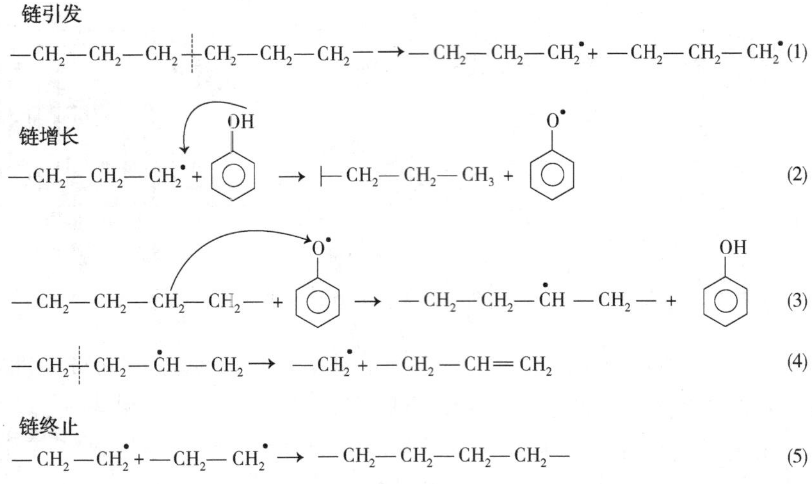

图 4.4　苯酚存在条件下 HDPE 的热解机理(Vicente 等[33])

4.7　聚丙烯

Bourmaud 等[30,61]研究了挤压回收工艺对 PP/植物纤维复合材料硬度的影响，结果表明，由于纤维的长宽比稳定性较好，复合材料回收再生后的硬度基本保持不变。在每个挤压周期后，测定并比较了复合材料的流变性能、力学性能以及结构性能，结果表明复合材料的熔体黏度随挤压次数的增加而降低，这与纯聚丙烯(PP)的变化趋势一致[31]；其力学性能也随加工次数的增加而降低。复合材料性能的所有显著变化都归因于其在加工过程中结构性能的变化。本项工作中获得的结果有助于优化回收过程，并在产品设计中更好地使用回收材料[62]。

4.8　聚苯乙烯

Brennan 等[63]研究了机械回收对丙烯腈/丁二烯/苯乙烯(ABS)、耐冲击性聚苯乙烯(HIPS)以及两者废料共混物性能的影响，对原生及再生聚合物的力学性能和热性能进行测定并对比。两种 ABS 和 HIPS 的共混物，一种 ABS 占比较少，一种 HIPS 占比较少，回收再生对共混物的拉伸强度和拉伸模量几乎无影响，但与原生纯 ABS 或 HIPS 相比，共混物的断裂应变和冲击强度显著降低。结果表明，掺加少量的 ABS 或 HIPS 可以提高共混物回收再生后的拉伸强度和模量。El-maghor 等[64]使用聚乙烯-乙酸乙烯酯和氢化苯乙烯-丁二烯嵌段共聚物作为相容剂，利用单螺杆挤出机将聚苯乙烯(PS)、HDPE 和 PVC 等废弃聚合物制备成三元共混物。为了进一步改善共混物各组分之间的相容性，对挤出物进行 γ 辐照。结果表明，相容剂和辐照均改善了共混物的力学性能，冲击强度和延展性均有明显提高，抗拉强度略有提高。Lee 等[11]首次报道了以斜发沸石为催化剂对 PS 废弃物进行化学回收，结果表明，斜发沸石对 PS 降解具有良好的催化活性，对芳香族化合物具有较高的选择性。Arandes 等[65]以介孔二氧化硅为催化剂，考察了轻循环油(LCO)为溶剂时 PS 和聚苯丁二烯(PSB)的热裂解特性，结果表明，PS/LCO 共混物的热裂解过程苯乙烯收率较高，而 PSB/LCO 共混物的热裂解过程产生了一系列石化产品。

4.9 聚对苯二甲酸乙二酯

聚对苯二甲酸乙二酯(PET)是一种半结晶的热塑性聚酯，广泛用于制造服装纤维、一次性饮料瓶、照相胶片等。自 20 世纪 40 年代中期以来，它主要用于生产纺织纤维。2002 年全球 PET 产量为 2600×10^4t，预计到 2010 年将增至 5500×10^4t[66]。20 世纪 80 年代，PET 也开始广泛用于生产一次性饮料瓶[67]。PET 具有无毒、耐用且完全透明的优点，但其不可生物降解性也引起了环保人士的密切关注。PET 占世界固体废物总重量的 8%以上，体积占 12%以上[68]。由于不可生物降解，PET 废弃物填埋具有严重的局限性，化学回收是最佳选择。PET 纤维废弃物的主要来源是制造过程中及消费后产生的。化学回收技术之一是对 PET 废料进行糖酵解解聚，即在常压下，使用金属醋酸盐作为催化剂，PET 在沸腾的乙二醇(EG)中解聚为单体对苯二甲酸乙二酯(BHET)[69-72]。PET 已广泛用于吹塑生产工艺生产塑料瓶。吹塑过程开始时，将 PET 注射到一个冷模具成型为瓶坯。在单级注射吹塑成型中，瓶坯被直接输送至吹塑机，被拉伸并吹塑成型。在两级注射吹塑成型中，将瓶坯再次加热到高于 T_g 约 10℃，然后在另一台吹塑机中将其吹塑成型(图 4.5)。

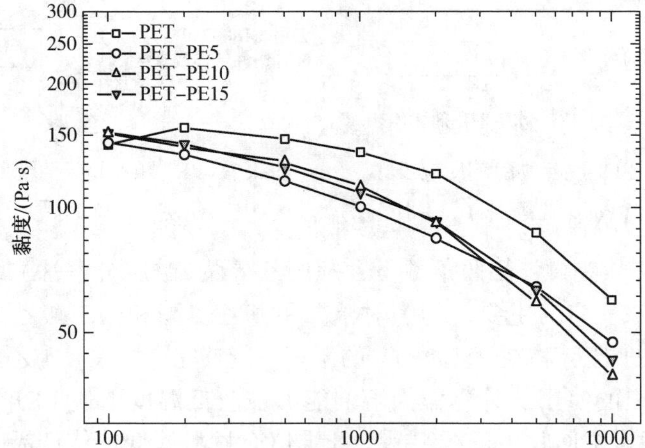

图 4.5　HDPE 含量对 PET 再生料黏度的影响(Navarro 等[73])

Navarro 等[73]利用挤压工艺制备了原生料 HDPE 和 PET 废料的共混物，试图改善 PET 废料的性能，将两者按不同比例制备出样品并测试其力学性能、热性能以及流变性能。HDPE 的存在降低了共混物的熔体黏度，表明与 PET 废料相比共混物具有良好的流动性（图 4.6）。然而，当 HDPE 含量高于 5%时，共混物中 HDPE 与 PET 不相容，导致其力学性能不如 PET。研究结果表明，可以用少量的 HDPE 原生料（<5%）改性 PET 废料。Shi 等[75]将 PET 废料和 ABS 混合制备聚合物体系，并在共混物中加入了 SiO_2以降低 PET 和 ABS 之间的界面张力，结果表明，随着 SiO_2含量的增加，复合材料的力学性能得到改善。

对 PET 废弃物进行化学回收，采用醋酸锌作为催化剂，在乙二醇存在条件下进行微波辐照处理[76]，主要产物 BHET 的产率与常规电加热时的产率基本一致。然而，完成反应所需的时间从 8h 大幅减少到 35min，从而大大节省了能源。Shukla 等[72]采用硫 EG 和硫酸钠对 ET 废弃物进行化学回收，将获得的 BHET 用于合成纺织品的疏水分散性染料。Fonseca 等[74,77]研究了在不同温度下 EG 存在时醋酸锌、碳酸钠、碳酸氢钠、硫酸钠和硫酸钾等金属盐作为解聚催化剂对 PET 回收的影响，如图 4.7 所示。

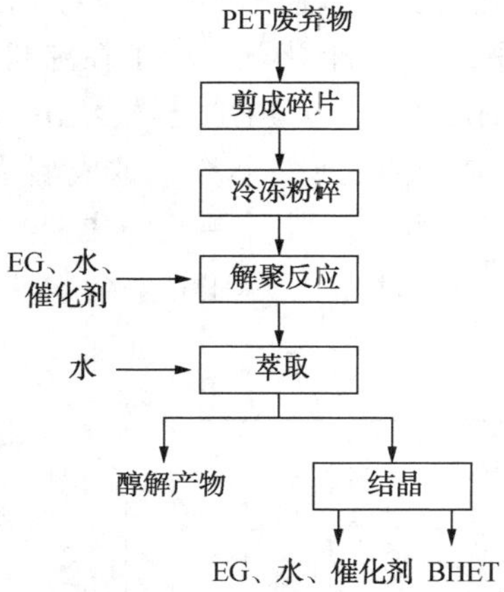

图 4.6　PET 废弃物醇解反应步骤（Fonseca 等[74]）

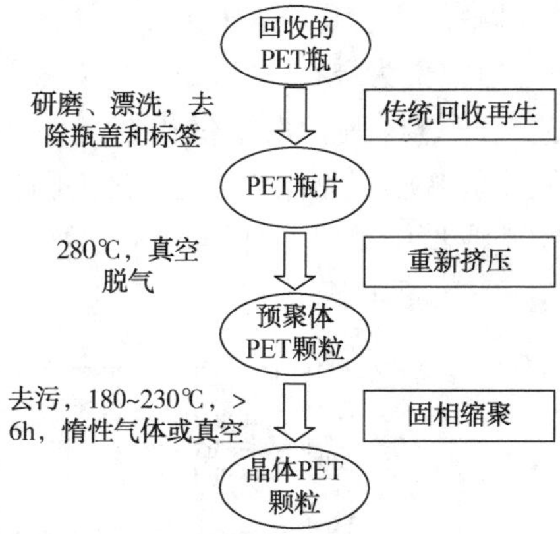

图 4.7　PET 颗粒超级清洗回收工艺示意图（Welle[78]）

Achilias 等[79]在微波辐照条件下，利用乙醇胺（酰胺分解法）促进 PET 废弃物进行解聚，该反应的主要产物为对苯二甲基乙二酯和己二酸乙二酯的混合物 BHETA，且 PET 废弃物在高于 260℃的温度下能够完全解聚。与乙醇胺作为溶剂相比，之前报道的使用二甘醇作为溶剂能够在较低温度下使 PET 完全解聚[80]。PP 塑料包装通常被回收用于纺织品、纤维填充材料等低价值产品，以及高价值的户外特种服装。大量高价值的纺织品也使用回收再生的 PET[60]，纺织业对再生塑料的需求占原生塑料总量的 5%。

PET 的聚合开始于 EG 和对苯二甲酸两种单体或对苯二甲酸甲酯。第一步，单体反应形成 PET 预聚体。然而，对于包装、纤维或其他应用这种预聚体的黏度太低，因此，PET 预聚体必须在高于 280℃的熔体相中通过缩合反应提高其黏度。然后，在真空条件下去除酯化反应产物(水或甲醇)和过量单体(EG)。聚合反应结束时，熔体被挤压成 PET 颗粒。对于 PET 包装来说，这些颗粒的黏度仍然太低。因此，接下来是 PET 颗粒在固态下进一步发生缩合反应，最终形成 PET 结晶颗粒。由于酯化反应具有可逆性，聚酯在挤压、制瓶以及回收等过程中如果有水分存在，可能发生降解。在降解过程中，聚合物主链部分断裂，相对分子质量降低。一般而言，在水分或醇存在的情况下生产 PET，将导致聚合物链长减小，从而聚合物的黏度也随之降低。由于 PET 在加工过程中不能完全排除水分，所以无论如何在加工和回收过程中都会发生水解反应。对于瓶到瓶的回收，重要的是 PET 聚合物的黏度不能降低太多，否则再生料就不可能进入 PET 包装市场。因此，为了增加回收料的黏度，在高温和真空处理的基础上引入了特殊的回收步骤。此外，水解、糖酵解等解聚反应也可以用于 PET 的回收。

PET 回收再生成颗粒过程中采用固相缩聚法(SSP)作为主要的去污工艺，这也是 PET 回收再生最后一步。使用常规回收的 PET 瓶片作为原料，超级清洗的第一步是将漂洗后的 PET 瓶片再次挤压成颗粒，随后使用 SSP 工艺对颗粒进行深度清洗。PET 颗粒超级清洗回收再生工艺方案如图 4.7 所示。SSP 反应可以用于批量生产线或连续生产线，两种情况下的停留时间、反应温度、真空环境或惰性气体流等工艺参数基本类似。通常，固相反应的停留时间在 6~20h，这取决于反应温度和期望 PET 材料增加的黏度。反应温度范围为 180~220℃。事实上，PET 废弃物超级清洗回收工艺所用设备与 PET 原始生产工艺基本一样，因此，相同的设备可以用于这两种工艺，这也是超级清洗工艺回收的 PET 颗粒进入市场最主要的原因。

但 PET 回收过程也存在一些关键问题。PET 瓶的重量很轻，由于瓶盖和标签增加了重量，导致收集的瓶子能够产生的 PET 瓶片量较少，这给回收公司带来了成本压力。此外，乙醛清除物质邻氨基苯甲酰胺等添加剂或氧清除剂等功能性添加剂也越来越多地添加到 PET 瓶中，这可能会对 PET 回收料的光学性能产生负面影响。这些添加剂在回收过程中可能会部分降解，导致透明的 PET 瓶片略带褐色，因此，添加剂的浓度应保持在较低水平。该案例表明，成功的 PET 瓶对瓶回收，在高附加值产业链上的所有参与者必须密切联系，包括添加剂制造商，PET 原生料供应商，预制件和塑料瓶制造商，灌装公司，以及回收公司。

4.10 应用

利用再生的五层 PA-PE 薄膜和再生的 PE，且以粒径 41μm 的粉煤灰(FA)为填料制备新型复合材料并测试其特性，确定了这些新材料在特定技术产品中的潜在用途。到目前为止，通常使用原生材料生产技术装备。回收材料与原生材料具有相似的特性，且满足设备无故障运行的要求。用 FA 对回收材料进行改性，提高了复合材料的热阻，对其在长期利用中的摩擦学行为和磨损性能产生了有利影响，这通常以增加载荷和改善材料加工性能(减少注塑后的收缩率)的形式体现。复合材料在高达 40℃ 的工作温度和高达 0.45MPa 的载荷条件下，其摩擦系数为 0.26，相同条件下，PA 的摩擦系数为 0.33。复合材料中的填料含量是非常重要的[81]。PE 表面电荷衰变的时间相对较长，文献中描述了接触起电现象及其影响[82,83]。PE 产品使用在危险环境中，由于静电荷不受控制的放电产生火花并使 PE 着火，可能会引发气体、燃油蒸气、易燃化学品和蒸汽等爆炸。因此，对于 PE 产品，必须从表面放电，以获得低电压。PA-PE 再生料及基于再生料的复合材料具有较大优势。PE 改性复合材料具有良好的摩擦学性能，可作为用原材料制备的同类材料的替代材料。尤其是这些材料的电学性能较好，能够阻挡低功率电弧和摩擦电荷。用 PE 对复合材料进行改性可以提高其电阻率。用 FA 对复合材料进行改性可以保证产品的尺寸稳定性，这对于精密产品尤其重要。这些复合材料可以采用加工热塑性材料的方法(注塑、挤压和成型)进行加工。由于在技术文章中多层薄膜废弃物可以替代原生 PE，这不仅减少了环境污染，且节约了原材料。随着再生料应用的日益增长，任何对废弃物的利用都具有生态和经济重要性[81]。自回收法实施以来，制造商开发了新的回收技术。由于所回收的电器数量有限，制造商已经开发了电器类的回收流程，对每种电器设计了专门的加工生产线。

为了减少家用电器在其生命周期中对环境的影响，制造商、回收厂和学术研究人员已经开始对其进行生命周期评价(LCA)。二氧化碳排放对工厂层次[84,85]和国家层次[86]影响分析表明，从减少温室气体(GHG)排放的角度来看，对家用电器中的塑料进行原料回收是最佳选择。因此，制造商致力于开发塑料的原料回收技术。

参 考 文 献

1. Christensen, T.H. and Damgaard, A. (2010) in *Solid Waste Technology and Management*, vol. **1 and 2** (ed. T.H. Christensen), John Wiley & Sons, Ltd., Chichester, pp. 203–210.
2. PlasticsEurope (2005) Plastics Europe Eco Profiles, http://www.plasticseurope.org/plastics-sustainability/eco-profiles.aspx (accessed 9 May 2016).
3. Moir, J.L., APRI Recycling Seminar, Melbourne, July 21, 1994, 1-4, 6-14.
4. Sanchez, E.M.S. (2007) Ageing of PC/PBT blend: mechanical properties and recycling possibility. *Polym. Test.*, **26** (3), 378–387.
5. Zaverl, M., Seydibeyoglu, M.O., Misra, M., and Mohanty, A. (2012) Studies on recyclability of polyhydroxybutyrate-co-valerate bioplastic: multiple melt processing and performance evaluations. *J. Appl. Polym. Sci.*, **125** (Suppl. 2), E324–E331.

6. Rigamonti, L., Grosso, M., Møller, J., Martinez Sanchez, V., Magnani, S., and Christensen, T.H. (2014) Environmental evaluation of plastic waste management scenarios. *Resour. Conserv. Recycl.*, **85**, 42–53.
7. Kiran, N., Ekinci, E., and Snape, C.E. (2000) Recycling of plasticwastes via pyrolysis. *Resour. Conserv. Recycl.*, **29** (4), 273–283.
8. Miller, S.J., Shah, N., and Huffman, G.P. (2005) Conversion of waste plastic to lubricating base oil. *Energy Fuels*, **19** (4), 1580–1586.
9. Chen, F.-Z. (2005) Reclaiming technology of Japanese used plastics. *World Plast.*, **23** (3), 50–62.
10. Scott, D.S., Majerski, P., Piskorz, J., Radlein, D., and Barnickel, M. (1999) Production of liquid fuels from waste plastics. *Can. J. Chem. Eng.*, **77** (5), 1021–1027.
11. Lee, S.-Y., Yoon, J.-H., Kim, J.-R., and Park, D.-W. (2002) Degradation of polystyrene using clinoptilolite catalysts. *J. Anal. Appl. Pyrolysis*, **64** (1), 71–83.
12. Kim, J.-S., Lee, W.-Y., Lee, S.-B., Kim, S.-B., and Choi, M.-J. (2003) Degradation of polystyrene waste over base promoted Fe catalysts. *Catal. Today*, **87**, 59–68.
13. Walendziewski, J. and Steininger, M. (2001) Thermal and catalytic conversion of waste polyolefines. *Catal. Today*, **65**, 323–330.
14. Lee, S.Y., Yoon, J.H., Kim, J.R., and Park, D.W. (2001) Catalytic degradation of polystyrene over natural clinoptilolite zeolite. *Polym. Degrad. Stab.*, **74**, 297–305.
15. Miskolczi, N., Bartha, L., Antal, F., and Cs, D. (2005) Determination of sulphur in liquids obtained by thermal cracking of waste polymers and commercial fuels with different analytical methods. *Talanta*, **66**, 1264–1271.
16. Sterling, W.J., Walline, K.S., and McCoy, B.J. (2001) Experimental study of polystyrene thermolysis to moderate conversion. *Polym. Degrad. Stab.*, **73**, 75–82.
17. Madras, G., Kumar, S., and Chattopadhyay, S. (2000) Continuous distribution kinetics for ultrasonic degradation of polymers. *Polym. Degrad. Stab.*, **69**, 73–78.
18. Westphal, C., Perrot, C., and Karlsson, S. (2001) Py-GC/MS as a means to predict degree of degradation by giving microstructural changes modelled on LDPE and PLA. *Polym. Degrad. Stab.*, **73**, 281–287.
19. Moriya, T. and Enomoto, H. (1999) Characteristics of polyethylene cracking in supercritical water compared to thermal cracking. *Polym. Degrad. Stab.*, **65**, 373–386.
20. Miskolczi, N., Bartha, L., and Gy, D. (2005) Thermal degradation of polyethylene and polystyrene from packaging industry over different catalysts into fuel-like feed stocks. *Polym. Degrad. Stab.*, **66**, 235–245.
21. Hana, S.O., Lee, D.W., and Han, O.H. (1999) Thermal degradation of crosslinked high density polyethylene. *Polym. Degrad. Stab.*, **63**, 237–243.
22. Koshiduka, T., Ohkawa, T., and Takeda, K. (2003) Computer simulation of thermal degradation of poly(butylene terephthalate) and analytical problems of terephthalic acid in scission products. *Polym. Degrad. Stab.*, **79**, 1–11.
23. Park, J.W., Cheon, S.O., Lee, H.P., Kim, H.T., and Yoo, K.O. (2000) A kinetic analysis of thermal degradation of polymers using a dynamic method. *Polym. Degrad. Stab.*, **67**, 535–540.
24. Dawood, A. and Miura, K. (2001) Pyrolysis kinetics of g-irradiated polypropylene. *Polym. Degrad. Stab.*, **73**, 347–354.
25. Sakata, Y., Uddin, M.A., Muto, A., Kanada, Y., Koizumi, K., and Murata, K. (1999) Catalytic degradation of polyethylene into fuel oil over mesoporous silica (KFS-16) catalyst. *J. Anal. Appl. Pyrolysis*, **43**, 15–25.
26. Christensen, T.H. (Ed.). (2011). *Solid waste technology & management* (Vol. 1). Chichester, West Sussex, UK: Wiley. doi: 10.1002/9780470666883.ch6
27. Plastics Europe (2008) *An Analysis of Plastics Production, Demand and Recovery for 2007 in Europe*, Association of Plastics Manufacturers, Brussels.
28. Cui, J. and Forssberg, E. (2003) Mechanical recycling of waste electric and electronic equipment: a review. *J. Hazard. Mater. B*, **99**, 243–263.
29. Vallim, M., Araujo, J., Spinace, M., and Paoli, M. (2009) Polyamide-6/high-

density polyethylene blend using recycled high-density polyethylene as compatibilizer: morphology, mechanical properties, and thermal stability. *Polym. Eng. Sci.*, **49**, 2005–2014.

30. Bahlouli, N., Pessey, D., Raveyre, C., Guillet, J., Ahzi, S., Dahoun, A. *et al.* (2012) Recycling effects on the rheological and thermomechanical properties of polypropylene based composites. *Mater. Des.*, **33**, 451–458.
31. Gao, Z., Kaneko, T., Amasaki, I., and Nakada, M. (2003) A kinetic study of thermal degradation of polypropylene. *Polym. Degrad. Stab.*, **80**, 269–274.
32. Sasse, F. and Emig, G. (1998) Chemical recycling of polymer materials. *Chem. Eng. Technol.*, **21**, 777–789.
33. Vicente, G., Aguado, J., Serrano, D.P., and Sanchez, N. (2009) HDPE chemical recycling promoted by phenol solvent. *J. Anal. Appl. Pyrolysis*, **85** (1), 366–371.
34. Achilias, D., Kanellopoulou, I., Megalokonomos, P., Antonakou, E., and Lappas, A. (2007) Chemical recycling of polystyrene by pyrolysis: potential use of the liquid product for the reproduction of polymer. *Macromol. Mater. Eng.*, **292**, 923–934.
35. Stoclet, G., Seguel, R., and Lefebvre, J. (2011) Morphology, thermal behavior and mechanical properties of binary blends of compatible biosourced polymers: polylactide/polyamide11. *Polymer*, **52**, 1417.
36. Hamad, K., Kaseem, M., and Deri, F. (2011) Rheological and mechanical characterization of poly (lactic acid)/polypropylene polymer blends. *J. Polym. Res.*, **18**, 1799–1806.
37. Huneault, M.A. and Li, H. (2011) Comparison of sorbitol and glycerol as plasticizers for thermoplastic starch in TPS/PLA blends. *J. Appl. Polym. Sci.*, **119**, 2439–2448.
38. Soroudi, A. and Jakubowicz, I. (2013) Recycling of bioplastics, their blends and biocomposites: a review. *Eur. Polym. J.*, **49** (10), 2839–2858. doi: 10.1016/j.eurpolymj.2013.07.025
39. Duigou, A., Pillin, I., Bourmaud, A., Davies, P., and Baley, C. (2008) Effect of recycling on mechanical behaviour of biocompostable flax/poly(l-lactide) composites. *Composites Part A*, **39**, 1471–1478.
40. Pillin, I., Montrelay, N., Bourmaud, A., and Grohens, Y. (2008) Effect of thermo-mechanical cycles on the physico-chemical properties of poly(lactic acid). *Polym. Degrad. Stab.*, **93**, 321–328.
41. Piemonte, V. (2011) Bioplastic wastes: the best final disposition for energy saving. *J. Polym. Environ.*, **19** (4), 988–994.
42. Pillin, I., Montrelay, N., Bourmaud, A., and Grohens, Y. (2008) Effect of thermomechanical cycles on the physico-chemical properties of poly(lactic acid). *Polym. Degrad. Stab.*, **93** (2), 3218.
43. Żenkiewicz, M., Richert, J., Rytlewski, P., Moraczewski, K., Stepczyńska, M., and Karasiewicz, T. (2009) Characterisation of multi-extruded poly(lactic acid). *Polym. Test.*, **28** (4), 412–418.
44. Badia, J.D., Stromberg, E., Karlsson, S., and Ribes-Greus, A. (2012) Material valorisation of amorphous polylactide. Influence of thermomechanical degradation on the morphology, segmental dynamics, thermal and mechanical performance. *Polym. Degrad. Stab.*, **97** (4), 670–678.
45. Badia, J.D., Santonja-Blasco, L., Martinez-Felipe, A., and Ribes-Greus, A. (2012) Hygrothermal ageing of reprocessed polylactide. *Polym. Degrad. Stab.*, **97** (10), 1881–1890.
46. Lopez, J.P., Girones, J., Mendez, J.A., Puig, J., and Pelach, M.A. (2012) Recycling ability of biodegradable matrices and their cellulose-reinforced composites in a plastic recycling stream. *J. Polym. Environ.*, **20** (1), 96–103.
47. La Carrubba, V., Carfi Pavia, F., Brucato, V., and Piccarolo, S. (2008) PLLA/PLA scaffolds prepared via thermally induced phase separation (TIPS): tuning of properties and biodegradability. *Int. J. Mater. Form.*, **1** (Suppl. 1), 619–622.
48. Helfenbein, D. (2011) *Development of Recycling of PLA Sheet into PLA Pellets without Undergoing Chemical Process*, Atlanta, GA.
49. Naitove, M.H. (2012) Conference report: bioplastics are breaking out of their 'green' niche. *Plast. Technol.*, **58** (4), 13–17, 58–62.
50. Tsuneizumi, Y., Kuwahara, M., Okamoto, K., and Matsumura, S. (2010) Chemical recycling of poly(lactic acid)-based polymer blends using environmentally

benign catalysts. *Polym. Degrad. Stab.*, **95**, 1387–1393.
51. Yarahmadi, N., Jakubowicz, I., and Martinsson, L. (2003) PVC floorings as post-consumer products for mechanical recycling and energy recovery. *Polym. Degrad. Stab.*, **79**, 439–448.
52. Augier, L., Sperone, G., Garcia, C., and Borredon, M. (2007) Influence of the wood fibre filler on the internal recycling of poly(vinyl chloride)-based composites. *Polym. Degrad. Stab.*, **92**, 1169–1176.
53. Jin, H., Gutierrez, J., Oblak, P., Zupančič, B., and Emri, I. (2012) The effect of extensive mechanical recycling on the properties of low density polyethylene. *Polym. Degrad. Stab.*, **97**, 2262–2272.
54. Waldman, W.R. and De Paoli, M.A. (1998) Thermo-mechanical degradation of polypropylene, low-density polyethylene and their 1:1 blend. *Polym. Degrad. Stab.*, **60**, 301–308.
55. Kabdi, S.A. and Belhaneche-Bensemra, N. (2008) Compatibilization of regenerated low density polyethylene/poly(vinyl chloride) blends. *J. Appl. Polym. Sci.*, **110**, 1750–1755.
56. Kartalis, C.N., Papaspyrides, C.D., and Pfaendner, R. (2000) Recycling of post-used PE packaging film using the restabilization technique. *Polym. Degrad. Stab.*, **70**, 189–197.
57. Puente, G., Klocker, C., and Sedran, U. (2002) Conversion of waste plastics into fuels: recycling polyethylene in FCC. *Appl. Catal., B*, **36**, 279–285.
58. Hajekova, E. and Bajus, M. (2005) Recycling of low-density polyethylene and polypropylene via copyrolysis of polyalkene oil/waxes with naphtha: product distribution and coke formation. *J. Anal. Appl. Pyrolysis*, **74**, 270–281.
59. Achilias, D.S., Roupakias, C., Megalokonomos, P., Lappas, A.A., and Antonakou, E.V. (2007) Chemical recycling of plastic wastes made from polyethylene (LDPE and HDPE) and polypropylene (PP). *J. Hazard. Mater.*, **149**, 536–542.
60. Leaversuch, R. (1993) Polyethylene film becoming next big source of reclaim feedstock. *Mod. Plast.*, 64–65.
61. Bourmaud, A. and Baley, C. (2009) Rigidity analysis of polypropylene/vegetal fibre composites after recycling. *Polym. Degrad. Stab.*, **94** (3), 297–305.
62. Phuong, N. and Gilbert, V. (2008) Preparation of recycled polypropylene/organophilic modified layered silicates nanocomposites part I: the recycling process of polypropylene and the mechanical properties of recycled polypropylene/organoclay nanocomposites. *J. Reinf. Plast. Compos.*, **27**, 1983–2000.
63. Brennan, L.B., Isaac, D.H., and Arnold, J.C. (2002) Recycling of acrylonitrileebutadieneestyrene and high impact polystyrene from waste computer equipment. *J. Appl. Polym. Sci.*, **86**, 572–578.
64. Elmaghor, F., Zhang, L., and Li, H. (2003) Recycling of high density polyethylene/poly(vinyl chloride)/polystyrene ternary mixture with the aid of high energy radiation and compatibilizers. *J. Appl. Polym. Sci.*, **88**, 2756–2762.
65. Arandes, J., Erena, J., Azkoiti, M., Olazar, M., and Bilbao, J. (2003) Thermal recycling of polystyrene and polystyrene-butadiene dissolved in a light cycle oil. *J. Anal. Appl. Pyrolysis*, **70**, 747–760.
66. Fradet, A. and Tessier, M. (2003) in *Synthetic Methods in Step-Growth Polymers* (eds M.E. Rogers and T.E. Long), John Wiley & Sons, Inc., New Jersey, p. 17.
67. Gargiulo, C. and Belletti, G. (1997) Polyester fiber from 100% recycled PET bottles apparel. *Chem. Fibers Int.*, **47**, 16–20.
68. Sivaram, S. (1997) Proceedings of National Seminar on Recycling and Plastics Waste Management, September 24–26, 1997, pp. 283–288.
69. Baciu, D., Chiritescu, P., and Dudeanu, E. (1993) Method and installation for waste exploitation in polyester yarns. Patent RO103337.
70. Boos, F., Schnittker, N., and Seelig, J. (1998) Production of polyethylene terephthalate from waste PET. Patent DE19643479.
71. Pilati, F., Toselli, M., Stramigioli, C., Baldi, G., Capra, M., Osella, M. *et al.* (1996) Process to prepare bis (2-hydroxyethyl) terephthalate. Patent EP723951.
72. Shukla, S.R. and Kulkarni, K.S. (2002) Depolymerization of poly(ethylene terephthalate) waste. *J. Appl. Polym. Sci.*, **85**, 1765–1770.
73. Navarro, R., Ferrandiz, S., Lopez, J., and Segui, V.J. (2008) The influence of

polyethylene in the mechanical recycling of polyethylene terephthalate. *J. Mater. Process. Technol.*, **195**, 110–116.
74. Fonseca, R., Ingunza, I., Rivas, B., Arnaiz, S., and Ortiz, J.I. (2010) Chemical recycling of postconsumer PET wastes by glycolysis in the presence of metal salts. *Polym. Degrad. Stab.*, **95**, 1022–1028.
75. Shi, G., He, L., Chen, C., Liu, J., Liu, Q., and Chen, H. (2011) A novel nanocomposite based on recycled Poly(ethylene terephthalate)/ABS blends and nano-SiO_2. Trans Tech Publications. *Adv. Mater. Res.*, **150–151**, 857–860.
76. Pingale, N.D. and Shukla, S.R. (2008) Microwave assisted ecofriendly recycling of poly (ethylene terephthalate) bottle waste. *Eur. Polym. J.*, **44**, 4151–4156.
77. Fonseca, R., Ingunza, I., Rivas, B., Giraldo, L., and Ortiz, J. (2011) Kinetics of catalytic glycolysis of PET wastes with sodium carbonate. *Chem. Eng. J.*, **168**, 312–320.
78. Welle, F. (2011) Twenty years of PET bottle to bottle recycling—An overview. *Resources, Conservation and Recycling*, **55** (11), 865–875, doi: 10.1016/j.resconrec.2011.04.009
79. Achilias, D., Tsintzou, G., Nikolaidis, A., Bikiaris, D., and Karayannidis, G. (2011) Aminolytic depolymerization of poly(ethylene terephthalate) waste in a microwave reactor. *Polym. Int.*, **60**, 500–506.
80. Achilias, D., Redhwi, H., Siddiqui, M., Nikolaidis, A., Bikiaris, D., and Karayannidis, G. (2010) Glycolytic depolymerization of PET waste in a microwave reactor. *J. Appl. Polym. Sci.*, **118**, 3066–3073.
81. Tartakowsk, Z. (2010) Recycling of packaging multilayer films: new materials for technical products. *Resour. Conserv. Recycl.*, **55**, 167–170.
82. Blythe, A.R. and Bloor, D. (2005) *Electrical Properties of Polymers*, Cambridge University Press, Cambridge.
83. Pionteck, J. and Wypych, G. (2007) *Handbook of Antistatics*, ChemTec Publishing Inc, Toronto.
84. Kawamura, Y. and Suzuki, H. (2005) LCA evaluation of waste home appliances recycling. *Resour. Process.*, **52** (4), 199–202 [in Japanese, with English abstract].
85. Sanou, M. and Fujisaki, K. (2001) Environmental assessment for treatment of used electric and electronic appliances. *J. Jpn. Soc. Des. Eng.*, **36** (11), 473–478 [in Japanese].
86. Ito, Y., Mori, S., and Dowaki, K. (2004) A model of the recycling of electric appliances in Kanto Area. Technical Meeting on Metabolism Society and Environmental Systems. Japan: Institute of Electrical Engineers, August 11, 2004, pp. 15–20 [in Japanese, with English abstract].

5 橡胶回收

Valiya Parambath Swapna，Ranimol Stephen

5.1 引言

橡胶的最大单一应用是制造轮胎。据一项专门针对橡胶行业的调研显示，世界每年橡胶制品的消费量和废弃量均以数百万吨计。图 5.1 是根据 2014 年公布的数据所编制的全球橡胶生产、消费及需求过剩百分比的统计图[1]。天然橡胶(NR)和合成橡胶(SR)应用于各行各业，总的来说，可分为两大领域，即轮胎领域和一般橡胶制品(GRG)领域，大约 50%的橡胶用于制造轮胎，50%用于制造 GRG。调研报告显示[2]，每年生产约 17 亿个新轮胎，报废 10 亿多个废旧轮胎，废橡胶处理是一个全球性问题。2015 年全球 NR 需求量预测将增长 4.4%，相应地废橡胶产生量也将有所增加。预计到 2023 年，NR 的消费量将从 2015 年的 1240×10^4t 增加到 1700×10^4t，SR 的需求量将从 2015 年的 1680×10^4t 增加到 2200×10^4t[3]。针对橡胶生产和消费量增长速度的估算，从侧面佐证了每年废橡胶将以百万吨级的速度增长。

废弃的轮胎和 GRG 造成了严重的健康和环境污染等问题。废旧轮胎中包含大量的填料、钢丝帘线、有机和无机成分，是不可生物降解的，其堆放是人类面临的主要环境问题之一。全球很多机构现在正在对废旧轮胎和其他橡胶制品进行回收，从而避免对环境造成严重污染。

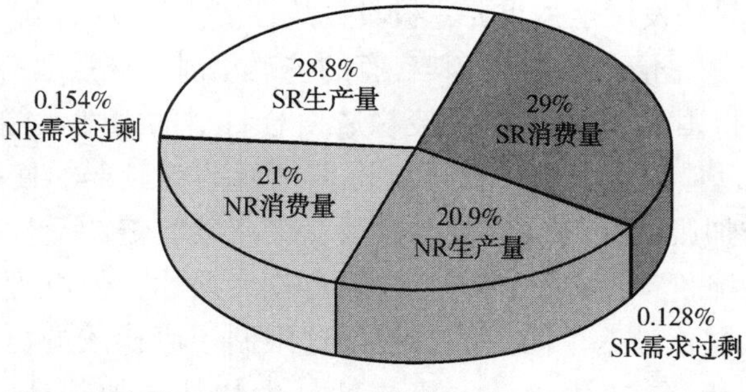

图 5.1　全球天然橡胶 NR 和合成橡胶 SR 生产和消费量

5.2 橡胶

NR 是从橡胶树流出的液体中提取出来的，由天然的异戊二烯单体组成。NR 为顺-1,4-聚异戊二烯，其结构如图 5.2 所示。NR 最初用于生产体育用品。1839 年，Charles Goodyear 对硫化橡胶的伟大发现是一个重大突破，引发了橡胶在各行各业中的广泛应用。橡胶硫化后，其强度、弹性、耐热性、耐电性、气密

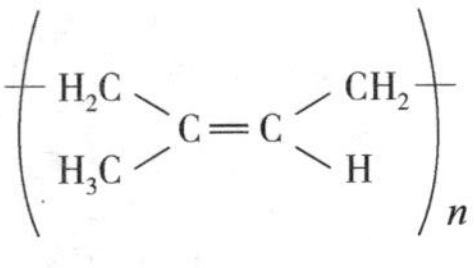

图 5.2 天然橡胶 NR 的化学结构

性、耐磨性等物理性能均得到改善。

SR 是由各种有机单体聚合而成的，常见的有丁苯橡胶（SBR）、乙丙二烯橡胶（EPDM）、丁腈橡胶（NBR）、丁基橡胶（IIR）和乙烯-醋酸乙烯酯共聚物（EVA）。与 NR 相比，SR 的物理性能有显著变化。

NR 具有较高的抗拉强度，优良的弹性和韧性，良好的抗撕裂性、屈挠性和耐磨性。拉伸后，可在 NR 中形成结晶，这使其在天然状态下就具有很高的强度。在拉伸过程中，分子链会沿着应力方向产生取向并重排形成结晶。NR 的主要缺点是耐脂肪族和芳香族有机溶剂及汽油性能差，容易与氧和臭氧发生氧化。NR 具有滞后损失小、生热低的特性。此外，橡胶是一种很好的热和电的绝缘体，因此广泛用于制造绝缘电缆和其他电工材料。橡胶可以通过加入各种导电填料，如炭黑、碳纳米管、金属粉末和陶瓷来导电。有些 SR 表现出与 NR 相似的性质，而有些 SR 与 NR 有显著差异[4]。

5.3 橡胶产品回收利用

垃圾填埋场中的废橡胶降解需要数百年，长期露天堆放易产生大量有毒气体，滋生蚊虫并传播疾病，还容易引发火灾，从而造成严重的空气污染和水污染[5,6]。废橡胶的回收利用是保护环境和节省石油资源的最佳途径。废橡胶通常用作水泥窑和造纸厂的燃料。从废旧轮胎中回收能量和材料具有很高的商业应用价值。美国是世界上最大的废轮胎生产国，2009 年产生 2.918 亿条废轮胎。欧盟每年也产生 340×10^4t 废轮胎。鉴于废橡胶会带来危害，所有发达国家最近都颁布了有关废橡胶处理的相关法律法规。以环境安全、经济有效的方式对废橡胶进行回收利用对世界的发展至关重要，极具挑战性。废橡胶在回收过程中的主要问题是使硫化物断键而不破坏主链，其含有的抗氧化剂、补强填料、固化剂和炭黑也使回收过程变得困难。天然橡胶/废橡胶复合材料的力学性能较差，主要是由于废橡胶表面的反应位点较少，且反应位点之间的键较弱。使废橡胶表面的硫键裂解，可以增加废橡胶的反应位点数量，提高碳氢链的活性。实业公司对可以生产高质量且廉价橡胶产品的再生橡胶有较大兴趣，但由于橡胶制品的交联结构导致其回收并不是一个简单的过程，这限制了废橡胶的再加工[7-10]。有效的废橡胶脱硫方法包括化学法、机械法、生物法、加热法、微波法和超声波法[11-13]。

5.3.1 化学法

氧化裂解、臭氧分解、氢化反应、催化反应、复分解反应和环化反应等化学反应是橡胶循环利用的重要途径，这些反应在将橡胶降解为低相对分子质量（MW）产品方面具有很大的潜力[14-19]。通过对 NR 进行化学氧化，有可能生成端羰基功能化低聚物，对其进行功能化改性，可以生成各种各样的遥爪低聚物[20]。

高碘酸(H_5IO_6)是一步破坏NR双键的最佳氧化剂，主要用于废旧轮胎橡胶的回收[21,22]。H_5IO_6无毒且非常廉价，可以以可控的方式高效降解NR。在H_5IO_6降解NR过程中，首先是碳-碳双键进行环氧化反应，然后是环氧键裂解反应，生成链末端为羰基的遥爪低聚物，它可以作为合成交联、线型和嵌段共聚物的前驱体[23]。

N_2O是另一种有趣的氧化剂，它通过与C═C键发生1,3-偶极环加成反应，选择性氧化烯烃生成羰基化合物(主要是酮类)，由于C═C键的断裂，导致聚合物的初始相对分子质量降低。N_2O仅与C═C键反应，与其他键不反应[24-26]。N_2O破坏了废轮胎片和橡胶粉末中的硫化键，并将其转化为可回收产品(图5.3)。随着C═C键转变为酮类，硫化键的断裂程度增加[27-31]。

图5.3　使用N_2O对废轮胎进行再生(Dubkov等[27])

通过氧化降解环氧化中间体是生产高性能遥爪液体聚合物的先进技术[32,33]。CH_3COOH/H_2O_2等常规的环氧化体系对NR的环氧化效率很低。将钨酸钠(Na_2WO_4)与常规的CH_3COOH/H_2O_2体系相结合，可制备出一种新的催化体系，该催化体系大大提高了NR的环氧化和降解效率。同时，$Na_2WO_4/CH_3COOH/H_2O_2$降解体系通过引发水解反应产生低相对分子质量的端羰基遥爪NR[34-36]。

烯烃复分解是废橡胶降解的另一种化学方法，在复分解过程中，烯烃碳原子之间的双键通过断裂和重组发生重排[37]。不饱和聚合物的复分解可以通过使用过渡金属-碳烯络合物作为催化剂来实现，如钨、锇、钌和钼等不同金属的配合物[17,38-40]，其中Schrock催化剂和Grubbs催化剂(钌基催化剂)更有效[37]。废橡胶通过复分解反应产生端基化遥爪低聚物。采用第二代Grubbs催化剂降解SBR和合成聚异戊二烯，可获得低相对分子质量乙酰基遥爪低聚物。通过改变Ru与聚异戊二烯的比例，可以调节所得低聚物的相对分子质量。以原生橡胶为原料制备的遥爪低聚物可作为合成线性交联聚合物或嵌段共聚物的前驱体[41]。

为了提高效率，大多数回收技术都是在脱硫剂作用下进行的。有机二硫化物、硫醇、脂肪胺、三烷基亚磷酸和三苯基膦均是常用的脱硫剂[11,42]。以超临

界 CO_2为反应介质时，二苯基二硫(DD)是 NR 和丁基橡胶的最佳脱硫剂。同时，超临界 CO_2具有便宜、无毒、不燃、化学惰性好的优点，且可以通过减压很容易地将其去除，是一种很好的脱硫反应介质[43-45]。

三苯基膦具有将多硫化物转化为一硫化物或二硫化物的能力。使用丙硫醇、正己烷-1-硫醇或哌啶可以有效地去除多硫化物。二硫苏糖醇能把二硫键变成硫醇键。碘甲烷也可用于高效脱硫。

5.3.2 物理法

交联分子结构是橡胶类材料回收的主要难点之一，因此，为了获得更好的橡胶再生料，从硫化橡胶的脱硫和废橡胶颗粒的表面改性两方面介绍几种物理再生法，主要有微波脱硫再生法、超声波脱硫再生法和力化学再生法。

5.3.2.1 力化学再生法

由于 S—S 交联键的存在，通常采用力化学技术回收废橡胶。高剪切机械研磨技术可用于回收废橡胶，并使其交联程度有所降低[46]，该过程不需要任何化学药剂来脱硫，因此也不会产生副产品。Das 及其同事[47,48]在敞开式双辊研磨机中进行脱硫实验，反应温度为 110℃，反应时间为 10min，结果表明，该技术回收的再生橡胶的性能可以达到原生硫化橡胶的 70%~80%。基于应力诱导的结构变化和化学反应使橡胶产品脱硫技术既操作简单又经济环保。Lu 等[49,50]在一个特殊设计的盘碾机式力化学反应器中对 NR 进行了脱硫，对废橡胶研磨了近 30 次，随着研磨次数的增加，再生橡胶的力学性能也有所提高。力化学脱硫的另一种方法是首先对废橡胶进行化学处理然后再进行双辊研磨，常用的化学药剂为苯甲酸(78%)、氧化锌(5%)、硬脂酸(5%)、对苯二酚(8%)和松香(4%)的混合物[51]。苯甲酸的作用是提供质子，使硫键断裂，使硫钝化。

Cavalieri 等[52]分析了在酚类抗氧化剂存在条件下机械研磨对废橡胶脱硫过程的影响，并对高能球磨获得的再生样品进行表征，结果表明，在抗氧化剂存在条件下高分子聚合物 C—C 链和硫交联链仍断裂。

5.3.2.2 微波脱硫再生法

微波技术是一种有效的回收橡胶的方法，该技术通过减少处理时间和降低能量来改善降解过程，另一个优点是可以连续地和大批量地处理废橡胶。橡胶与电磁场之间分子相互作用导致微波辐射被吸收，提高了材料的温度，该过程使用微波能量(300MHz~300GHz)可以破坏橡胶中的 S—S 和 S—C 交联，而不破坏聚合物主链中的 C—C 键。微波处理通过热机械工艺将热固性橡胶的三维网络结构重塑，从而得到再生产品[53-55]。微波加热可以通过与机械处理相结合来改善废橡胶再生过程。微波脱硫再生技术可有效回收 SBR 工业废料(一种热塑性聚合物)，在微波处理 SBR 过程中，主要是多硫化物、亚硫酰基和硫化基团三种硫键断裂，并以 SO_2和低相对分子质量挥发性有机化合物的形式释放。由于单硫交联键的解离能(302kJ/mol)高于二硫化物(273kJ/mol)和多硫化物(256kJ/mol)交联键能，因此大部分单硫交联键在微波作用下不发生断键。SBR 工业废料经微波脱硫再生后可用作复合材料的填料[56,57]。

5.3.2.3 超声波脱硫再生法

超声波脱硫再生法是回收橡胶最复杂的方法，该过程通常使用高于 20kHz 的高频超声波使橡胶三维结构断裂。由于不需要任何化学药剂，这种处理方法在工业上非常有吸引力。超声波处理后的橡胶材料变得柔软可塑，可以像未硫化的橡胶一样进行成型和再加工。反应料管温度、超声波振幅、流动速率以及间隙大小等工艺条件对脱硫过程均有影响。超声波脱硫再生技术可应用于 NR、SR、废轮胎橡胶、丁二烯橡胶、SBR、聚氨酯橡胶、乙烯-丙烯-二烯橡胶等。

超声波装置包括进料螺杆、超声波电源、变频器，以及 1∶1 的变幅杆，其中变幅杆为水冷焊头 20kHz 的纵向振动提供一个可选的振幅。橡胶通过进料螺杆被输送到挤出机，如图 5.4 所示，进料速率影响橡胶的流动速率，橡胶从挤出机进入焊头和模板之间的间隙，然后在垂直于流动方向上发生纵向振动。水冷夹套用于冷却反应器，防止其因超声波而逐渐变热。超声波的振幅以及停留时间决定了脱硫程度[58]。槽式桶形反应器能够连续脱硫，产量高达 2.53g/s[13,53,59,60]。脱硫过程中，部分交联键的断裂产生了两相材料，一种可溶且硫完全脱除，叫作溶胶；另一种不可溶，交联密度大幅降低，叫作凝胶。脱硫是一种热机械过程，该过程中硫交联链和主链 C—C 键均发生断裂。因此，橡胶的脱硫过程伴随着部分聚合物的降解，导致脱硫后的橡胶与原胶的性能不同[61]。

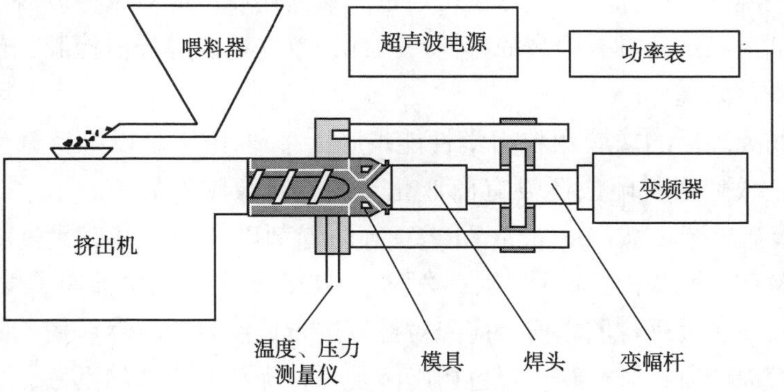

图 5.4 锥形腔超声波反应器[58]

丁基橡胶(异丁烯和异戊二烯的共聚物)经超声波处理后，固化行为和物理性能均发生变化，相对分子质量降低，其性能与超声波振幅密切相关[62,63]。

5.3.2.4 双螺旋挤出机

该方法在工业中得到广泛应用。利用同向旋转双螺杆挤出机对 NR 和 EPDM 橡胶脱硫是一种非常有效、简便且有前景的方法。温度、螺杆转速、螺杆结构和脱硫剂是决定脱硫效率和产品质量的重要参数。该方法具有可连续加工、处理速度快的优点。同向旋转双螺杆挤出机转速可以达到1000~3000r/min，并对挤压材料施加强大的剪切应力，这种剪切应力和挤出机产生的温度导致了废橡胶中交联结构的断裂[64-67]。

5.3.3 生物脱硫法

近年来，关于生物法回收橡胶的研究有很多。生物降解是指在细菌、真菌或其他微生物存在的环境下，通过微生物合成的酶使橡胶发生降解的过程[68-70]。从保护能源和环境的角度来看，微生物法优于物理法或化学法，物理再生法消耗巨大的能量，而化学过程则会释放出 SO_x、CO_2 等有毒副产品，造成二次污染。有研究表明，利用代谢不全硫杆菌对废橡胶进行微生物脱硫，30天后，橡胶中硫含量降低到30%，而利用二苯基二硫化物化学药剂对废橡胶进行化学脱硫，橡胶中硫含量仅降低8%[71]。生物法具有许多优点，如操作简单、对设备要求最低、不释放任何有毒化学物质、能量消耗最小、仅裂解橡胶表面的硫交联键而不会对主链造成任何重大破坏，这使得该工艺在橡胶回收方面最有前景。微生物脱硫法是橡胶再生利用中最成功的生物方法。微生物通过还原或氧化(硫转化为硫酸盐)和增加废橡胶表面活性位点有选择性地破坏橡胶中的硫交联键。由于橡胶与培养基之间的接触面不会产生吸引力，微生物只破坏橡胶表面的硫-硫交联键，脱硫过程包括两个阶段。利用该方法脱硫后的废橡胶可有效回收利用，具有技术经济优势。氧化亚铁硫杆菌、氧化硫硫杆菌和排硫硫杆菌是橡胶脱硫最常用的微生物。超高温古生菌强烈炽热球菌可通过厌氧硫还原反应对废橡胶脱硫，但橡胶中的添加剂对该细菌具有很高的毒性。因此，首先用乙醇浸泡橡胶，然后再用微生物对其进行处理。

微生物处理后的橡胶颗粒力学性能增强[72]，但由于难以维持微生物所需的生存环境，微生物脱硫法还没有商业化。此外，橡胶中的*N*-(1，3-二甲基丁基)-*N′*-苯基对苯二胺(Dusantox 6PPD)等防老剂以及四甲基硫代过氧化二碳酸二酰胺(TMTD)和四甲基硫代二碳二酰胺(TMTM)等促进剂也抑制了微生物生长。因此，在用细菌处理橡胶之前，应先对橡胶进行低温研磨，然后用乙醇浸泡杀死附着在其表面的有毒微生物。双色树脂菌是一种降解木质素的真菌，它可以消除橡胶产品中的有毒添加剂，并有利于脱硫细菌在含有橡胶的介质中生长。

典型的氧化亚铁硫杆菌长为1.0~1.5μm，直径为0.5μm，呈短棒状结构(图5.5)，在生物柴油炼制、冶金、橡胶脱硫等领域均有应用。在中国河北省新龙某铁矿的土壤中发现了氧化亚铁硫杆菌，该细菌对硫有极强的代谢活性，硫作为其能量来源被转化为 SO_4^{2-}，也就是说，氧化亚铁硫杆菌可以在废橡胶表面进行氧化脱硫反应，如图5.6所示[74]。微生物产生的酶对氧化反应有催化作用，提高了其对废橡胶的处理能力和表面反应活性。如果将氧化亚铁硫杆菌加入到培养基中，其生物量会迅速增加。然而，随着废橡胶的添加，氧化亚铁硫杆菌的生物量由于废橡胶表面存在残留的化学物质而减少，阻止了该细菌的生长。脱硫反应30天后，废橡胶中的硫含量降至7.8%，而橡胶表面的磺基增加。SO_4^{2-}浓度在20天内从4.56g/L增加到4.74g/L。在脱硫废橡胶中添加NR后，其力学性能较纯NR有所提高，这是由于废橡胶在脱硫过程中发生交联链断裂，使大分子链的分子间具有较强的渗透性，并与NR形成较强的界面作用力和化学键。废橡胶聚合物的主链不会被氧化亚铁硫杆菌氧化[73]。

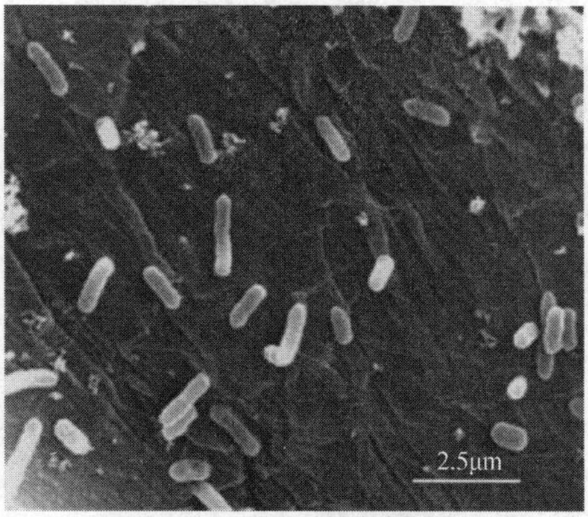

图5.5　氧化亚铁硫杆菌的环境扫描电子显微镜图像(Li等[73])

硫杆菌具有较强的硫氧化能力，常用于对废橡胶进行表面脱硫。由于NR与脱硫废橡胶之间的界面相互作用增强，从而使两者的复合材料表现出优异的力学性能。此外，硫杆菌可使废橡胶表面的氧含量增加30%左右[75]。

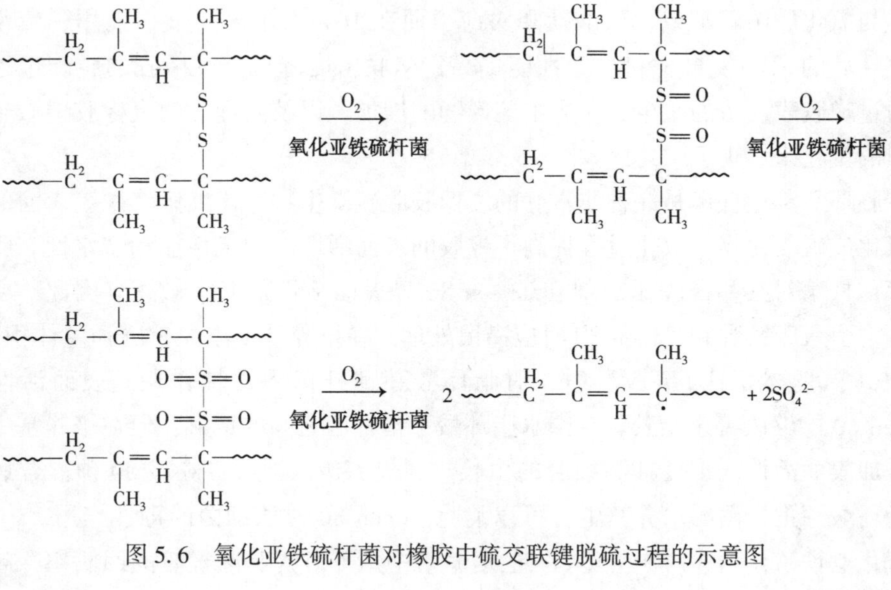

图5.6　氧化亚铁硫杆菌对橡胶中硫交联键脱硫过程的示意图

鞘氨醇单胞菌是一种能产生降解硫杂环化合物和多环芳烃酶的细菌，它是一种严格需氧的革兰氏阴性菌，该细菌长 1.5～2μm，直径 0.5μm，呈杆状（图 5.7），在中国四川省的某煤矿土壤中被发现。鞘氨醇单胞菌在前三天表现出较低的生物量，第三天在培养基中加入脱毒的废橡胶和葡萄糖时，脱硫过程开始，细菌的生长略有下降，但即使在废橡胶脱硫过程中仍保持良好生长状态。在不添加废橡胶只添加葡萄糖的情况下，鞘氨醇单胞菌生物量迅速增加。鞘氨醇单胞菌的代谢导致废橡胶中共轭双键断裂，使废橡胶表面的硫含量降低了 22.9%[76,77]。

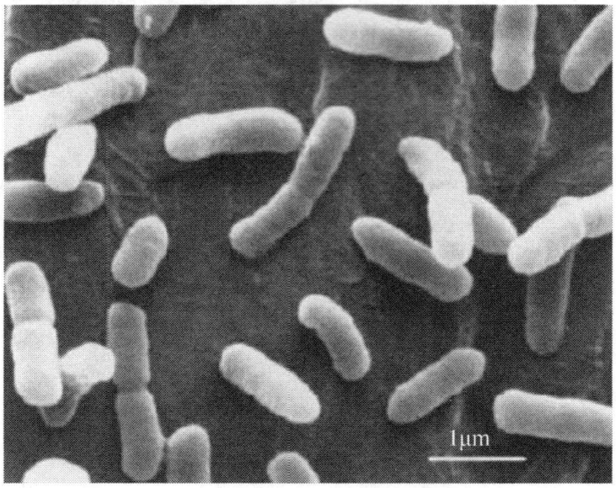

图 5.7　鞘氨醇单胞菌的环境扫描电子显微镜图像（Li 等[76]）

硫、亚硫酸盐和硫酸盐的结合能分别为 164eV、166～168eV 和 169～171eV。在 X 射线光电子能谱（XPS）中，脱硫后的废橡胶在 167～169eV 处有一个较大的峰，与氧化后的硫基或亚硫酸盐相对应，而在 164eV 处没有峰[78]。用脱硫废橡胶改性后的 SBR 复合材料力学性能提高，交联密度降低。废橡胶的脱硫过程可以通过橡胶表面硫的减少，介质中硫产物的增加，以及处理过的废橡胶中微生物性质的变化来体现。

脂环酸芽孢杆菌是一种非常好的废橡胶脱硫微生物，该细菌将橡胶表面的硫键氧化成硫氧化物，氧化过程提高了橡胶的表面活性、加工性能和亲水性。脂环酸芽孢杆菌对某些橡胶添加剂和 Tween 80 等表面活性剂非常敏感。因此，在培养基中引入废胶乳和 Tween 80 时应谨慎处理。在培养基中添加 2%（质量体积比）和 5%（质量体积比）废胶乳时，对脂环酸芽孢杆菌无毒性作用。表面活性剂 Tween 80 能够改善亲脂胶乳与亲水脂环酸芽孢杆菌之间的接触，但在培养基中单独添加表面活性剂则会抑制细菌的生长。通过将废胶乳与 Tween 80 预混合后加入脂环酸芽孢杆菌的培养基中，可以消除 Tween 80 对该细菌的毒性作用[79]。嗜酸氧化亚铁硫杆菌 YT-1 在含 Fe^{2+} 的培养基中培养可提高废橡胶的回收率，高浓度 Fe^{2+} 有利于该细菌的生长[80]。

放线菌、革兰氏阴性菌、革兰氏阳性细菌如马杜拉放线菌、芽孢杆菌、黄单胞菌、游动放线菌、小单孢菌、链霉菌等以及许多其他细菌种类被普遍用于降解废橡胶[81,82]。此外，腐皮镰刀细菌和丝状真菌可变青霉菌也有降解废橡胶的能力[69]。木质素降解菌属于担子菌属，具有直接对橡胶脱硫的能力，这种真菌可以氧化分解废橡胶中的硫化键，200 天内使橡胶含硫量降低 29%；与多硫化物中的 S—S 键相比，该菌优先使 S—C 键断裂，从而降低了废橡胶交联密度。白腐真菌污叉丝孔菌表现出与木质素降解菌完全相反的特性，它不能够降低硫化橡胶的重量或交联密度。木质素降解菌和污叉丝孔菌都是强大的木质素降解菌，并分泌过氧化锰(MnP)和漆酶(Lac)作为木质素降解酶[83]。

5.4 再生橡胶的应用

近年来，废橡胶得到了许多应用，它可以作为水泥窑、造纸厂和钢铁工业的补充燃料，道路铺设及建造建筑物的材料，海洋中垃圾衍生燃料及石油的吸收剂；也可以用于橡胶改性沥青和橡胶垫的制造、发电以及生产橡胶材料仿制品。

5.4.1 隔音材料

随着现代技术的迅速发展，降低噪声和处理废弃物已成为关系人类健康和生态系统的重要问题。人口持续增长和生活质量提高是造成污染失控的主要因素。发达国家已经开始对废弃物和噪声污染采取法律补救措施[7,84,85]，因此开发新型环保、高性价比、轻质、高质量的适用于各种频率的隔音材料至关重要。现有的技术无法制造出完全隔绝声音的材料。最近，利用再生橡胶开发的隔音材料具有良好的吸声性能，令人鼓舞的是与任何其他商业产品相比，该材料既经济有效又对环境友好。是将各种工业橡胶废料转化为良好的吸声剂，从而可以解决现有的声音和环境污染问题。这类材料可用于建筑地板，以达到更好的隔音效果。与现有的商业衬层相比，用该材料作为衬层具有更好的降噪性能。因此，与传统地板相比，用再生橡胶制造的低成本地板具有更好的隔音效果，甚至很薄的衬层就表现出更好的隔音性能[9,86-88,116]。

使用保温性能好的材料是建筑施工的最佳选择，这些材料有可能减少能源的使用，并有助于减少噪声和环境污染以及阻止全球变暖。由于混凝土墙密度较高，其保温性能比黏土砖墙差。橡胶粉混凝土的孔隙率低于普通混凝土，由于水泥浆中气泡或混凝土中多孔骨料的存在，使得普通混凝土的吸声量增大，从而导致声能在孔隙中耗散。在橡胶粉混凝土中，橡胶减少了混凝土中的透水空隙[89]。

橡胶粉混凝土的密度低于普通混凝土。普通混凝土的密度约为 2530kg/m^3，橡胶粉混凝土的密度约为 1800~2100kg/m^3。与普通混凝土相比，橡胶粉混凝土传热系数低，保温性能好，吸声性能好，噪声低，且导热系数低。吸声系数(α)或降噪系数(NRC)代表材料的吸声能力，废橡胶混凝土吸声性能较好，与普通混凝土相比，甚至能够吸收更高的频率范围。同时，与普通混凝土相比，橡胶混凝土的导热系数(k)更低，传热速率更差，因此保温性能更好[90]。交通噪声污染经常造成严重的环境问题，因此隔音材料在控制噪声方面越来越重要。由于木材和再生橡胶都是黏弹性材料，木材与废轮胎橡胶的复合材料具有良好的隔音性能。黏弹性材料比非黏弹性材料具有更好的声阻性能[91]。

5.4.2 土木工程应用

废橡胶在土木工程中有许多应用，例如，用作硅酸盐水泥混凝土的添加剂，沥青路面混合料的改性剂，轻质填料，用于轮胎、防撞护栏和人工鱼礁等。橡胶粉与沥青黏结剂表现出良好的相容性和相互作用，从而提高了橡胶沥青路面的性能。与沥青混合料相比，再生橡胶在硅酸盐水泥混凝土中的应用还没有蓬勃发展起来，这与橡胶粉与水泥浆之间的化学成分不相容以及硬度上差异巨大有关[92-96]。废橡胶是建筑物和道路的天然候选材料。在许多国家，尤其是西班牙，废轮胎橡胶粉应用于道路建设中的情况有所增加。采用湿法将沥青添加到橡胶屑中，沥青路面的物理和化学性能均得到了提高；此外，这还有助于减少路面加铺层的厚度，非常经济。废橡胶粉改性黏结剂也可以降低车辆轮胎与路面相互作用产生的声音[97-99]。

5.4.3 吸油剂

海洋环境中的原油及各种石油制品不断增长，并且海洋石油运输也导致了严重的石油污染，因此防止溢油对保护生态系统至关重要[100]。商业化的吸油材料成本较高，限制了它们的使用。廉价易得的废橡胶可以作为吸油剂，防止海洋环境中的石油污染，这对橡胶回收产业的发展也非常有利。再生橡胶由于其拥有疏水亲油和柔韧的特性，是一种优良的烃类吸收剂或吸油剂[101-103]。

Ecosol 是一种市售的吸油剂，它具有很高的孔隙率，吸油速率非常快，每克吸附剂可吸收 103.3g 机油，但 Ecosol 只能用一次，不能重复使用。此外，Ecosol 非常昂贵，成本约为 65 美元/kg。相比之下，废轮胎橡胶非常便宜，每克吸附剂可吸收 2.2g 机油，是非常有竞争力的商业吸附剂。值得注意的是，废轮胎橡胶作为吸附剂可以重复使用 100 次以上，并且不降低其吸油效率。当橡胶的粒径和应用环境温度降低时，吸附效率提高[104]。

然而，废橡胶的吸油能力仍明显低于现有的商业吸油剂。可以通过接枝共聚或共混对废橡胶进行改性。将 4-叔丁基苯乙烯(tBS)接枝到废橡胶表面可将其吸油性能提高到 24.0g/g。此外，化学交联剂也会影响橡胶材料的吸油性能[105,106]。

石油衍生物是水污染的主要来源，石油中的甲苯、二甲苯、乙苯等化合物会使水污染更加严重，这些化合物对人体健康造成严重威胁。甲苯和二甲苯化合物会对人体的肾脏、肝脏甚至中枢神经系统造成损害。废轮胎再生橡胶是一种高效且经济的吸油剂，它能有效去除水中的有机物。当水溶液中有机物浓度为5μL/L时，按5g/L的比例向其中加入橡胶粉，30min内可将水溶液中81%的二甲苯和60%的甲苯去除掉[107]。

5.4.4 发电

废轮胎的另一个重要用途是发电。废橡胶是一种很好的燃料，其热值在工业废弃物中是最高的，甚至可以替代煤，约为3.3×10^4kJ/kg。废轮胎在热解过程中产生油、焦炭和气体，反应器的设计、反应温度及原料都会对最终产物造成影响。以废轮胎为燃料可以减少柴油的消耗，还在混凝土生产和发电中得到应用。在550℃、常压下，废轮胎热解产生油、焦炭和气体，但油品为主要产品。轮胎衍生油主要由C_5~C_{24}脂肪族化合物和芳香族化合物组成，其性质与市面上可买到的燃料相似；气体主要由甲烷、正丁烷、CO、CO_2和H_2组成，可以通过热电联产涡轮机转化为电能[108-110]。

5.4.5 锌肥

锌是植物生命所必需的元素，缺锌在小麦种植区是常见的现象。$ZnSO_4$等商业锌肥镉含量较高，会污染土壤、植物，甚至食物链[111,112]。废橡胶可以是农作物锌和其他一些营养物质的良好来源，且其价格可能比商业化的硫酸锌肥料便宜得多。这是因为橡胶粉是一种无害化的锌肥源，橡胶产品在生产过程中使用的是提纯后的锌，因此从用橡胶粉施肥的土壤中生长出来的的植物不会受到铅或镉污染的危害。对于大多数成年植物来说，4~200mg/kg锌就足够了，但在橡胶粉施肥的酸性土壤中生长出来的植物含有的锌往往超过200mg/kg，这是因为酸性介质增强了锌的吸收能力[113-116]。

5.5 结论

随着现代世界的快速发展，橡胶制品的使用量也大大增加，使用后的橡胶材料被丢弃在自然环境中。预计到2015年，全球橡胶总消耗量将增长至2920×10^4t，废橡胶产量将上升至400×10^4t，从可持续发展的角度看无论对环境、社会和经济来讲，都是严重的问题。由于硫在聚合物链中形成了交联网络，使得硫化橡胶具有稳定的三维结构，再加上稳定剂等添加剂的存在，导致橡胶自然降解是非常困难的。废橡胶的回收利用虽然取得了很大的进展，但如何有效地回收硫化废旧橡胶仍然是一个挑战。

参 考 文 献

1. Rubber Statistical Bulletin, International Rubber Study Group (IRSG), Rubber Statistical Bulletin, **69**, 10–12, April–June 2015.
2. Sekhar, G.B. (2014) Proceedings of the Tire Technology Expo, Tire Technology Expo, Cologne, Germany.
3. IRSG (2014) Report from International Rubber Study Group (IRSG), 08 July 2014.
4. Blow, C.M. (1982) *Rubber Technology and Manufacture*, 2nd edn, Butterworth Scientific.
5. Isayev, A.I. (2005) *Science and Ttechnology of Rubber*, 3rd edn (eds J.E. Mark, B. Erman, and F.R. Eirich), Elsevier Inc, pp. 663–701. ISBN: 978-0-12-464786-2.
6. Fukumori, K., Matsushita, M., and Mouri, M. (2006) Dynamic devulcanization and dynamic vulcanization for recycling of crosslinked rubber. *Kautsch. Gummi Kunstst.*, **59**, 405–411.
7. Morillas, J.M.B., Escobar, V.G., Gozalo, G.R., and Gómez, R.V. (2010) Possible relation of noise levels in streets to the population of the municipalities in which they are located. *J. Acoust. Soc. Am.*, **128**, 86–92.
8. Singh, S., Nimmo, W., Gibbs, B.M., and Williams, P.T. (2009) Waste tyre rubber as a secondary fuel for power plants. *Fuel*, **88**, 2473–2480.
9. Santini, A., Morselli, L., Passarini, F., Vassura, I., Carlo, S.D., and Bonino, F. (2011) End-of-life vehicles management: Italian material and energy recovery efficiency. *Waste Manage.*, **31**, 489–494.
10. Abraham, E., Cherian, B.M., Elbi, P.A., Pothen, L.A., and Thomas, S. (2011) Recent advances in the recycling of rubber waste in *Recent Developments in Polymer Recycling* (eds A. Fainleib and O. Grigoryeva), 47–100. ISBN: 978-81-7895-524-7.
11. De, D., Das, A., De, D., Dey, B., Debnath, S.C., and Roy, B.C. (2006) Reclaiming of ground rubber tyre (GRT) by a novel reclaiming agent. *Eur. Polym. J.*, **42** (4), 917–927.
12. Sombatsompop, N. and Kumnuantip, C. (2006) Comparison of physical and mechanical properties of NR/carbon black/reclaimed rubber blends vulcanized by conventional thermal and microwave irradiation methods. *J. Appl. Polym. Sci.*, **100** (6), 5039–5048.
13. Sun, X.M. and Isayev, A.I. (2007) Ultrasound devulcanization: comparison of synthetic isoprene and natural rubbers. *J. Mater. Sci.*, **42** (17), 7520–7529.
14. Fan, P. and Lu, C. (2011) Surface graft copolymerization of poly(methyl methacrylate) onto waste tire rubber powder through ozonization. *J. Appl. Polym. Sci.*, **122**, 2262–2270.
15. Mahittikul, A., Prasassarakich, P., and Rempel, G.L. (2009) Hydrogenation of natural rubber latex in the presence of [Ir(cod)(PCy3)(py)]PF6. *J. Mol. Catal. A: Chem.*, **29**, 135–141.
16. Klinklai, W., Kawahara, S., Mizumo, T., Yoshizawa, M., Sakadapipanich, J.T., Isono, Y. *et al.* (2003) Depolymerization and ionic conductivity of enzymatically deproteinized natural rubber having epoxy group. *Eur. Polym. J.*, **39** (8), 1707–1712.
17. Solanky, S.S., Campistron, I., Laguerre, A., and Pilard, J.F. (2005) Metathetic selective degradation of polyisoprene: low-molecular-weight telechelic oligomer obtained from both synthetic and natural rubber. *Macromol. Chem. Phys.*, **206**, 1057–1063.
18. Lena, J.I.C., Sesenoglu, Ö., Birlirakis, N., and Arseniyadis, S. (2001) Oxidative cleavage of unsaturated 1,2-diols using chiral lead-tetracarboxylates obtained by in situ metathesis. *Tetrahedron Lett.*, **42**, 21–24.
19. Riyajan, S.A., Tanaka, Y., and Sakdapipanich, J.T. (2007) Preparation of cyclized deproteinized natural rubber in latex state via a combination of benzotrichloride and sulfuric acid system, and its properties. *Rubber Chem. Technol.*, **80**, 365–377.
20. Pilard, J.F., Campistron, I., Sadaka, F., and Laguerre, A. (2015) Method for preparing telechelic oligomers from tire waste. US Patent 8962765 B2.

21. Phinyocheep, P., Phetphaisit, C.W., Derouet, D., Campistron, I., and Brosse, J.C. (2005) Chemical degradation of epoxidized natural rubber using periodic acid: preparation of epoxidized liquid natural rubber. *J. Appl. Polym. Sci.*, **95**, 6–15.
22. Ritoit, S.G., Reyx, D., Campistron, I., Laguerre, A., and Singh, R.P. (2003) Telechelic *cis*-1,4-oligoisoprenes through the selective oxidolysis of epoxidized monomer units and polyisoprenic monomer units in *cis*-1,4-polyisoprenes. *J. Appl. Polym. Sci.*, **87**, 42–46.
23. Sadaka, F., Campistron, I., Laguerre, A., and Pilard, J.F. (2012) Controlled chemical degradation of natural rubber using periodic acid: application for recycling waste tyre rubber. *Polym. Degrad. Stab.*, **97**, 816–828.
24. Panov, G.I., Dubkov, K.A., and Kharitonov, A.S. (2009) in *Modern Heterogeneous Oxidation Catalysis* (ed. N. Mizuno), Wiley-VCH Verlag GmbH & Co. KGaA, Weinheim, pp. 217–252.
25. Hermans, I., Moens, B., Peeters, J., Jacobs, P., and Sels, B. (2007) Diazo chemistry controlling the selectivity of olefin ketonisation by nitrous oxide. *Phys. Chem. Chem. Phys.*, **9**, 4269–4274.
26. Starokon, E.V., Dubkov, K.A., Babushkin, D.E., Parmon, V.N., and Panov, G.I. (2004) Liquid phase oxidation of alkenes with nitrous oxide to carbonyl compounds. *Adv. Synth. Catal.*, **346**, 268–274.
27. Dubkov, K.A., Semikolenov, S.V., Ivanov, D.P., Babushkin, D.E., Panov, G.I., and Parmon, V.N. (2012) Reclamation of waste tyre rubber with nitrous oxide. *Polym. Degrad. Stab.*, **97**, 1123–1130.
28. Avdeev, V.I., Ruzankin, S.P., and Zhidomirov, G.M. (2003) Mechanism of direct oxidation of cyclohexene to cyclohexanone with nitrous oxide. Theoretical analysis by DFT method. *Chem. Commun.*, **1**, 42–43.
29. Semikolenov, S.V., Dubkov, K.A., Ivanov, D.P., Babushkin, D.E., Matsko, M.A., and Panov, G.I. (2009) Ketonisation of a nitrile-butadiene rubber by nitrous oxide. Comparison with the ketonisation of other type diene rubbers. *Eur. Polym. J.*, **45**, 3355–3362.
30. Dubkov, K.A., Semikolenov, S.V., Babushkin, D.E., Echevskaya, L.G., Matsko, M.A., Ivanov, D.P. *et al.* (2006) New reaction for the preparation of liquid rubber. *J. Polym. Sci., Part A*, **44**, 2510–2520.
31. Ivanov, D.P., Dubkov, K.A., Babushkin, D.E., Semikolenov, S.V., and Panov, G.I. (2009) Ketonisation of 1,5 cyclooctadiene by nitrous oxide. *Adv. Synth. Catal.*, **351** (11-12), 1905–1911.
32. Wang, Q.F., Zhang, X.W., Wang, L., and Mi, Z.T. (2009) Kinetics of epoxidation of hydroxylterminated polybutadiene with hydrogen peroxide under phase transfer catalysis. *Ind. Eng. Chem. Res.*, **48** (3), 1364–1371.
33. Mahha, Y., Salles, L., Piquemal, J.Y., Briot, E., Atlamsani, A., and Bregeault, J.M. (2007) Environmentally friendly epoxidation of olefins under phase-transfer catalysis conditions with hydrogen peroxide. *J. Catal.*, **249** (2), 338–348.
34. Zhang, J., Zhou, Q., Jiang, X.H., Du, A.K., Zhao, T., Kasteren, J., and Wang, Y.Z. (2010) Oxidation of natural rubber using a sodium tungstate/acetic acid/hydrogen peroxide catalytic system. *Polym. Degrad. Stab.*, **95**, 1077–1082.
35. Shi, H., Wang, X., Hua, R.M., Zhang, Z., and Tang, H. (2005) Epoxidation of alpha, beta unsaturated acids catalyzed by tungstate (VI) or molybdate (VI) in aqueous solvents: a specific direct oxygen transfer mechanism. *Tetrahedron*, **61** (5), 1297–1307.
36. Gregorio, J.R., Gerbase, A.E., Mendes, A.N.F., Marcico, P.D., and Rigo, A. (2005) Pre-determination of the epoxidation degree of polydienes using methyltrioxorhenium-CH_2Cl_2/H_2O_2 biphasic catalytic system. *React. Funct. Polym.*, **64** (2), 83–91.
37. Grubbs, R.H. (2004) Olefin metathesis. *Tetrahedron*, **60**, 7117–7140.
38. Schrock, R.R. and Hoveyda, A.H. (2003) Molybdenum and tungsten imido alkylidene complexes as efficient

olefin-metathesis catalysts. *Angew. Chem. Int. Ed.*, **42**, 4592–4633.
39. Castarlenas, R., Esteruelas, M.A., and Onate, E. (2005) N-heterocyclic carbene–osmium complexes for olefin metathesis reactions. *Organometallics*, **24**, 4343–4346.
40. Lapinte, V., Fontaine, L., Montembault, V., Campistron, I., and Reyx, D. (2002) Ring-opening metathesis polymerization (ROMP) of isomerically pure functional monomers and acyclic diene metathesis depolymerization (retro-ADMET) of functionalized polyalkenamers. *J. Mol. Catal. A: Chem.*, **190**, 117–129.
41. Sadaka, F., Campistron, I., Laguerre, A., and Pilard, J.F. (2013) Telechelic oligomers obtained by metathetic degradation of both polyisoprene and styrene butadiene rubbers. Applications for recycling waste tyre rubber. *Polym. Degrad. Stab.*, **98**, 736–742.
42. Rajan, V.V., Dierkes, W.K., Joseph, R.J., and Noordermeer, W.M. (2006) Recycling of NR based cured latex material reclaimed with 2,2′-dibenzamidodiphenyldisulphide in a truck tire tread compound. *J. Appl. Polym. Sci.*, **102**, 4194.
43. Kojima, M., Tosaka, M., and Ikeda, Y. (2004) Chemical recycling of sulfur-cured natural rubber using super critical carbon dioxide. *Green Chem.*, **6**, 84–89.
44. Jiang, K., Shi, J., Ge, Y., Zou, R., Yao, P., Li, X., and Zhang, L. (2012) Complete devulcanization of sulfur-cured butyl rubber by using supercritical carbon dioxide. *J. Appl. Polym. Sci.*, **127** (4), 2397–2406. doi: 10.1002/APP.37542
45. Kojima, M., Tosaka, M., Ikeda, Y., and Kohjiya, S. (2005) Devulcanization of carbon black filled natural rubber using supercritical carbon dioxide. *J. Appl. Polym. Sci.*, **95**, 137–143.
46. Zhang, X., Lu, C., Zheng, Q., and Liang, M. (2011) An environmental friendly approach for recycling of post-vulcanized fluoroelastomer scraps through high- shear mechanical milling. *Polym. Adv. Technol.*, **22**, 2104–2109.
47. Jana, G.K. and Das, C.K. (2005) Recycling natural rubber vulcanizates through mechanochemical devulcanization. *Macromol. Res.*, **13** (1), 30–38.
48. Jana, G.K., Mahaling, R.N., Rath, T., Kozlowska, A., Kozlowski, M., and Das, C.K. (2007) Mechanochemical recycling of sulfur cured natural rubber. *Polymery*, **52**, 131–136.
49. Zhang, X.X., Lu, C.H., and Liang, M. (2007) Devulcanisation of natural rubber vulcanisate through solid state mechanochemical milling at ambient temperature. *Plast. Rubber Compos.*, **36**, 370–376.
50. Zhang, X.X., Lu, C.-H., and Liang, M. (2007) Preparation of rubber composites from ground tire rubber reinforced with waste- tire fiber through mechanical milling. *J. Appl. Polym. Sci.*, **103**, 4087–4094.
51. Hassan, M.M., Aly, R.O., Abdel Aal, S.E., El- Masry, A.M., and Fathy, E.S. (2013) Mechanochemical devulcanization and gamma irradiation of devulcanized waste rubber/high density polyethylene thermoplastic elastomer. *J. Ind. Eng. Chem.*, **19**, 1722–1729.
52. Cavalieri, F., Padella, F., and Cataldo, F. (2003) Mechanochemical surface activation of ground tire rubber by solid-state devulcanization and grafting. *J. Appl. Polym. Sci.*, **90**, 1631–1638.
53. Leonellia, C. and Masonb, T.J. (2010) Microwave and ultrasonic processing: now a realistic option for industry. *Chem. Eng. Process.*, **49**, 885–900.
54. Bani, A., Polacco, G., and Gallone, G. (2011) Microwave-induced devulcanization for poly(ethylene-propylene-diene) recycling. *J. Appl. Polym. Sci.*, **120**, 2904.
55. Scuracchio, C.H., Waki, D.A., and da Silva, M.L.C.P. (2007) Thermal analysis of ground tire rubber devulcanized by microwaves. *J. Therm. Anal. Calorim.*, **87**, 893–897.
56. Zanchet, A., Carli, L.N., Giovanela, M., Brandalise, R.N., and Crespo, J.S. (2012) Use of styrene butadiene rubber industrial waste devulcanized by microwave in rubber composites for automotive application. *Mater. Des.*, **39**, 437–443.
57. Hirayama, D. and Saron, C. (2012) Chemical modifications in

styrene–butadiene rubber after microwave devulcanization. *Ind. Eng. Chem. Res.*, **51**, 3975–3980.
58. Massey, J.L., Parr, J.C., Wagler, T.A., Meerwall, E., Hong, C.K., and Isayev, A.I. (2007) Ultrasound devulcanization of unfilled natural rubber networks, studied via component molecular mobility. *Polym. Int.*, **56**, 860–869.
59. Feng, W. and Isayev, A.I. (2006) Recycling of tire-curing bladder by ultrasonic devulcanization. *Polym. Eng. Sci.*, **46** (1), 8–18. doi: 10.1002/pen.20449
60. Yun, J. and Isayev, A.I. (2003) Recycling of roofing membrane rubber by ultrasonic devulcanization. *Polym. Eng. Sci.*, **43**, 809.
61. Yun, J., Yashin, V.V., and Isayev, A.I. (2004) Ultrasonic devulcanization of carbon black–filled ethylene propylene diene monomer rubber. *J. Appl. Polym. Sci.*, **91**, 1646–1656.
62. Scuracchio, C.H. and Bretas, R.E.S. (2004) Blends of PS with SBR devulcanized by ultrasound: rheology and morphology. *J. Elastomers Plast.*, **36**, 145–175.
63. Feng, W. and Isayev, A.I. (2005) High-Power Ultrasonic Treatment of Butyl Rubber Gum: Structure and Properties. *J. Polym. Sci., Part B: Polym. Phys.*, **43** (3), 334–344.
64. Si, H., Chen, T., and Zhang, Y. (2012) Effects of high shear stress on the devulcanization of ground tire rubber in a twin-screw extruder. *J. Appl. Polym. Sci.*, **128** (4), 2307–2318. doi: 10.1002/APP.38170
65. Yazdani, H., Ghasemi, I., Karrabi, M., Azizi, H., and Bakhshandeh, G.R. (2013) Continuous devulcanization of waste tires by using a co-rotating twin screw extruder: effects of screw configuration, temperature profile, and devulcanization agent concentration. *J. Vinyl Add. Tech.*, **19** (1), 65–72. doi: 10.1002/vnl.20322
66. Balasubramanian, M. (2009) Cure modeling and mechanical properties of counter rotating twin screw extruder devulcanized ground rubber tire—natural rubber blends. *J. Polym. Res.*, **16**, 133–141.
67. Maridass, B. and Gupta, B.R. (2004) Performance optimization of a counter rotating twin screw extruder for recycling natural rubber vulcanizates using response surface methodology. *Polym. Test.*, **23**, 377–385.
68. Ignatyev, I.A., Thielemans, W., and Beke, B.V. (2014) Recycling of polymers: a review. *ChemSusChem*, **7** (6), 1–16.
69. Stevenson, K., Stallwood, B., and Hart, A.G. (2008) Tire rubber recycling and bioremediation: a review. *Biorem. J.*, **12** (1), 1–11.
70. Tsuchii, A. and Tokiwa, Y. (2001) Microbial degradation of tyre rubber particles. *Biotechnol. Lett*, **23**, 963–969.
71. Kim, J.K. and Park, J.W. (1999) The biological and chemical desulfurization of crumb rubber for the rubber compounding. *J. Appl. Polym. Sci.*, **72**, 1543–1549.
72. Bredberg, K., Persson, J., Christiansson, M., Stenberg, B., and Holst, O. (2001) Anaerobic desulfurization of ground rubber with the thermophilic archaeon *Pyrococcus furiosus* – a new method of rubber recycling. *Appl. Microbiol. Biotechnol.*, **55**, 43–48.
73. Li, Y., Zhao, S., and Wang, Y. (2011) Microbial desulfurization of ground tire rubber by *Thiobacillus ferrooxidans*. *Polym. Degrad. Stab.*, **96**, 1662–1668.
74. Jiang, G., Zhao, S., Luo, J., Wang, Y., Yu, W., and Zhang, C. (2010) Microbial desulfurization for NR ground rubber by *Thiobacillus ferrooxidans*. *J. Appl. Polym. Sci.*, **116**, 2768–2774.
75. Li, Y., Zhao, S., and Wang, Y. (2012) Improvement of the properties of natural rubber/ground tire rubber composites through biological desulfurization of GTR. *J. Polym. Res.*, **19**, 9864.
76. Li, Y., Zhao, S., and Wang, Y. (2012) Microbial desulfurization of ground tire rubber by *Sphingomonas* sp.: a novel technology for crumb rubber composites. *J. Polym. Environ.*, **20**, 372–380.
77. Hu, M., Zhao, S., Li, C., Wang, B., Yao, C., and Wang, Y. (2014) The influence of different Tween surfactants on biodesulfurization of ground tire

rubber by *Sphingomonas* sp. *Polym. Degrad. Stab.*, **107**, 91–97. doi: 10.1016/j.polymdegradstab.2014.04.025
78. Moulder, J.F., Stickle, W.F., Sobol, P.E., and Bomben, K.D. (1992) *Handbook of X-Ray Photoelectron Spectroscopy*, Perkin Elmer Corporation Physical Electronics Division, Eden Prairie, MN.
79. Yao, C., Zhao, S., Wang, Y., Wang, B., Wei, M., and Hu, M. (2013) Microbial desulfurization of waste latex rubber with *Alicyclobacillus* sp. *Polym. Degrad. Stab.*, **98**, 1724–1730.
80. Li, Y., Zhao, S., Zhang, L., Wang, Y., and Yu, W. (2013) The effect of different Fe2+ concentrations in culture media on the recycling of ground tyre rubber by *Acidithiobacillus ferrooxidans* YT-1. *Ann. Microbiol.*, **63**, 315–321.
81. Linos, A. and Steinbuche, A. (2001) in *Biopolymers* (eds T. Koyama and A. Steinbüchel), Wiley-VCH Verlag GmbH, pp. 321–359.
82. Yikmis, M. and Steinbüchel, A. (2012) Historical and recent achievements in the field of microbial degradation of natural and synthetic rubber. *Appl. Environ. Microbiol.*, **78**, 4543–4551.
83. Sato, S., Honda, Y., Kuwahara, M., Kishimoto, H., Yagi, N., Muraoka, K., and Watanabe, T. (2004) Microbial scission of sulfide linkages in vulcanized natural rubber by a white rot basidiomycete, *Ceriporiopsis subvermispora*. *Biomacromolecules*, **5**, 511–515.
84. Zhang, X., Lu, Z., Tian, D., Li, H., and Lu, C. (2012) Mechanochemical devulcanization of ground tire rubber and its application in acoustic absorbent polyurethane foamed composites. *J. Appl. Polym. Sci.*, **127** (5), 4006–4014 doi: 10.1002/APP.37721.
85. Mahjoob, M.J., Mohammadi, N., and Malakooti, S. (2009) An investigation into the acoustic insulation of triple-layered panels containing Newtonian fluids: theory and experiment. *Appl. Acoust.*, **70** (1), 165–171.
86. Hyun, J., Sung, C., Yong, S., and Woo, K. (2007) Status of recycling end-of-life vehicles and efforts to reduce automobile shredder residues in Korea. *J. Mater. Cycles Waste Manage.*, **9** (2), 159–166.
87. Benkreira, H., Khan, A., and Horoshenkov, K.V. (2011) Sustainable acoustic and thermal insulation materials from elastomeric waste residues. *Chem. Eng. Sci.*, **66**, 4157.
88. Sanz, R.M., Gisbert, A.V.N., Amorós, J.E.C., and García, F.P. (2012) A novel sound absorber with recycled fibers coming from end of life tires (ELTs). *Appl. Acoust.*, **73**, 402–408.
89. Sukontasukkul, P. (2009) Use of crumb rubber to improve thermal and sound properties of pre-cast concrete panel. *Constr. Build. Mater.*, **23**, 1084–1092.
90. Zhao, J., Wang, X.-M., Chang, J.M., Yao, Y., and Cui, Q. (2010) Sound insulation property of wood–waste tire rubber composite. *Compos. Sci. Technol.*, **70**, 2033–2038.
91. Shu, X. and Huang, B. (2014) Recycling of waste tire rubber in asphalt and portland cement concrete: an overview. *Constr. Build. Mater.*, **67**, 217–224.
92. Batayneh, M.K., Marie, I., and Asi, I. (2008) Promoting the use of crumb rubber concrete in developing countries. *Waste Manage.*, **28**, 2171–2176.
93. Bignozzi, M.C. and Sandrolini, F. (2006) Tyre rubber waste recycling in self-compacting concrete. *Cem. Concr. Res.*, **36**, 735–739.
94. Paje, S.E., Bueno, M., Terán, F., Miró, R., Jiménez, F.P., and Martínez, A.H. (2010) Acoustic field evaluation of asphalt mixtures with crumb rubber. *Appl. Acoust.*, **71**, 578–582.
95. Paje, S.E., Luong, J., Vázquez, V.F., Bueno, M., and Miró, R. (2013) Road pavement rehabilitation using a binder with a high content of crumb rubber: influence on noise reduction. *Constr. Build. Mater.*, **47**, 789–798.
96. Ongel, A. and Harvey, J. (2010) Pavement characteristics affecting the frequency content of tire/pavement noise. *Noise Control Eng. J.*, **58**, 563–571.
97. Sanz, R.M., Castizo, M.M., and Gómez, R.V. (2011) The performance of resilient layers made from recycled rubber fluff for impact noise reduction. *Appl. Acoust.*, **72**, 823–828.
98. Sandberg, U. (2010) Asphalt rubber pavement in Sweden–noise and rolling

resistance properties. Internoise 2010, Lisbon, Portugal.

99. Atta, A.M. and Arndt, K.F. (2005) Swelling and network parameters of high oil absorptive network based on 1-octene and isodecyl acrylate copolymers. *J. Appl. Polym. Sci.*, **97**, 80–91.

100. Lin, C., Hong, Y.J., and Huc, A.H. (2010) Using a composite material containing waste tire powder and polypropylene fiber cut end to recover spilled oil. *Waste Manage.*, **30**, 263–267.

101. Aisien, F.A., Ebewele, R.O., and Hymore, F.K. (2011) Mathematical model of sorption kinetics of crude oil by rubber particles from scrap tires. *Leonardo J. Sci.*, **18**, 85–96.

102. Ceylan, D., Dogu, S., Karacik, B., Yakan, S.D., Okay, O.S., and Okay, O. (2009) Evaluation of butyl rubber as sorbent material for the removal of oil and polycyclic aromatic hydrocarbons from seawater. *Environ. Sci. Technol.*, **43**, 3846–3852.

103. Lin, C., Huang, C.-L., and Shern, C.-C. (2008) Recycling waste tire powder for the recovery of oil spills. *Resour. Conserv. Recycl.*, **52**, 1162–1166.

104. Wu, B. and Zhou, M.H. (2009) Recycling of waste tyre rubber into oil absorbent. *Waste Manage.*, **29**, 355–359.

105. Aisien, F.A., Hymore, F.K., and Ebewele, R.O. (2003) Potential application of recycle rubber in oil pollution control. *Environ. Monit. Assess.*, **85**, 175–190.

106. Nolea, L.A.A., Pereza, O.P., and Velazqueza, F.R.R. (2011) Sorption study of toluene and xylene in aqueous solutions by recycled tires crumb rubber. *J. Hazard. Mater.*, **185**, 107–111.

107. Raouf, M.E.A., Maysour, N.E., Azim, A., Azim, A.A., and Amin, M.S. (2010) Thermochemical recycling of mixture of scrap tyres and waste lubricating oil into high caloric value products. *Energy Convers. Manage.*, **51**, 1304–1310.

108. Lopeza, A.F., Centeno, T.A., Alguacila, F.J., and Lobato, B. (2011) Distillation of granulated scrap tires in a pilot plant. *J. Hazard. Mater.*, **190**, 285–292.

109. Vermeulena, I., Caneghem, J.V., Block, C., Baeyens, J., and Vandecasteele, C. (2011) Automotive shredder residue (ASR): reviewing its production from end-of-life vehicles (ELVs) and its recycling, energy or chemicals' valorisation. *J. Hazard. Mater.*, **190**, 8–27.

110. Chaney, R.L. (2007) Effect of ground rubber vs. ZnSO4 on spinach accumulation of Cd from Cd- mineralized California soil. Abstract, WEFTECH Residuals Conference, Denver, CO, April, 2007.

111. Chaney, R.L. (2010) in *Trace Elements in Soils*, Chapter 17 (ed. P. Hooda), Blackwell, Oxford, pp. 409–439.

112. Afyuni, M., Khoshgoftarmanesh, A.H., Dorostkar, V., and Moshiri, R. (2007) Zinc and cadmium content in fertilizer commonly used in Iran. International Conference of Zinc Crops, Istanbul, Turkey.

113. Newman, S.E. and Meneley, J.C. (2006) Adaptation of waste tire rubber for green house media and zinc fertilizer. Final Report, (Waste tire report). Colorado School of Mines, Golden, CO. http://ghex.colostate.edu/pdf_files/Waste_Tire_Report.pdf.

114. Khoshgoftarmanesh, A.H., Shariatmadari, H., Kalbasi, M., Karimian, N., and Khajehpour, M. (2004) Zinc efficiency of wheat cultivars grown on a saline calcareous soil. *J. Plant Nutr.*, **27**, 1953–1962.

115. Taheri, S., Khoshgoftarmanesh, A.H., Shariatmadari, H., and Chaney, R.L. (2011) Kinetics of zinc release from ground tire rubber and rubber ash in a calcareous soil as alternatives to Zn fertilizers. *Plant Soil*, **341**, 89–97.

116. Hong, Z., Bo, L., Guangsu, H., and Jia, H. (2007) A novel composite sound absorber with recycled rubber particles. *J. Sound Vib.*, **304**, 400–406.

6 纤　　维

Raju Francis，Nidhin Joy，Anjaly Sivadas，Geethy P. Gopalan

6.1　简介

纤维增强型聚合物材料是由嵌入聚合物基质中的高强度纤维(增强材料)所组成的复合材料。这些材料中的纤维是承载元件并提供强度和刚度，而聚合物基质保持纤维排列(位置和方向)并保护它们免受环境和其他可能的损坏。各种纤维的简要分类如图 6.1 所示。纯聚合物通常不具有在各个领域中应用所需的机械强度，高强度增强纤维为聚合物赋予了显著增强的机械性能。纤维增强型聚合物复合材料(FRPCs)可应用于航空、航天、运动器材等不同领域。将再生纤维用作复合材料的增强材料，进而可用于设计和开发时尚产品。复合材料具有至少两个组分或两个层次，其中物理和化学性质明显不同。单独存在时，这些成分保持它们的自身特性，但是当它们混合时，形成的是一种复合材料，此时其表现不再是单单某一种材料的特性。

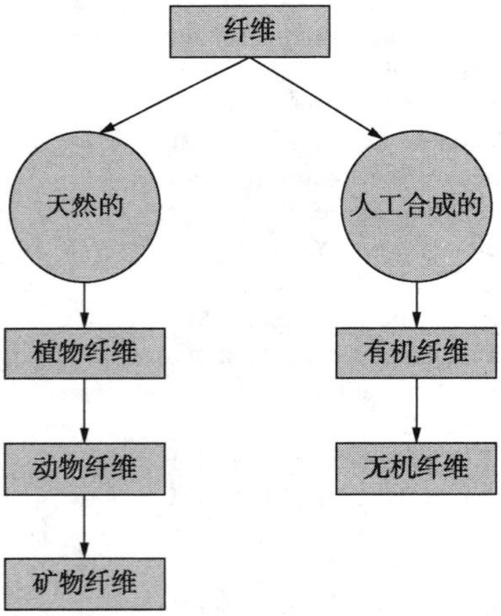

图 6.1　纤维的简要分类

复合材料的性能除了纤维和基体之间的界面性能外，还可以看作是基体和纤维性能的综合[1,2]。回收的目的是收集残留物并重新利用它们，以节省原材料并减少废物量累积[3]。此外，根据 Scarlato 和 Pontin 的研究[4]，回收不应是获得原材料的唯一途径，但这可能是减少废物积累的一种替代方法，也可以作为环境教育的一个提议[4]。回收使用过的/降解的聚合物是实现工业经济和保持环境安全的重要过程。当前通常采用的废弃纤维填埋存在以下缺点：首先，需要支付填埋费用；其次，由于环境问题，越来越多的人要求禁止垃圾填埋场填埋聚合物；第三，聚合物的填埋是一种能源和材料的浪费。为了响应客户对回收产品的需求以及作为垃圾填埋的替代方案，已经开发了多种技术。除了直接再利用(这是废弃纺织品的一种常见利用形式)之外，还需要进行一些加工以将废物转化为产品。

6.2　天然纤维

根据其来源，天然纤维分为植物纤维、动物纤维或矿物质纤维。通常，植物或植物纤维用于增强塑料。具有热塑性基质的天然纤维增强复合材料已在各个应用领域成功证明了其品质。之所以天然植物纤维在聚合物基复合材料中被用作增强材料，是因为它们可从可再生自然资源中获得。它们具有高比强度、圆度、重量轻、成本低和可生物降解性等优点。由于可生物降解，天然植物纤维可能呈现健康的生态系统。这些天然纤维的低成本和良好的性能能够满足工业的经济性要求。复合材料制造行业必须寻找以植物为基础的天然纤维增强材料，例如亚麻、大麻、黄麻、剑麻、红麻，它们作为替代材料可能会取代实木。人们对在工业产品中使用天然纤维越来越感兴趣[5]。John 和 Thomas[6]综述了纤维素类生物纤维和生物复合材料的各个方面，使用天然纤维的主要优点是它们的经济产物对设备的要求低，密度低，不磨蚀成型设备，对环境的影响小，CO_2 中性，生产过程能耗低，全球适应性广，使用寿命结束时可进行能源回收。简而言之，木粉、淀粉、椰子纤维和天然纤维素纤维等天然有机聚合物资源丰富、价格低廉、可再生且可完全生物降解。它们可以与塑料混合，生产出更可生物降解的材料，同时保留传统塑料更理想的特性[7]。本节天然纤维回收仅包括回收最多的纤维。

6.2.1 红麻

红麻是众所周知的具有经济和生态优势的纤维素来源，播种后 3 个月内即可使用[8]。使用常规萃取和超声辅助萃取(UAE)及纯化可以从红麻中获取纤维素[9]。纤维的主要成分是纤维素、木质素、半纤维素和果胶。纤维素可以作为许多行业的巨大的潜在原料，并因此引起了人们广泛的研究兴趣。可用于生产液体燃料(酒精)、药物、食品和化学原料。超声波的使用减少了处理的总时间，此外，所得纤维素的纯度非常高。

以红麻漂白牛皮纸浆为原料制备了一系列微晶纤维素(MCC)材料[10]。使用盐酸进行纸浆的酸解，所有 MCC 粉末均符合对数正态分布，红麻芯的 MCC 具有均匀分散的颗粒。Kargarzadeh 等[11]使用碱和漂白处理首先从红麻韧皮纤维中分离出纤维素纳米晶体(CNC)。如图 6.2 所示，在保持酸浓度和反应温度恒定并改变酸解时间的情况下，使用硫酸从这种纯化材料中成功提取了 CNC。在酸解过程中纳米颗粒的化学结构没有改变。当反应时间增加到 40min 时，单独析出的 CNC 的结晶度增加。酸性硫酸基团的中和导致纳米颗粒的热稳定性增加。

然而，红麻中的木质素与任何其他已被表征的木质素截然不同。木质素已从如此多种植物材料中得到表征，因此似乎不太可能找到一种新型木质素[12]。它实际上代表了一种新的木质素类型，在其合成中涉及了新的单体(4-羟基乙酸肉桂酯)。其独特之处在于其高紫丁香基含量和侧链羟基的广泛乙酰化。

Xu 等使用蒸汽喷射压制方法成功地从红麻中合成了低密度、无黏合剂的刨花板[13]。相对于其低板密度，合成的刨花板具有良好的机械性能和尺寸稳定性。刨花板的导热系数与保温材料(如岩棉)相似，吸声系数高。此外，板材没有甲醛释放。红麻芯似乎是适用于吸声和耐热内饰产品的低密度无黏合剂面板的潜在原材料。由红麻制造刨花板由压制温度、压制时间、压力、密度和脱壳率等参数决定[14]。这些参数对物理(厚度膨胀)和机械(断裂模量和内部黏合强度)特性有影响，但压力无关紧要。

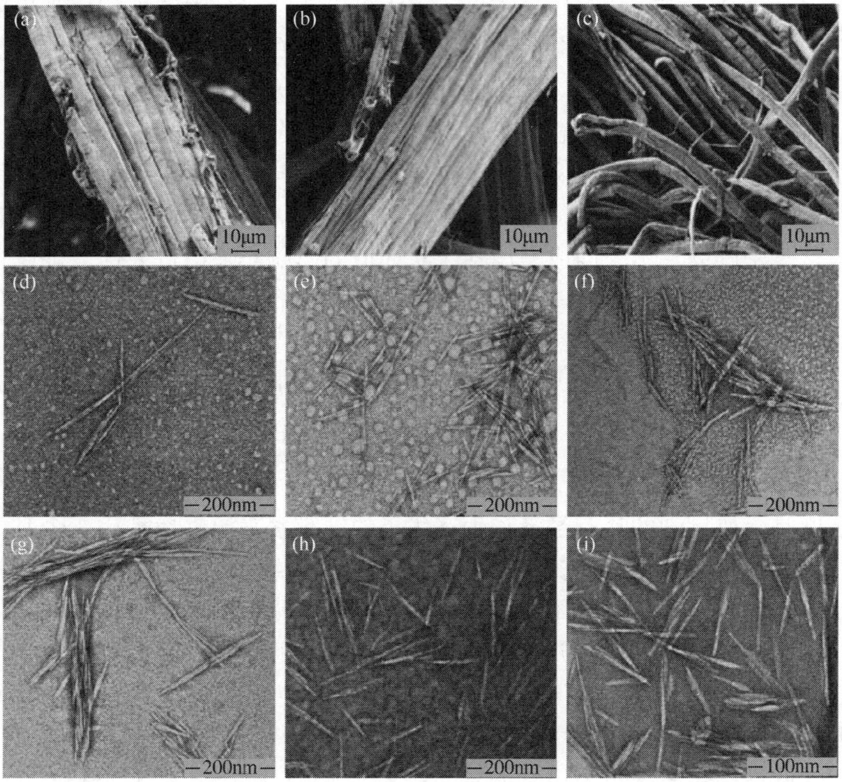

图 6.2　形态学分析：(a)红麻原料纤维、(b)碱处理后纤维、(c)漂白后的纤维的 SEM 照片；不同水解时间处理后产生的纤维素纳米晶体的 SEM 照片：(d)CNC20、(e)CNC30、(f)CNC40、(g)CNC60、(h)CNC90、(i)CNC120(Kargarzadeh 等[11]经 Springer 许可转载)

由红麻和聚丙烯(PP)纤维制成的轻质层压复合材料通过压制成型制造[15]。研究了红麻层数、加热时间和红麻质量分数对复合材料试样弯曲模量的影响，弯曲模量随着红麻层数和加热时间的增加而增加。红麻层数的增加有助于 PP 在复合板中的均匀分散，这是因为红麻层数越多，红麻和 PP 之间的接触越好，并防止 PP 纤维在加热时收缩。

6.2.2　棉花

棉花(棉)是最著名的天然纤维，原产于世界各地的热带和亚热带地区。如今，中国、印度和美国是世界前三的棉花生产大国[16,17]。棉纤维生长在棉花植株的保护性荚膜(棉铃)中，成熟时被收获[18]。棉花主要用作纺织纤维，对棉花的增长和需求一直在增加。棉纤维由纤维素(82.7%)和半纤维素(5.7%)组成。

棉花是最纯净的纤维素[19]。棉纤维由于含有大量的纤维素(—OH)，亲水性高。纤维的拉伸强度在 287～800MPa，模量在 5.5～12.6GPa，伸长率在 7%～8%。Mwaikambo 等研究了棉基复合材料的性能[20,21]。由于棉花的高产量，棉花厂废料和轧棉机产生的废料量也很高。据估计，美国的产棉区每年产生超过225×10^4t的棉花废料[22]。各种研究集中于将棉花废料用作牲畜饲料[23]以及用于堆肥[24,25]、造纸[26]和生产能源[27,28]。一方面，尽管使用了新的方法，但今天世界上大部分可用的棉花废料仍然通过将其返回到原始农田来进行处理。另一方面，田间作业是能源密集型的，往往会破坏土壤结构并增加侵蚀的可能性。因此，如果要实现可持续农业，就必须利用棉花废料。Kamath 等研究了用于汽车应用的非织造棉基复合材料[29]。零售市场的时尚变化越来越多，导致纺织服装的"寿命"越来越短，与时尚变化相关的废弃服装也越来越多。因此，纺织品在城市垃圾中所占的百分比正在增加[30,31]，导致填埋场收费增加[32]。因此，有必要探索更可持续的替代解决方案，并减轻废弃纺织品对环境的影响。废棉服装回收的一些替代方案涉及通过各种方法将废棉服装转化为替代可再生能源(图 6.3)[33-36]。虽然将废弃服装转化为可再生能源的方法有助于减少废弃服装对环境的影响，但不幸的是，棉花和合成纤维生产对水和土地的需求并没有减少。棉纤维被用于许多高附加值产品中，对棉纤维的需求增加，使得棉纤维价格昂贵。

再生棉混纺织物被用作增强材料，以降低成本[37,38]。Mueller 和 Krobjilowski 研究了棉纤维复合材料。Ahmed 等[39]研究了用于增强高密度聚乙烯(HDPE)树脂的纤维缠绕棉纤维。Khalid 等[40]还研究了使用棉纤维增强环氧复合材料以及玻璃纤维增强聚合物的情况。纺织和服装厂大量产生纤维素废物，进一步造成了严重的处置问题。回收利用棉花废料生产高附加值产品，是实现环境效益和经济效益的措施之一。因此，人们一直在寻找回收棉织物废料的潜在方法。纺织和制衣厂大量产生棉花废料，进一步造成严重的处理问题。因此，研究者通过棉织物废料的酸解合成了 MCC[41]，并将其用作生产可生物降解 PVC 薄膜的填料。结果表明，可以获得具有可接受的生物降解性和机械性能的 PVC/MCC 共混薄膜。此外，掺入所得的 MCC 提高了 PVC 薄膜的热稳定性。但是，考虑到机械和热性能、生物降解性和易加工性，PVC 薄膜中 MCC 的量不应超过 25 份。

图 6.3 棉花回收标志[https://en.wikipedia.org/wiki/Cotton_recycling created under (CC BY-SA 3.0),http://creativecommons.org/licenses/by-sa/3.0/.]

在印度，回收纺织品是一种传统工艺，但现在小规模的工业和纺织集群正在研究二手进口服装。再生纱线、门垫、祈祷毯、毯子和床单等均由二手进口衣服制成。日本和澳大利亚的本地和国际买家使用这些回收的服装作为油漆、化学品和建筑行业的工业擦拭布。床垫和枕头里也开始使用这种回收衣服。再生棉纱用于制作浴室垫[42]。棉纺织纤维仅占原棉总产量的三分之一。其余为副产品，如棉籽、皮棉和废料。棉籽可榨油或用作牛饲料，皮棉可用作黏胶纤维的原料[43]。

消费前或消费后废物属于纺织废物分类。来自纺织、纤维或棉花行业的剩余产品或副产品包含在消费前的纺织废料中。垃圾填埋场中的纺织品可生物降解，形成甲烷气体，释放到空气中，这是从垃圾填埋场转移纺织废料所解决的最严重问题之一。用于回收的消费前纺织品的量为75%，这意味着每年有75万t这种废物被重新用作原材料，并用于汽车、家具、家居、床垫、粗纱、造纸等行业。消费后纺织废料是指羊毛、法兰绒、灯芯绒、棉花、尼龙、牛仔布、羊毛和亚麻等已经通过消费市场并被回收再利用并重新制成产品供消费市场使用的废料。据纺织品回收委员会称，纺织品回收行业每年可防止25亿lb消费后纺织产品废物进入固体废物流。这意味着美国每个人有10lb的消费后纺织废料。机械回收纺织材料的质量不能与同种材料的第一个生命周期的质量相同，因此需要促进废旧服装的化学回收成为具有第二个生命周期的纤维。将废旧服装化学转化为新纤维必须考虑纤维混合物的分离和整理剂的去除，例如染料和其他可能阻碍转化过程的功能性整理剂。为了克服废弃纺织品对环境和经济的影响，目前正在考虑采用闭环回收技术。

Firgo等[44]首次尝试通过再生纤维来回收棉制旧衣服，该过程包括将旧衣服溶解在*N*-甲基吗啉*N*-氧化物(NMMO)溶液中、纺丝和纤维素的再生。再生纤维的物理性能高于其他方法再生的纤维和棉纤维。然而，在Firgo等的专利中，没有考虑染料和易护理整理剂等整理剂对废旧服装溶解的影响。随后Haule等[45]证明，应用于棉质服装的典型易护理整理剂几乎在服装的整个第一个生命周期内都经久耐用。选择NMMO溶液作为废棉服装的溶剂是因为该溶剂可完全溶解纤维素而不发生任何降解，99%可回收，并且在发生任何泄漏时可在环境中安全使用[46]。纤维素在NMMO溶液中的溶解是通过在升高的温度和降低的压力下不断混合来实现的，以便将NMMO、水和纤维素的三级混合物脱水成纤维素-NMMO混合物[47-49]。纤维素在NMMO溶液中溶解和纤维再生的过程在商业上被称为莱赛尔工艺，所得纤维通常称为莱赛尔纤维。莱赛尔纤维的特点是原纤维的高度取向和弱的原纤维内氢键，导致纤维在机械作用和潮湿条件下易发生原纤化[50,51]。虽然这种湿原纤化的趋势会使莱赛尔纤维的染色变得困难，但如果得到控制，原纤化可以使由莱赛尔纤维制成的服装在外观和手感方面都有吸引力[51-54]。莱赛尔纤维的其他优点是相对较高的弹性和回弹率，可为服装提供可塑性和舒适性。总的来说，莱赛尔工艺被认为是一种环境友好的工艺，并且莱赛尔纤维具有吸引人的机械性能和舒适性。

Farahbakhsh等[55]研究了棉源纤维素在微纳米尺度上的作用，以及这些材料作为低密度聚乙烯(LPDE)补强填料的应用。样品的SEM(图6.4)和TEM图像显示了棉纤维的原纤化，增加微研磨次数可使纳米纤维更小、更均匀。微研磨过程增加了纤维素的表面积，其结晶度略有下降。通过在双螺杆挤出机中混合和熔融挤出，将纳米原纤棉加入LDPE。尽管没有任何表面增容剂，但观察到与聚合物的良好相互作用，其中含有高达10%(质)的MFC-pCot(微纤化纤维素粉化棉)填料时纳米复合材料的机械和热性能得到改善。这项工作证明了再生棉作为有前途的可持续填料选择的应用潜力，可以在没有任何密集纯化过程的情况下生产并应用于合成基聚合物纳米复合材料。

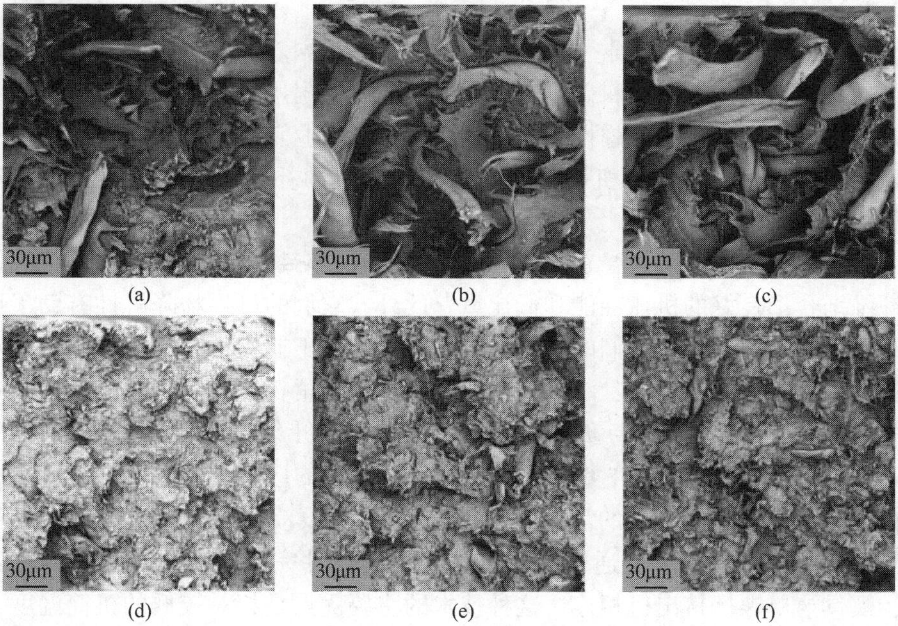

图6.4　pCot填料含量为(a)2.5%、(b)5%和(c)10%的粒状LDPE复合薄膜和用粉状LDPE制成的薄膜的断裂点的SEM图像，其中MFC-pCot填料含量(d)2.5%、(e)5%和(f)10%(Farahbakhsh等[55]经Springer许可转载)

再生纺织棉纤维可用于生产乙醇[56]。在纺织和时尚行业的可持续性方面，棉花的回收可以为环境带来巨大的好处。一件重250g(0.55lb)的简单棉质衬衫的生产和消费转化为1.7kg(3.75lb)化石燃料的消耗量、垃圾填埋场中450g(1.0lb)的废物以及4kg(8.82lb)的进入大气的CO_2排放量。因此，纤维的再利用和循环利用提供了环境和经济效益[57]。

6.2.3　剑麻

剑麻纤维是未来的增强材料之一，然而，到目前为止，它的使用更多的是经验性的，而不是专门化的。25mm剑麻纤维体积分数为0.2%时，可减少无塑性收缩。这种纤维由纤维素、半纤维素和木质素组成。断裂强度和弹性模量，除了断裂伸长外，还取决于微纤维取向的尺度和纤维素含量(图 6.5)[58]。剑麻纤维的特性因原产地的不同而有所不同。

6.2.3.1 优点

① 剑麻纤维高度防潮。

② 具有良好的抗拉强度和抗张性。

③ 耐热性很强。

④ 剑麻短纤通过控制早期裂纹的发展来延缓塑性收缩。

⑤ 在 NaOH 溶液中处理的剑麻纤维分别保留其初始强度的 72.7%和 60.9%。

6.2.3.2 缺点

剑麻纤维主要用于绳索、垫子、地毯和水泥加固。在发展中国家，剑麻纤维被用作房屋建筑的增强材料。剑麻产品因其强度、耐用性、拉伸性、对某些染料的亲和力以及在盐水中的弹性而被广泛用于海洋工业和农业。一些潜在的创新应用包括将这种材料用作有机肥料、反刍动物饲料的补充剂以及某些药物生产的原料[59]。

由于许多不同的因素，在热塑性塑料中加入剑麻纤维是一个有趣的主题。剑麻纤维结合了良好的机械性能和低比重。此外，它们的可生物降解性有助于形成健康的生态系统，而且它们的低生产成本使它们对工业非常有吸引力。由于它们的自然特性和可燃性，而且不会产生有毒气体或残留物，因此它们还有助于减少污染。多项研究表明，与玻璃纤维相比，植物纤维对环境的影响非常小。Wambua 等已经表明，在许多不需要很高承载能力的应用中，大麻或剑麻/PP 复合材料具有替代玻璃纤维的潜力[60]。Fung 等在预浸渍后通过注射成型对样品进行了研究。这种预浸渍是通过一个特殊的模具组件完成的：剑麻纤维被送入模具，模具与单螺杆挤出机相连。这种技术的主要优点是相对较低的机筒温度，避免了剑麻纤维的热降解[61]。

去除纤维后留下的生物质(剑麻)现在作为废物被冲走。这种剑麻废料由水(85%)、实质组织、短纤维、初级和次级代谢物以及无机化合物组成[62]。目前，这些废物主要用于垃圾填埋场或倾倒在附近的河流中，在那里微生物将其降解。结果，未经处理的废物会导致接收水道中的氧气消耗，从而导致水区缺氧，对鱼类和其他生物产生负面影响。因此，剑麻废料的回收至关重要，不仅可以减少环境污染，还可以提供其他非常有用和可商业化的材料[63]。报告显示剑麻纤维具有更好的回收特性。例如，Bourmaud 和 Baley 对剑麻纤维进行了纳米压痕和拉伸试验，以获得横向和纵向杨氏模量。然后将实验值引入微机械模型，考虑纵横比的变化，以估计 PP/剑麻纤维注射复合材料在回收前后的刚度[64]。PP 的拉伸模量为 1659MPa±29MPa，而 PP/剑麻复合材料的拉伸模量为 3514MPa±72MPa。拉伸模量值的这种增加很有趣。这项对回收后 PP/植物纤维刚度演变的研究证明了杨氏模量在注射循环中的良好稳定性，这要归功于纤维纵横比的有趣的稳定性。

Bourmaud 和 Baley 对大麻和剑麻纤维增强 PP 复合材料的回收利用从微观、机械、流变和热等角度进行了研究[65]。他们得出的结论是，在注射和机械研磨过程引起的再加工过程中，纤维长度会显著减少。植物纤维的纵横比随着再加工显著降低，初始值低意味着机械性能差。热分析表明植物纤维引起结晶度和 T_c 的增加。这些影响是由于植物纤维对 PP、剑麻或大麻纤维结晶的成核能力，加速了结晶过程。流变实验证明复合材料的黏度显著降低。这种降低肯定是由于再加工和研磨引起的断链，但也由于纤维长度随着循环次数的减少而减少。

通过设定田口分析预测的因素获得的剑麻-PP 复合片材，将片材造粒并通过挤出机进料进行机械回收[66]。评估了回收对结晶度、纤维长度、机械性能和应力松弛的影响。结果表明，通过选择 30%的纤维，1.3g/10min 的聚合物融体流动速率和 1%的润滑剂，拉伸强度、冲击强度和拉伸模量分别增加约 12%、约 20%和大于 100%。纤维长度从挤出前的 7mm 下降到挤出后的 6mm 及以下，回收后的纤维长度下降到 5mm 以下。回收后样品在两个方向上发现模量值的边际变化(±5%)，回收后剑麻-PP 试样的极限拉伸强度沿纵向从 41.4MPa±2.5MPa 下降到 36.4MPa±0.75MPa，沿横向(机器方向)从 19.2MPa±0.5MPa 增加到 21.4MPa±0.1MPa，主要是由于增强纤维观察长度的减少。与剑麻-PP 复合材料相比，再生复合材料表现出更大的松弛性；这是因为在较高的温度下，聚合物基体处于软化状态，纤维和基体之间的结合较弱，短纤维的行为类似于富含聚合物的区域，无法分担施加的载荷，因此在较高温度下表现出更大的松弛性(图 6.5)。

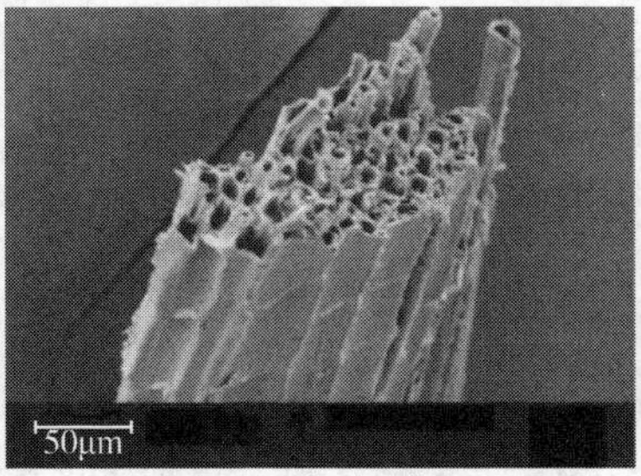

(a)断裂图像

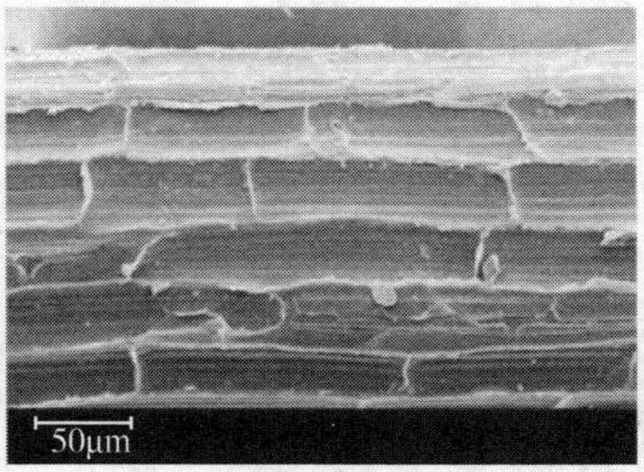

(b)未改性

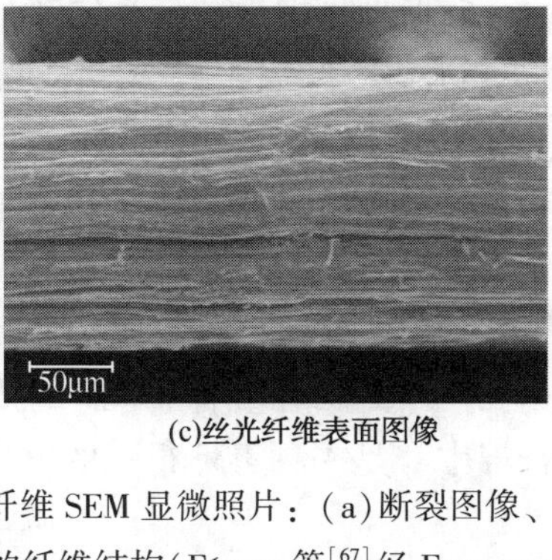

(c)丝光纤维表面图像

图 6.5　剑麻纤维 SEM 显微照片：(a)断裂图像、(b)未改性和(c)丝光纤维表面图像中的纤维结构(Fávaro 等[67]经 Express polymers letters 许可转载)

Maran 和 Priya 对从剑麻废料中提取果胶的高效 UAE 进行了研究和优化[68]。响应面法(RSM)基于三级四因素 Box-Behnken 响应面设计(BBD)，用于优化提取条件(超声功率、提取温度、提取时间和固液比)。方差分析表明，二次模型对果胶提取率有显著的贡献。在最佳条件(超声功率 61W，温度 50℃，时间为 26min，SL 比率为 1∶28g/mL)下，实验收率为 29.32%，与预测值吻合较好。因此，UAE 可以作为从剑麻废料中提取果胶的替代方法，具有提取温度低、提取时间短、能耗低等优点。

6.2.4 石棉

石棉是一系列具有可分离、长而细纤维的高纤维矿物的总称(图 6.6)。分离后的石棉纤维的强度和柔韧性满足纺丝和编织的需要。石棉在 1970 年代之前被用作建筑保温材料。石棉根据颜色分为白色、蓝色和棕色。石棉在 2005 年被归类为危险废物，因为它由数百万个细小的纤维组成，处理这些纤维时可能会受到干扰，如果吸入就会对人体造成伤害。处理石棉时应戴上口罩和手套。吸入石棉纤维会导致严重的疾病，每年由此造成近 4500 人死亡。石棉是与工作有关的最大单一死亡原因。如果材料状况良好，则可以进行安全地处理，但当它们受损坏时，石棉纤维就会在空气中传播，从而对处理人员造成伤害[69]。

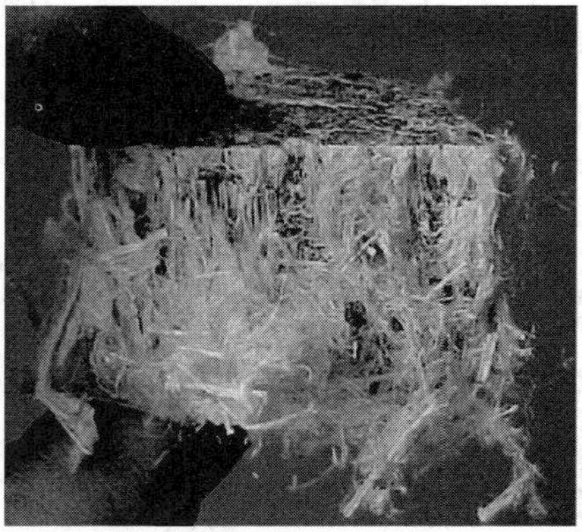

图 6.6　石棉纤维

石棉纤维具有耐热性，因此可用于许多工业用途。由于它们的耐用性，进入肺组织后的石棉纤维将长期留存。石棉有着悠久的历史，大约公元前 2500 年，芬兰人用它来加固陶罐。在古代，用来保存名人骸骨的牢固的裹尸布是用石棉编织而成的。“石棉”一词来自希腊语，意思是“不灭的”或“坚不可摧的”。它作为灯芯的用途一直延续到今天。

ACM(含石棉材料)导致放射性核污染。低处理温度、低烟气排放量以及黏附在 ACM 上的硅酸盐框架对放射性核素源进行综合定位的能力是迫切需要考虑的，这将推动完成在原子力工厂和国防设施中使用辐射污染 ACM 过程的未决协议。石棉减排会产生大量可能不安全的材料，需要安全转移。铜、铅、锌和铬是最著名的危险金属成分。最近，唯一可接受的处置方法包括填埋或破坏 ACM 中的纤维矿物，将其转换为另一种通常不是纤维状的物理结构。涂有沥青材料的管道通常使用含有大量石棉的毛毡外包装。根据 EPA(美国环境保护署)的规定，禁止在此类管道包裹上使用石棉涂层材料。石棉本身是一种毒性很强的材料，会导致各种致命的肺部疾病和癌症。

在高温应用中，石棉纤维将缓慢降解，出于同样的原因，石棉在高温应用中有许多用途。经科学验证证明了一种技术，该技术可大幅度降低矿物转化温度和时间，并具有特定的最终目标，使该过程在经济上可行。

特别是在过去的10年中，作为处理含石棉废物(ACW)以使其稳定及能够再利用的研究和研究结果已经建立了许多工业和试验装置。一些稳定过程通过将ACW固定在水泥或环氧树脂基质中来降低ACW的危害。其他工艺改变石棉的纤维结构，并将其转化为惰性物质。其中一个失活过程是机械化学转化过程[70]。ACW的这种转变可以比作冷“玻璃化”过程。在机械化学过程中可以发生不同类型的反应：一部分转移到固体系统的机械能转化为热量，一部分用于在宏观、中观和微观层面引起断裂、压缩和滑移，从而影响固体的晶体结构。

石棉回收公司(ARI)的专利提供了一种热化学工艺，可以将ACM的矿物转化为具有潜在回收价值的惰性、稳定、无害、不受管制、“类似熟料”的最终产品[71]。与二次废物ACM相关的多氯联苯(PCB)被完全销毁。

今天，有一些技术可以在非常高的温度下采用热分解方法将石棉回收成无害的硅酸盐玻璃，因为石棉和玻璃纤维都是硅酸盐纤维[72]。然后可以将其变成各种类型的粗陶器和陶瓷产品。为了克服可变的ACM化学性质，玻璃化方法通常会导致添加大量玻璃形成剂和助熔剂。传统的燃料燃烧或全电玻璃熔炉中的玻璃化也具有无法处理金属污染问题的明显缺点。金属分选不实用。

一种名为Enviro System的新型石棉去除系统使用高压水刀，以高达20000psi的压力撞击涂层表面。在这些压力下，除了侵蚀产物和可溶性盐之外，水射流还能够刮掉石棉层。无论是雾还是滴到地上的水中的材料均被收集起来，而不会从护罩中散发出来。收集的材料被转移到旋风分离器，然后转移到一次性容器中。收集的水作为浆液泵入过滤装置。该过程还使用了一个3800gal的水箱，为高压泵提供水[73]。

石棉纤维的转化需要非常高的工作温度。它限制了设备运行温度，并需要高能量输入和大量维护。已证明脱矿剂(例如硼添加剂)的选择对于在最低温度和最短时间下引起转化非常重要。在这个过程中，由于热力学和化学脱矿机制，石棉纤维矿物可以转化为无害的非纤维结晶矿物[74]。

石棉因其耐热和耐化学损伤而在早期被广泛使用，这使得它们对其他废物处理选择具有挑战性。Tetronics的等离子技术是石棉回收的新技术[75]。等离子系统使用高温来消除石棉危害，这是其他技术无法实现的。单个石棉纤维在等离子热中熔化，从而消除了其对人类健康的危害。由于等离子的超高温度，有毒石棉会熔化并玻璃化成惰性可重复使用的产品，其被称为Plaserok，该产品可用于建筑行业。

有多种现代技术可用于处理或回收石棉纤维。它们通过热或化学过程破坏了数十万吨石棉纤维，生产出一种惰性和无毒的产品，可以回收利用，多用于建筑行业。

6.3 合成纤维

合成纤维是连接在一起的小单元链，其中每个单元链实际上是一种化学物质，通常由石油产品(人工)合成。近年来，合成纤维作为水泥的增强材料变得非常有吸引力。它们可以为混凝土提供有效且相对便宜的增强材料，并且是石棉、钢和玻璃纤维的替代品。如果进一步优化纤维，可以以较低的成本实现与纤维增强混凝土相同的性能，或者在不增加加固成本的情况下使其性能获得更大的改善。水泥基体中加入的纤维类型包括：聚乙烯(PE)、聚丙烯(PP)、丙烯酸树脂(PAN)、聚乙烯醇(PVA)、聚酰胺(PAs)、芳纶、聚酯(PES)和碳。合成纤维的性能各不相同，特别是在弹性模量方面，弹性模量是纤维用于制造复合材料时的一个重要特征。最常见的再生合成纤维在下一节中给出。

6.3.1 尼龙

尼龙有多种类型，纺织和塑料行业最常用的两种是尼龙 6 和尼龙 66。作为地毯面纱用料，尼龙通常是所有合成纤维中性能最好的，但它也是最昂贵的。由于与地毯中使用的其他聚合物相比，尼龙树脂的价值更高，因此尼龙地毯被视为通过解聚制备原始尼龙的资源。商业上使用的大部分尼龙是尼龙 66 或尼龙 6，用于回收尼龙的最大废物来源是二手地毯。废地毯被收集、分类，然后在解聚前进行机械粉碎。发生于起始和降解步骤中的解聚过程是一级吸热反应[76-78]。水是解聚过程的引发剂。这个过程是吸热的，需要高温，通过使用过热蒸汽来实现。蒸汽不仅作为热源和水源，而且为反应系统提供更好的搅拌效果。反应温度通常高于己内酰胺的沸点(约 267℃)，在此条件下会形成非均相体系(液态聚合物熔体和气相己内酰胺产品)。己内酰胺单体与蒸汽一起从反应器中移除，导致平衡进一步向形成单体的方向移动。尼龙 6 固体废物不易回收以提供纤维纱，因为尼龙 6 在生产过程中会被有效氧化，而在熔融温度升高时，大量纤维废物中的滞留空气会形成凝胶。

为了再利用，固体废物通常被解聚成单体。为了将纤维废物颗粒化，应使用合适的磨机。处理过的纤维废料通过气力输送的方法传送到强制喂料系统，同时进行干燥。进料系统通过精确加热挤出机螺杆和集中冷却装置将废料供应到挤出机，然后将熔体分离、脱气并挤出标准尺寸的碎片，这些碎片可以与原始粉碎碎片混合而不会出现分层的危险。在挤出过程中，可以引入添加剂以获得注塑级产品。熔体可以持续添加到解聚单元中以获得己内酰胺。女鞋的硬跟或机器零件等物品可以通过使用重熔工艺制造。清洁的废料可以通过在溶剂中与甲醛反应而变成可溶性尼龙。可溶性尼龙具有成膜性能，且成膜性能随着纤维黏度的增加而增强，因此轮胎帘子线聚合物和废料可提供更好的产品。

尼龙 6 废料可溶于己内酰胺低聚物溶剂。过滤废物中的氧化钛后沉淀得到粉末状尼龙 6，其聚合度没有太大损失。这种粉末通过流化床技术用于覆盖金属。

用尼龙 6 废料制成了具有低 COOH 浓度和细粒度的高相对分子质量尼龙 6 粉末。该技术利用了溶剂和非溶剂的混合物来溶解和沉淀尼龙 6。合适的溶剂对是甲酸-乙酸。这些粉末可用于天然产物的色谱分离。尼龙废料用水处理以获得低聚合度产品。该过程偶尔可使用一次，因为产品不干净且纯度不足以生产具有可接受性能的聚合物[80]。在大多数情况下，废物被解聚得到单体己内酰胺或氨基己酸。如有需要，在一定压力条件下，在非挥发性有机或无机酸介质中尼龙 6 废物通过过热蒸汽加热至 200~400℃可转化为己内酰胺，理想情况下废物和酸/碱的质量比为(3~15)：1。225~350℃下过热蒸汽通过液相尼龙 6 废料，可以大量回收己内酰胺。解聚同样可以在仅有磷酸的条件下进行，己内酰胺通过蒸馏获得。在流化床内，低聚物与蒸汽在 290~400℃下，通过 Al_2O_3催化剂解聚成纯己内酰胺。Al_2O_3在 800℃下煅烧，平均粒径为 0.2~0.8mm。首先加热至 320℃，然后在 360℃的氮气中流化，流化 1h 后，低聚物-己内酰胺熔体在氮气流中加入流化床。每小时添加 600g 过热蒸汽和 4.5kg 低聚物可得到 4.32kg 纯己内酰胺。随着通过催化剂床层的水蒸气含量增加，己内酰胺的收率从 78%提高到 98%[80]。

低聚物可以通过磷酸和过热蒸汽进行酸解转化为己内酰胺。这种转化是定量的，回收的己内酰胺纯度很高。然而盐酸和硫酸无法使低聚物生成己内酰胺。因此，可以从通过水蒸气蒸馏和水解低聚物的，可萃取的总回收游离己内酰胺中定量回收己内酰胺。在 250~500℃、高沸点碳氢化合物和 NaOH 存在下，通过加热蒸馏残渣并从反应混合物废气中连续脱除己内酰胺来回收己内酰胺。废气冷凝后回收己内酰胺。回收的己内酰胺必须符合高锰酸盐指数(Pm No)、挥发碱值(VB)、雾色、紫外线透过率、凝固点、浊度等指标才能用于进一步聚合[81]。使用不同的机械分离方法将表面纤维从使用过的地毯材料上拆下，可提供用于多种应用的尼龙 6 纤维。

尼龙 66(NY66)是一种重要的半结晶热塑性聚合物，具有良好的力学、热学和化学性能。在汽车工业中，NY66 广泛用于高性能模制应用，如散热器端水箱、发动机盖、进气歧管、油尺盖、止推垫圈、护套电缆内衬等[82]。根据最近的一项行业估计，与 20 世纪 60 年代的使用量相比，仅在引擎盖下应用中，一辆普通汽车使用的 NY66 几乎是当时的 30 倍。回收降解 NY66 产品的一些途径包括萃取[83,84]、短纤维增强[85,86]、解聚[87,88]、熔融共混[89]和焚烧回收能量[90,91]。这些传统的回收工艺主要用于回收原材料或制造最终使用性能低于一手聚合物产品的二等物品。然而，并没有进行足够的尝试来像第一手 NY66 产品那样提高回收的 NY66 的性能。许多研究人员将扩链的概念用作降解聚合物的合适回收过程，之前使用的一些著名扩链剂包括双己内酰胺[92-94]、双噁唑啉[95-97]、有机亚磷酸酯[98]、二异氰酸酯/二酰氯[99]和环氧树脂[100,101]。

Hong 等[102]报道了实验室规模的糖酵解 NY66(g-NY66)可以通过使用新型扩链剂的熔融共混进行有效回收。总体而言，他们的研究结果表明，通过使用扩链剂熔融共混回收 g-NY66 会产生线型 NY66(回收)聚合物，线型 NY66(回收)聚合物可以使用用于原生 NY66 的现有生产线将其制成新产品。此外，它们还可以通过上述熔融共混工艺多次回收利用，性能几乎可与原生 NY66 相媲美，因此具有重要的工业应用。目前生产的大多数地毯纤维纱线是尼龙 6 或尼龙 66，尽管一小部分是由 PES、腈纶、PP 和其他烯烃纤维、羊毛或棉花制成的[103,104]。由于垃圾填埋场中积累了大量不可生物降解的地毯材料，因此在过去几年中出现了地毯回收。由于材料的不均质性，整个地毯材料的回收利用是一项重大挑战[72]。此外，由于地毯多年来积累的污垢、清洁用化学品和其他材料，回收使用后的地毯废料更加困难。在欧洲进行的研究表明，由于绒毛中积聚的污垢，消费后的地毯比新地毯重约 30%。它还含有大量污染物，主要是用于清洁目的的化学品。正是地毯的这种不均匀性使有效回收成为一个非常困难和高成本的过程。

图 6.7 显示了地毯的四层主要组成：表层或面纱由尼龙纤维组成，通过主背衬簇绒，主背衬通常由 PP 制成，也可以使用其他纤维，例如黄麻、PE、PES 和人造丝。乳胶黏合剂涂在主背衬下以固定表层纤维，黏合剂通常由苯乙烯-丁二烯共聚物(SBR)制成，其中填充有无机材料，如 $CaCO_3$ 或 $BaSO_4$[106]，添加填料是为了隔音。最后，可以选择将二级背衬(与主背衬相同的材料)添加到主背衬上，并通过相同的 SBR 黏合剂黏合到其上。尼龙面纤维含有染料、防污剂(以提高抗污性)和可能的其他添加剂，以提高地毯的质量，通常占地毯总重量的一半左右。

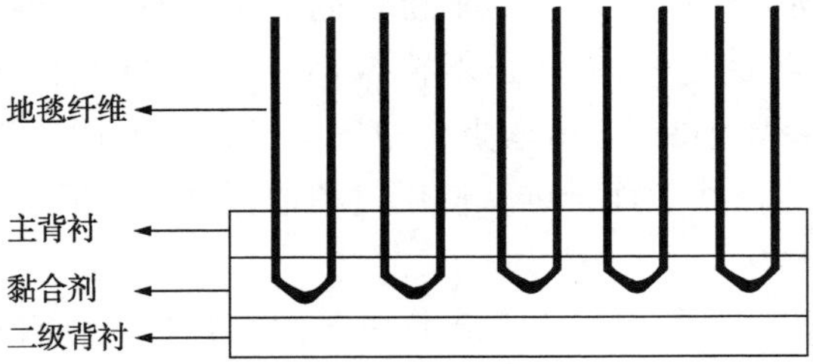

图 6.7　地毯结构

解聚是地毯回收的首选途径，因为它将地毯纤维(尼龙 6 或尼龙 66)分解成相应的单体。这样可以回收单体，单体再聚合成新的高品质尼龙产品。或者尼龙成分可以通过萃取从地毯废料中分离出来。在这个过程中，整个废低碳材料在高温下溶解在溶剂中，在萃取过程中，纤维中的尼龙以聚合物的形式回收，并可在注塑成型中重复使用。与这种方法相关的主要问题是选择合适的溶剂来选择性地溶解尼龙纤维，而不与其他地毯成分发生反应或溶解其他地毯成分。

1994 年，孟山都公司获得了一项工艺专利，可将使用后的尼龙 66 地毯的所有成分回收利用，该过程无需分离即可制成适合注塑的填充热塑性产品[107](图 6.8)。他们使用双螺杆挤出机来实现地毯样品中热塑性塑料的高效混合。回收材料包含 35%~67%(质)的尼龙、8%~21%(质)的 PP、5%~29%(质)的 SBR 和

10%~40%(质)的无机填料。Hagberg 和 Dickerson[108]报道，加入马来酸酐接枝的 PP、PolyBond 3150 可使地毯废料中的尼龙和 PP 相容。添加 3%(质)的 PolyBond 3150 产生约 40MPa 的拉伸强度、3.1GPa 的拉伸模量和 35J/m 的悬臂梁式冲击强度，断裂伸长率降低约 2.3%。这些特性似乎足以使该产品与一些原生聚合物竞争。

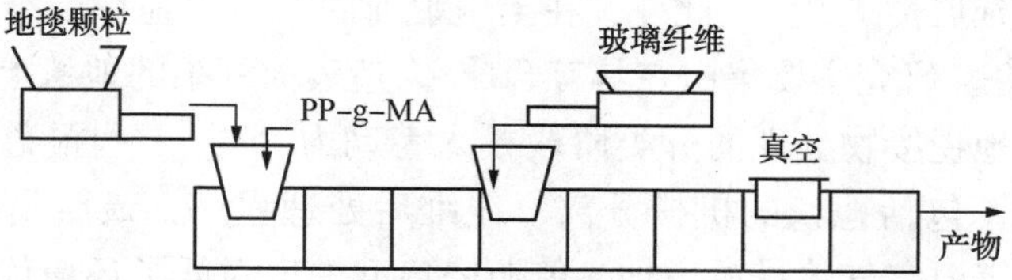

图 6.8　孟山都公司开发的用于回收地毯废料的挤压工艺

整个地毯废料的熔融共混产生可用于制造较低质量的塑料材料的热塑性混合物。此类材料可用于要求较低的产品。该方法包括熔化整个地毯废料，而无需事先分离成其成分，以获得不同聚合物和无机材料的混合物。该方法的主要缺点是所得共混物的品质低且缺乏均匀性，从而限制了其产品的应用数量。该萃取方法试图从其他地毯成分中分离和回收 PA，而不将其转换回原始单体。通常，从这些过程中分离出来的尼龙被注射成型到其他产品中[109-113]。地毯材料的三次回收包括将地毯作为一个整体再利用，通过熔融或挤塑形成共混物，随后用于生产注塑聚合物和热塑性塑料。该工艺的优点是成本低，因为不需要高成本的分离和解聚程序。然而，根据废地毯组分的化学相容性，熔融共混通常会产生低质量的熔融共混塑料，用途有限[89,114,115]。

Lemieux 等[116]报道称，他们中试规模回转窑的实验证明了将使用后的废地毯用作水泥窑燃料的潜力。地毯具有高热值，类似于低品位煤的热值。破碎地毯纤维和地面地毯衬垫的连续进料导致燃烧过程没有瞬时气流，并且几乎不增加 CO 和其他不完全燃烧产物。当废地毯与天然气共燃时，包括 CO、THC、VOC 和 PAH 在内的不完全燃烧产物变化很小。

Zhang 等[117]介绍了两种地毯回收技术。在注塑成型过程中，地毯废料“按原样”回收，不添加任何添加剂，并对成型样品的基线特性进行评估。在压缩成型过程中，采用的方法是用玻璃纤维毡增强地毯废料，形成玻璃毡增强热塑性塑料(GMT)。使用原生材料的 GMT 市场正在增长，特别是用于汽车行业的。聚丙烯是 GMT 中最常用的基质。因此，该研究强调了富含 PP 的地毯废料流，并且发现来自地毯废料的 GMT 的机械性能与来自原始 PP 的 GMT 的机械性能相当。仅添加 20%(质)的玻璃毡就显著提高了剪切棉绒样品的冲击强度。

Bockhorn 等[118]采用动态和等温方法研究了 PA6 在非催化和催化条件下的热降解动力学方法。PA6 的碱催化降解最适用于从 PA6 废物中回收 e-己内酰胺的过程中的应用。该过程的适用性已通过实验室规模的循环球形反应器的研究得到证明。测得的转化度与基于微尺度实验动力学数据计算的转化度非常吻合。使用来自地毯的 PA6：PP 纤维样品，在 290℃下进行了 ε-己内酰胺与 PP 的初步催化分离。对于来自机械回收地毯的 PA6 样品，得到纯度高于 99%的 ε-己内酰胺。还值得注意的是，将合成地毯纤维添加到土壤和混凝土中可增强其结构承载性能[119]。例如，研究表明，在混凝土中添加地毯废纤维(尼龙和 PP)可以提高混凝土的韧性和延展性[120,121]。此外，在土壤中加固的再生地毯废纤维显著提高了其抗压强度[122]。研究主要集中在具有合成/人造表面纤维的地毯上，但分离这些废物流需要在地毯废物处理的分类阶段投入劳动力[123]。一些报道的制造过程也包括几个阶段，包括地毯的机械分离、纤维后处理程序，最后是能源密集型加工。然而，由于温室气体排放增加，能源密集型加工降低了环境优势。此外，一些研究仅利用了地毯废料的特定部分，如果剩余的地毯成分仍然不可回收，这可能不是一种有效的回收方法。向基于地毯废料的复合材料中添加玻璃纤维可改善承重应用的机械性能。然而，玻璃纤维的添加增加了原材料成本，并在制造过程中增加了进一步的加工步骤。

6.3.2 聚酯纤维

聚对苯二甲酸乙二醇酯(PET)，在纺织工业中通常被称为聚酯，被认为是最重要的热塑性 PES 之一[124]。PET 用途广泛，尤其是用于软饮料瓶，也可用于软包装电子产品、太阳能电池板，或作为纺织纤维和织物等许多其他应用。PET 在正常条件下是不可降解的塑料，因为没有已知的生物体可以消耗其相对较大的分子。为了使 PET 生物降解，需要进行复杂和高成本的过程[125]。

1977 年，人们第一次对消费后的 PET 瓶进行回收利用[126]。由于原生 PET 价格居高不下，新的、更廉价的 PET 回收技术通过为加工商提供相对便宜的 PET 而对 PET 回收行业有利。因此通过熔融再加工对 PET 物理回收非常重要，因为它相对简单、投资少、可利旧现有设备，原料处理量灵活，对环境的不利影响很小[127]。PET 的机械回收包括废物分离、洗涤以去除污垢和污染物，粉碎和研磨以减小 PET 粒径，再挤出和再加工以生产新的 PET 产品[128]。热塑性 PET 可进行机械回收，而热固性 PET 不可进行机械回收，因为它无法通过加热进行重塑。最重要的是，机械回收的主要缺点是通过热降解和水解降低其相对分子质量和特性黏度。化学回收伴随着 PET 链的转变。通过聚合物断链，PET 聚合物可以分解为单体或低聚物和其他化学品[129-133]。商业的化学循环技术包括糖酵解[134]、水解[135]、甲醇解[136]和氨解[137]反应。每个反应产物的化学回收分类如图 6.9 所示。

然而，在任何 PET 的熔体再加工过程中，聚合物会经历化学、机械、热和氧化降解，这会降低其摩尔质量，从而降低其黏度、熔体强度和机械性能，并限制其在许多应用中的使用性能[139-141]。为了补偿聚合物降解，在许多研究中已经提出使用扩链剂作为增加相对分子质量的有效方法[142-144]。Duarte 等[145]报告了商用 Joncryl 混合物(POLYAD PR-002)与缩聚物(如 PET)的使用情况；它在实验室密炼机中与原生的和回收的消费后树脂混合。对于原生 PET，仅添加 0.5%的添加剂足以在加工过程中“稳定”聚合物(即保持其摩尔质量)。对于回收的消费后 PET，需要 1.0%的添加剂才能达到相同的效果。使用 1.5%的 Joncryl 对回收消费后 PET 进行化学改性，导致其摩尔质量增加，这与添加 1.0%Joncryl 的原生 PET 的摩尔质量增加量接近(图 6.10)。

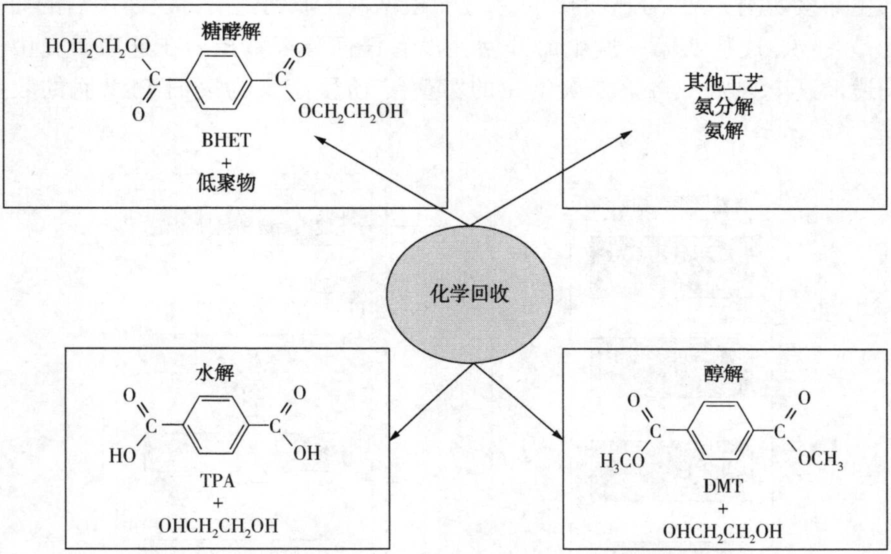

图 6.9　化学回收方法及各反应产物的分类(Park、Kim[138])

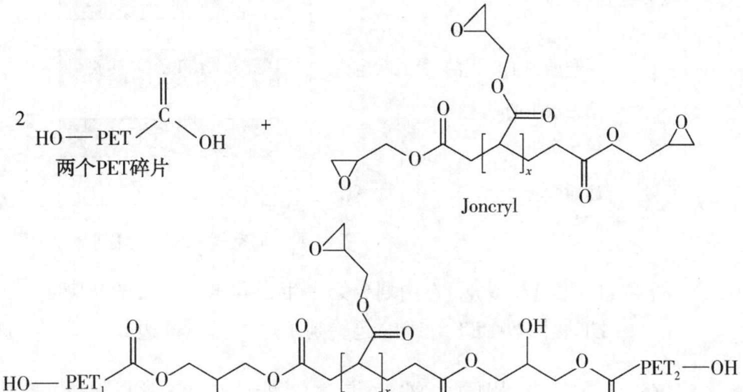

图 6.10　通过多功能环氧化低聚添加剂(Joncryl)对 PET 进行扩链反应

研究发现 Joncryl 环氧增链剂可以补偿原生和回收的消费后 PET 在加工和再加工过程中的降解，并增加二者的摩尔质量。提议的方法似乎是一种快速、简单的一步法工艺，用于检查增链剂的有效性及其对添加剂浓度和加工条件的依赖性，适用于原生和回收的消费后 PET。对于原生产品，这包括从原材料和燃料的开采和运输到所有转换步骤，直到产品(即纤维)在工厂门口被交付。最终产品(例如衬衫)的生产以及使用阶段和消费后废物管理不包括在内。对于开环回收，定义回收产品的“起始”阶段通常是一个问题。作为默认情况，我们选择传统的“截止”方法来定义系统边界。图6.11说明了“截止”法的概念：第一次生命和第二次生命被切割成两个独立的产品系统。根据截止原则，第一次使用后的瓶子被认为是废物；废物从第一次生命开始就没有任何环境负担。在这项研究中[146]，我们遵循这个规则，将第二次生命的“起始”阶段定义为废旧PET瓶的收集和运输。

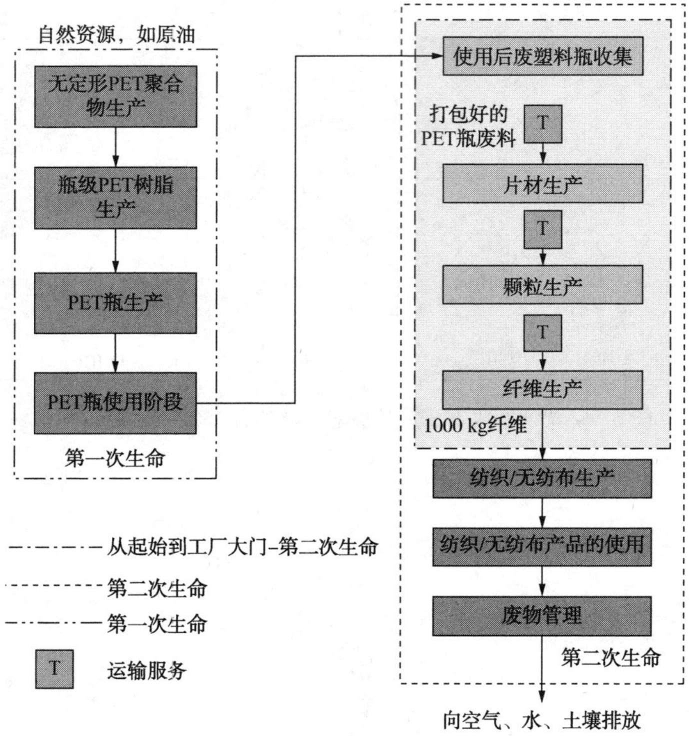

图6.11　根据“截止”方法划分第一生命和第二生命的从废PET瓶回收PET纤维的起始到工厂大门系统边界

使用过的PET瓶在当地范围内被收集，例如，它们来自消费者并被带到废物分离中心，在那里对瓶子进行分类、打包和压实。与回收过程的能源需求相比，与分类、打包和压实相关的能源消耗非常小[147,148]。图6.12显示了再生PET薄片的生产流程。打包好的瓶子被打开后，散瓶按颜色和材质分类。透明(无色)瓶子比蓝色和绿色瓶子具有更高的经济价值。根据当地可用的基础设施，不需要的颜色部分和不需要的材料(例如纸和金属)要么作为副产品出售，要么在当地城市固体废物(MSW)管理设施中处理或填埋。MSW可以在有或没有能量回收的情况下焚烧。

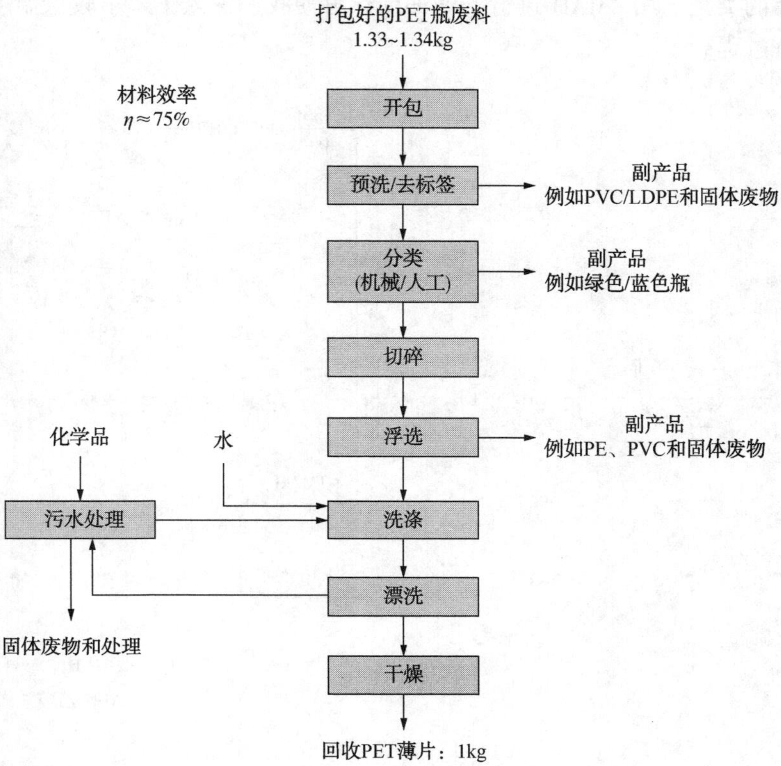

图 6.12　再生 PET 薄片生产流程图

一些生产商在分拣过程之前用热水清洗瓶子以去除标签。塑料标签要么作为副产品(主要由 LDPE、PVC 组成)出售，要么送到当地的市政(MSW)管理部门。然后将瓶子切成薄片，并通过浮法分离步骤，根据密度差异将 PET 与其他塑料(例如 HDPE 瓶盖)分离。将从这一步获得的 PE 作为副产品出售。然后将 PET 薄片在清洁溶液中洗涤、漂洗并干燥。在一些生产线中，需要进行第二次切碎步骤(也称为细碎)，以确保 PET 薄片符合质量要求。最后，将干燥的 PET 薄片准备好运送到造粒厂或纤维厂。

Dimitrov 等[149]回收了 PET，并通过热解气相色谱/质谱(Py-GC/MS)对其进行了研究，以确定材料回收过程后可能残留的污染和降解产物。此外，在有机碱热辅助水解和甲基化(THM)，如四甲基氢氧化铵(TMAH)存在下的反应热解气相色谱(Py-GC)通常为含有酯或碳酸盐键的聚合物的缩合类型提供有用的信息。众所周知，PET 在热解过程中降解的第一步是产生羧酸和烯烃端基的经典酯断裂反应。这种断裂可能会产生许多不同的气体物质(初级产物)，(如果分解发生在空气中)初级产物之间或与氧气发生反应(次级产物)。该有机碱辅助热解得到的主要产物为三甲胺(m/z 58)、对苯二甲酸二甲酯(m/z 163)、甲醇(m/z 31)和乙醇(m/z 45)(图 6.13)。从结果可以看出，它们获得的最终浓度取决于所研究的

PET 样品的类型。用 TMAH 进行的碱辅助热解使我们深入了解了较低温度下 PET 的热分解过程。

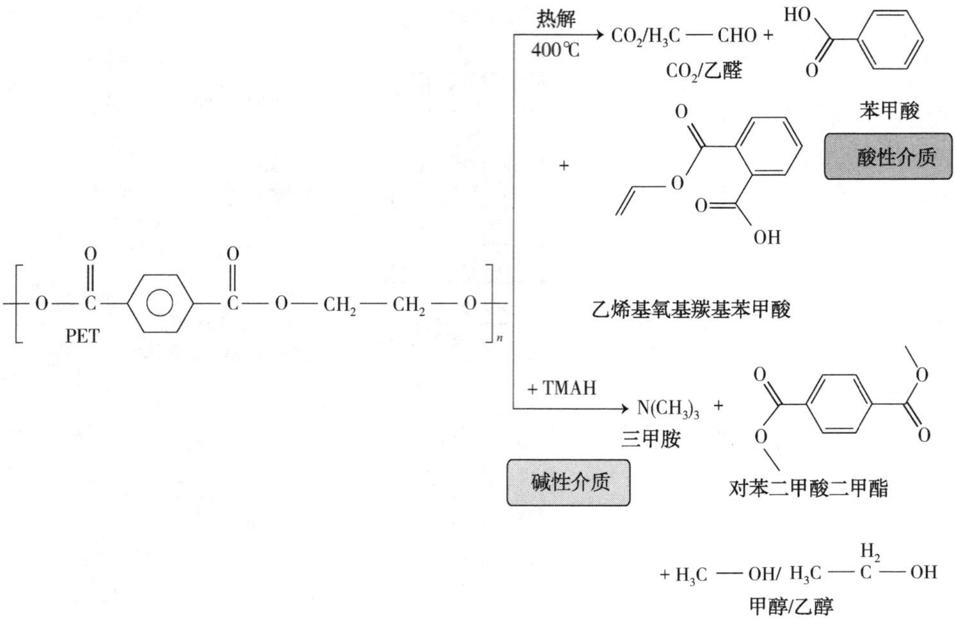

图 6.13　PET 热解产物

化学回收的 PET 可用于制造聚氨酯和不饱和 PES 树脂[150]。可以将机械回收的 PET 用于纺织工业的各种应用，通过化学回收 PET 获得的产品也可以用作聚氨酯和不饱和 PES 树脂的原料。通过这些努力，增加了回收 PET 的使用范围和规格，以替代原生 PET，PET 废弃物的回收是提高 PET 时尚界和纺织行业环保性能的有效方法[119]。

6.3.3　玻璃纤维

玻璃纤维是由极细的玻璃制成的材料，它也被称为纤维玻璃。纤维是由熔融的无机产物纺成的，该产物已冷却至刚性状态而未结晶。玻璃熔体是通过将二氧化硅与矿物质融合(共熔)制成的，矿物质包含形成特定成分所需的氧化物。熔融物质被快速冷却以防止结晶并通过也称为纤维化的过程形成玻璃纤维。

玻璃纤维是一种重量轻、非常坚固且坚固的材料。尽管它的强度比碳纤维(CF)稍低，而且硬度较低，但这种材料的脆性通常要小得多，而且原材料也便宜得多。它用于制造结构复合材料、印刷电路板和各种特殊用途产品[151]。玻璃纤维是有应用价值的，因为它们的表面积与重量之比很高。然而，大表面积使它们更容易受到化学侵蚀。通过将空气截留在其中，玻璃纤维块具有良好的隔热性能，导热系数约为 0.05W/(m·K)。

6.3.3.1 玻璃纤维增强塑料

玻璃纤维增强塑料(GFRP)是通过将玻璃纤维添加到塑料基体中而获得的。GFRP 是由不饱和 PES 树脂与玻璃纤维和填料层压制成的复合材料。它是一种众所周知的复合材料，因其在重量和耐用性方面的优越特性而具有很高的市场价值。基质包括有机树脂、PES、耐热树脂、乙烯基酯树脂、酚醛树脂和环氧树脂。PES 树脂分为双酚和邻苯二甲酸或间苯二甲酸[152]。纤维增强复合材料的力学行为基本上取决于纤维强度和模量、化学稳定性、基体强度以及纤维与基体之间的界面黏结性能，以实现应力传递[153]。它们具有许多理想的特性，例如低成本、高拉伸强度、高耐化学性和优异的绝缘性能[154,155]。GFRP 是一种强度高且重量轻的材料，在工业中具有广泛的用途。

玻璃纤维增强复合材料因其强度高、重量轻而广泛应用于汽车和航空航天领域。其他产品包括风力涡轮机、运动设备、汽车和建筑部件等。然而，GFRP 很难回收，这类复合材料通常由热固性聚合物制成，不能再熔化。在过去，已经对几种方法进行了评估和测试，但这些方法在经济上被证明是不可行的，也没有建立起来。因此，玻璃纤维增强复合材料往往最终通过填埋处理。填埋的成本正在增加，法规要求含有超过 10%有机物质的废物不得进行填埋。因此，有明确的动机来开发回收这种材料的方法。

回收 FRP 废物的技术分为两大类：机械方法，包括以减少 FRP 废物的尺寸为目的的粉碎技术；热方法，利用热量将废物分解为原材料，并最终转化为能源。

6.3.3.2 机械过程

机械回收是目前商业上用于热固性聚合物的唯一工艺。该方法涉及切割、破碎、研磨等一系列操作，以依次减小回收料的粒度。第一个加工阶段包括使用慢速切割或粉碎机将原始材料破碎成 50~100mm 的碎片。

6.3.3.3 热处理过程

热处理过程涉及树脂的挥发，逸出纤维，最终从复合材料中释放出填料。但在处理玻璃纤维增强复合材料的情况下，纤维发生剧烈降解。

6.3.3.3.1 热解工艺

典型的热解过程示意图如图 6.3 所示，其中产生的气体用作燃料为过程提供热量。

热解过程是在无氧的条件下加热可燃材料。在这个过程中，材料分解成较低相对分子质量的有机物质(液体和气体)以及固体焦炭产物。它提供了一种从废复合材料中回收材料的方法。该设备设计用于轮胎热解的批量处理，温度保持在 700~1000℃。该过程产生燃料气、一些液体油产品、包含无机纤维和填料的固体残余物以及焦炭。将产生的固体残渣用作新的片状模塑料(SMC)的填料。将 30%研磨固体残留物加入 SMC 中，不会对模制零件的加工或机械性能产生不利影响。废 SMC 的低温热解研究表明[156]，如果玻璃纤维能够在良好条件下回收，则固体产品中存在潜在价值。此过程的反应温度为 400℃。发现蒸汽的存在增加了聚合物的降解速率，使纤维更容易从固体热解产物中分离。通过酸消解清除碳酸钙填料，以回收氯化钙薄片，从而清洁产生的固体产品。然后将纤维分离并清洗。测定了纤维的比断裂能保持率。在 400℃的热解温度下，纤维保留了约 50%的比断裂能，因此有必要分解聚合物。

热解技术在回收复合塑料中的应用也引起了人们的兴趣[157-159]。热解使塑料组分热降解以产生油和气体产品。油可用作液体燃料，或返回炼油厂进行加工，而气体可燃烧以提供热解系统所需的能量。为了完全回收复合废物，需要对由纤维、填料和焦炭组成的热解固体残留物进行可行的应用。可能的再利用途径可能包括在大块模塑料的生产中替换原始纤维和填充材料，或作为混凝土中的填充材料[160,161]。

6.3.3.3.2 流化床工艺

流化床工艺包括聚合物基质的热分解，以及离散的玻璃纤维和填料颗粒的释放和收集，往往需要氧气来减少焦炭的形成。流化床可能是一种在气流中快速加热进料的便利的方法，并提供从增强相中释放出单丝所需的摩擦力。流化气足以淘析释放的纤维和填料，同时保留未降解的材料。有机污染物(如矿物油和表面漆)随聚合物基质挥发，而无机固体(如金属嵌件)沉入流化床，并可在床层再分级过程中去除。高价值纤维与相对低价值填料的分离可以方便地进行，而每种填料都以离散的空气颗粒形式存在。该过程是通过位于流化床自由空域的新型旋转筛分离器实现的。它的作用是从流化气流中去除长纤维，并允许填料和短纤维通过。随后使用旋风分离器从气流中除去填料和短纤维。由于流化床在相对较低的温度(通常为 450℃)下运行，无法实现进料中有机成分的完全燃烧。因此，在二次燃烧室中 1000℃下进行燃烧是完全氧化有机物所必需的。去除因加工废料进料中的卤化树脂而产生的酸性气体后，这将产生清洁的烟道气，并允许回收能量。图 6.14 显示了理想化的过程。

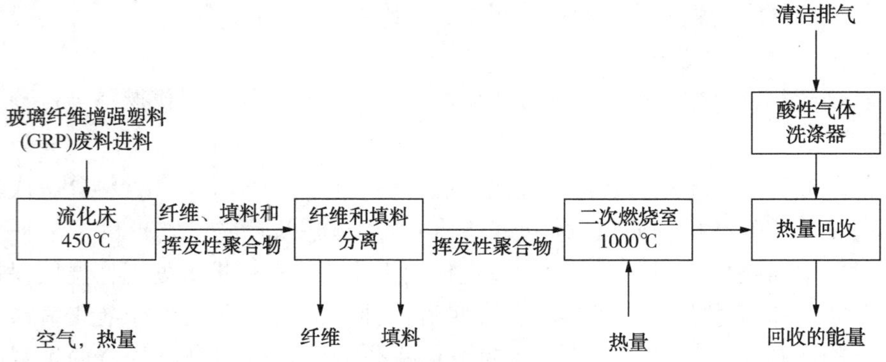

图 6.14 流化床过程[3]

6.3.3.4 化学回收

化学回收在较低温度下运行，并使用溶剂来解聚树脂并释放纤维，最终释放出填料。有趣的是，可以从树脂中回收有价值的产品，并且可以重复使用纤维。

由于碳纤维(CF)的价值，在水($T>374$℃和$P>221$bar)和醇的超临界条件下的化学回收更多地应用于碳复合材料，但对由树脂(更常见的是环氧树脂)产生的产品没有任何兴趣。它也被应用于玻璃纤维增强复合材料，如SMC[162]或无纤维的PES树脂模型[163,164]。

Oliveux等报告了通过亚临界水解从玻璃纤维-聚醚砜复合材料中回收玻璃纤维，这取决于回收纤维的质量、回收产品的性质和工艺效率以及使用的商业产品。该研究评估了水解工艺回收玻璃纤维增强复合材料的潜力[165]。

Asokan等[166]评估了混凝土中碎玻璃钢(GRP)废料的回收潜力，并探索了添加高效减水剂以改善其性能的可能性，以用于不同应用的建筑产品(图6.15)。混凝土复合产品的质量取决于GRP废粉的特性、粒度分布、研磨过程和研磨程度、骨料配合比，以及添加剂的浓度。使用2%高效减水剂和磨碎的GRP废料样品(5%~15%)开发的混凝土复合材料显著提高了抗压强度、劈裂抗拉强度、收缩率、初始表面吸收率、总吸水率和密度，产品符合英国标准并适用于建筑用普通混凝土和结构混凝土。GRP废料在混凝土中的潜在应用包括预制铺路板、屋顶瓦片、预制混凝土墙元件、轻质混凝土、混凝土铺路块和建筑覆层材料。

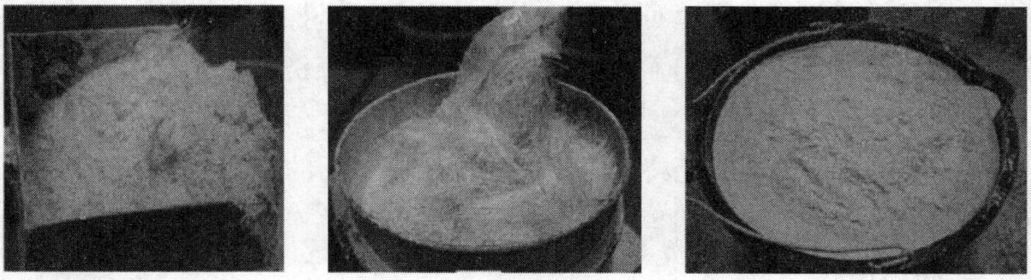

(a) (b) (c)

图6.15 (a)废GRP磨碎样品，(b)分离的玻璃纤维和聚乙烯，(c)GRP废料粉末(Asokan等[166]经Elsevier许可转载)

FRP废物焚烧或热分解后回收的玻璃纤维有时会在树脂尚未完全分解时黏附上焦炭。对于作为增强材料回收的玻璃纤维，必须首先对其清洁以去除焦炭。如果将纤维用作绝缘材料，则无需去除焦炭，但纤维只能用作低级绝缘材料。部分混合碳酸钙(常用填料)的玻璃纤维的绝缘性能尚不清楚。

FRP回收物的最终用途应基于回收物的特性，特别是在这些特性提供附加值的情况下，例如化学和物理特性(例如，具有更高耐火性的酚醛复合材料)。在这些特性中，回收物可以提供特殊的表面效果和设计，用于吸声(墙板或道路)，使用蓬松材料作为高隔热材料或用于非织造材料，用于聚合物混合物的黏度改性，以及低成本的芯材(在船只或木材替代产品中)作为增强材料[167]。

6.3.4 碳纤维

碳纤维(CF)是长径比(长度/直径)大于100的一维丝状碳。这些长丝直径为7~15pm，由“乱层”石墨的小微晶组成，石墨是碳的同素异形体之一。在石墨晶体中，碳原子以六边形排列在一个平面上，平面堆叠在一起，共价键作用于平面内，较弱的范德华力将平面固定在一起。CF不受侵蚀性环境的影响，耐磨，在高温下稳定，医用安全，与钢纤维一样坚固，在碱性环境中比玻璃纤维更稳定。此外，碳纤维的密度较低，尤其是与钢纤维相比，其强度密度比是所有纤维类型中最高的。CF的主要缺点是成本高，因为低成本对于大多数水泥应用至关重要。CF具有一个额外的优点，即具有高导电性。由于水泥本身是一种不良导电体，CF的存在大大增加了水泥的导电性。高导电性使水泥可用作抗静电地板、电磁屏蔽室墙壁等的材料[168-170]。

CF-水泥复合材料的当前用途包括覆层、活动地板、轻质装饰框架、外壳结构以及暴露在恶劣环境中的结构元件的保护涂层[171]。

碳纤维增强树脂复合材料(CFRP)因其独特的力学性能、耐腐蚀性等，在交通工具、体育用品等领域得到了广泛的应用[172]。然而，碳纤维的生产成本高，能耗大。如果性能优越的碳纤维能够以经济的方式回收，那么在某些应用中，回收的碳纤维可以取代原始碳纤维，因而可以节省大量生产CF的能源。因此，为了有效地实现碳纤维布的化学回收，一个关键的问题是探索合适的反应条件，在该条件下回收的碳纤维及其分解产物都是非常有用和经济的。

主要的回收方法可分为三类：机械回收[173-175]、热处理[176-178]和化学回收[179-186]。其中，化学回收是将聚合物基质分解成有用的化学品并避免对碳纤维造成损害的有利途径。

6.3.4.1 机械回收

玻璃纤维和碳纤维增强复合材料的机械回收技术已被大量研究，但对前者的研究最为广泛。所使用的技术通常是在初级破碎过程中减少废弃的复合材料成分。这通常涉及使用慢速切割或粉碎机将材料切成50~100mm的碎片。这有助于去除金属嵌件，如果在产生废物的初始阶段进行，则体积减少有助于运输。主要破碎阶段将在锤式粉碎机或其他高速粉碎机中进行，该阶段材料被研磨成尺寸范围在10~50mm的颗粒。然后，通常利用包括旋风分离器和筛子在内的分类操作将产生的回收物分级为不同尺寸的部分[174,175,187]。在机械回收过程中，原始复合材料的所有成分都出现在最终的回收物中，即聚合物、纤维和填料的混合物。通常，细粒级组分为粉末，填料和聚合物的比例高于原始复合材料中的比例。较粗组分倾向于具有纤维性质，其中颗粒具有较高的长径比和较高的纤维含量。

机械回收工艺适用于相对干净、未受污染且来自已知来源的废弃复合材料。有几种用于粉末回收物和纤维回收物的技术，它们具有再利用的潜力。然而，粉末回收物再利用回其来源的热固性化合物的潜力有限。尽管它们的密度较低，但在使用它们的产品中，就易于加工和较低的机械性能而言，它们的使用还有其他缺点。纤维状回收物具有作为增强材料的一些潜力，但它们不如原始的增强材料好，并且存在与回收物和聚合物的黏合以及较大体积的回收物趋向于增加应力并导致失效等问题。该过程如图 6.16 所示。

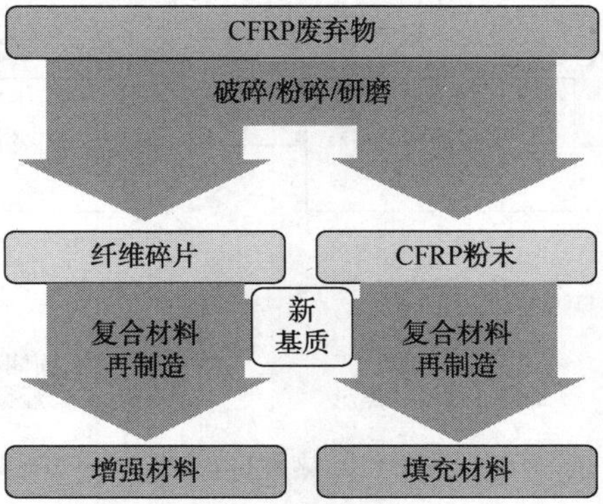

图 6.16　机械回收(Pimenta 和 Pinho[188] 经 Elsevier 许可转载)

6.3.4.2　热处理回收

6.3.4.2.1　热解

作为一种常见的热过程，热解可产生化学产品、纤维和填料，也利用热解研究了 CF 复合材料的回收。日本研究了用环氧树脂和酚醛树脂制备 CF 复合材料，主要研究了 CF 在空气中加热和热解后的性质。在实验中，热解被通常描述为在空气流中发生。将材料长时间在 400℃、500℃和 600℃加热后进行拉伸强度测试并与原生纤维进行比较，结果表明，一方面，对于 CF 复合材料在 500℃热解时，CF 的拉伸强度几乎没有下降。另一方面，CF 单独在空气中加热，拉伸强度下降约 25%，这被解释为由于纤维没有树脂保护层而被更严重的氧化。在 600℃以下，CF 发生了更严重的氧化，并且在热解条件下纤维的拉伸强度降低了 30%以上。为 CF 复合材料开发的气化工艺[189]包括在温度为 600℃的受控氧气流中加热废料。短链碳氢化合物、气体(H_2和 CO)和 CF 可从聚合物转化和再利用中回收。聚合物形成的残留在纤维上的残炭通常小于 10%。相对于玻璃纤维，再生纤维的拉伸强度得到了提高(超过 25%)，并被用作大块模塑化合物中玻璃纤维的替代品。热回收工艺的优点是，它能够接受更多受污染的废料。流化床工艺可生产出非常清洁的纤维产品，但其形式与现有的原始纤维产品不同。需要确定将材料再加工成具有成本效益的新产品，这一领域需要更多的开发。这与热解过程中产生的纤维产品的情况相同。该工艺的局限性包括再生纤维上残留的不同程度的残炭，这需要进一步处理以重新利用。热解过程比流态化过程更复杂，但可从聚合物中产生潜在有用的有机产品。该产品需要进一步加工，以将其与所生产产品的混合物分离，并且似乎只有在大规模处理情况下才具有成本效益（图 6. 17）。

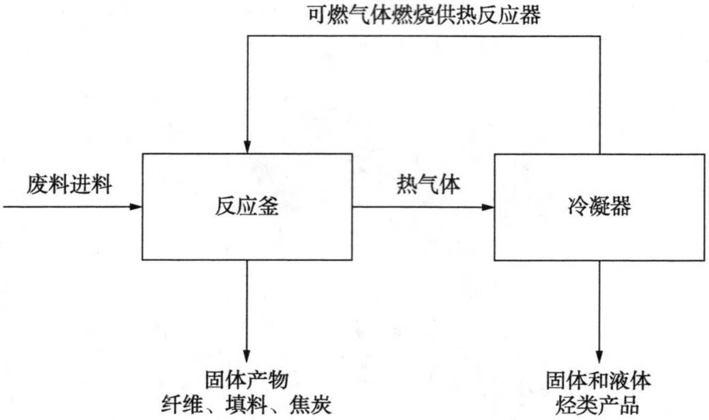

图 6. 17　热解过程[36]

6. 3. 4. 2. 2　带有能量回收的燃烧或焚烧

像所有有机材料一样，热固性聚合物可以作为能源燃烧。在燃烧过程中，一些矿物填料分解并吸收能量，为此该过程需使用阻燃剂。阻燃剂用于降低着点火和阻止火势蔓延，吸收的能量与树脂的热值相比很小。例如，三水合氧化铝吸收的能量为 1000kJ/kg。如果复合材料中存在同样多的三水合氧化铝，则热值将降低至 3. 3%。在水泥窑中焚烧废料复合材料是从不可燃材料中回收一些价值的有效途径。复合材料中常用的玻璃增强材料和矿物填料含有可掺入水泥中的矿物质，已经研究了这些矿物质对水泥生产过程的影响[190]。

6. 3. 4. 2. 3　流化床热工艺

流化床热工艺是一种利用能量回收生产清洁纤维和填料的热工艺。复合材料中最具可回收价值的是纤维强化复合材料。过去诺丁汉大学的研究主题是开发从废玻璃和 CF 增强复合材料中回收高级玻璃和 CF 增强材料的流化床工艺[177,191]。最初，废料复合材料的尺寸减小至约 25mm，并被送入流化床。流化床床料由粒径约为 0. 85mm 的硅砂组成。在 450~550℃的温度范围内，用热空气流使沙子流化的典型流化速度为 0. 4~1. 0m/s。因此，聚合物从复合材料中挥发并释放出纤维和填料，这些纤维和填料作为气流中的单个颗粒被带出床层，然后进入高温二次燃烧室，在那里聚合物被完全氧化。因此，可以从这些热燃烧产物中回收能量。图 6.18 显示了该过程的简图。该工艺已用于回收玻璃纤维和碳纤维。纤维产品呈羽毛状，包含通常平均长度(按重量计)从 6mm 到超过 10mm 的单根纤维长丝。回收的纤维相对干净，表面污染很少。玻璃增强 PES 复合材料在 450℃下会导致聚合物挥发并将纤维释放到气流中。环氧树脂中的快速挥发聚合物需要 550℃的温度条件。

Pickering 等[177,192,193]在 450℃、流化速度为 1.3m/s 的情况下，通过流化床工艺从复合材料中成功回收了玻璃纤维。后来，Zheng 等[194]在 400~600℃的温度范围内从印刷电路板上回收了玻璃纤维。流化床工艺确实可提供清洁的纤维和其他产品，但回收的纤维会被高度氧化，导致其性能下降。

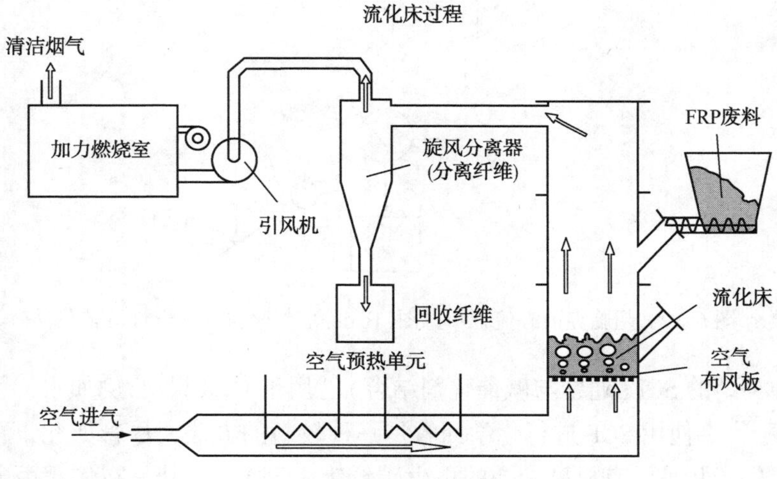

图 6.18　流化床过程

6.3.4.3　化学回收

化学回收包括液相裂解、化学分解、超临界流体(SCF)工艺等。与上述机械和热过程相比，化学回收对于回收复合材料并不有效，因为并非所有解决方案都适用于所有复合材料。开发一种将热固性复合材料化学回收为有用 CF 和有机化合物的方法也是一个重要问题。SCF 具有类似液体的密度、溶解能力，类似气体的黏度和扩散性的综合特性，已被用于回收复合材料。研究了几种类型的流体，例如水、甲醇和丙醇。

SCF 是温度和压力(通常刚好)高于临界点的流体，在这个阶段，流体呈现出一个单一的超临界相，同时具有综合特性：类似液体的密度和溶解能力以及类似气体的黏度和扩散性[195]。因此，SCF 可以渗透多孔固体并溶解有机材料，同时在大气条件下仍然相对无害。

SCF 还具有介于气体和液体之间的独特性质。因此它们具有低黏度、高传质系数、高扩散率和随压力变化的溶解能力[196]。一旦处于超临界状态，就会获得均相，它能够渗透到多孔材料中并完全溶解所有气体。这些特性与有机材料的高溶解度相结合，使超临界醇成为萃取和热解反应的理想候选物质。基质材料可以分批获取、膨胀或松散、热解和萃取[197,198]。超临界水、二氧化碳和碳氢化合物以前已被广泛用于学术和商业项目，以进行反应化学[199]和材料加工[200]。超临界丙醇流动系统如图 6. 19 所示。

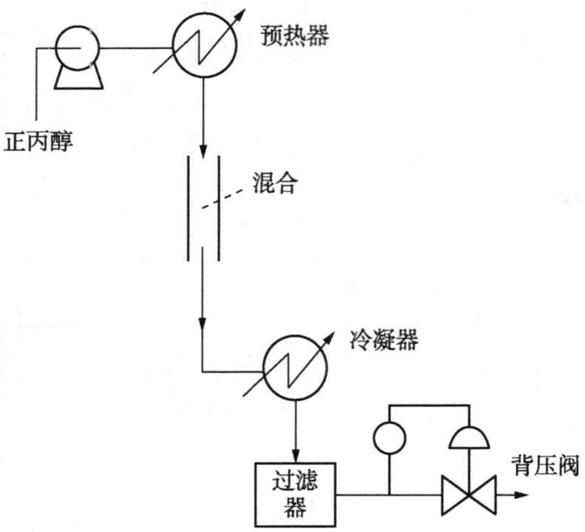

图 6. 19　超临界丙醇流程示意图（Hyde 等[201]经 Elsevier 许可转载）

几种类型的 SCF（通常与碱催化剂结合）已用于 CF 回收，例如水、甲醇、乙醇和丙醇[182]。使用 SCF 进行化学回收是一种较新的方法，尽管如此，它已经被认可用于生产几乎没有机械杂质的再生碳纤维（rCF），尤其是在使用丙醇时，并且允许从基质中回收有用的化学品[202,203]。

在 Piñero-Hernanz 等[204,205]最近的工作中，在 250～400℃的温度和 4～27MPa 的压力下对水进行了 SCF 测试，在 300～450℃的温度和 5～17MPa 的压力下对醇（甲醇、乙醇、1-丙醇和丙酮）进行了测试以回收碳纤维增强复合材料。结果表明，使用碱性催化剂（如 KOH）时，在超临界水中的树脂去除效率超过 90%，回收的 CF 的机械强度仅降低 2%～10%。在超临界醇的情况下，在 350℃下，树脂消除效率为 98%，回收的 CF 保留了原始纤维强度的 85%～99%。

Hyde 等使用超临界丙醇从 CF 复合材料的表面提取和去除环氧树脂。当在 450℃和 50bar 以上运行时，该过程似乎是有效的。研究发现回收的纤维在拉伸强度方面几乎与原生纤维一样强，表明它们的结构完整性几乎没有受到破害。这种方法的一个优点是可以回收聚合物以及纤维材料。回收的纤维大部分不含残留的环氧树脂，因此在分布上与其他提取方法相当。该方法快速简单，可以在半连续模式下操作，这对于此类工艺非常理想[201]。图 6. 20 分别显示了具有代表性的原生和回收 CF 高倍放大的 SEM 图像。可以看出，纤维似乎完全没有环氧树脂，并且表面干净光滑。纤维上的直径没有明显减少或表面划痕，表明提取过程没有损坏纤维。纤维表面有一些非常小的残留环氧树脂沉积物，纤维直径为7~8μm。

(a) (b)

图 6.20 (a)原始碳纤维，(b)scPrOH 处理后获得的碳纤维的 SEM 显微照片(Hyde 等[201]经 Elsevier 许可转载)

Palmer 报道了使用低成本 CF 回收物作为增强组分代替传统玻璃纤维的新型 SMC 的研发工作[206]。新设计的制造系统允许在现有 SMC 生产线中使用大而粗的回收纤维材料，并通过仔细控制原生和回收纤维分布，可以获得利用回收 CF 的可行 SMC 等级。片材和面团成型工艺的优势在于它们可以利用短纤维部分，因此为来自更便宜提取工艺的 CF 回收物提供了潜在的应用。分散形式的短纤维，例如在块状模塑料或非织造面纱或薄纸产品中，发现回收纤维的应用前景广阔。

6.4 结论

与合成纤维复合材料相比，天然纤维增强复合材料在户外应用时面临更高的降解风险。这归因于天然纤维的特性，其易于生物降解。

参 考 文 献

1. Carvalho, F.R. (2005) Composites of sisal fibers for use in reinforcement of wooden structures. PhD Thesis in Material Science and Engineering. São Carlos: Polytechnical School, Institutes of Physics and Chemistry. University of São Paulo (USP)
2. Saville, B.P. (2007) *Physical Testing of Textiles*, The Textile Institute, Woodhead Publishing Limited, Cambridge.
3. Ricken, L.C., Pozza, P.P., and Teixeira, J.A. (2008) Ecodesign: choice of materials aiming sustainability and manufacturing processes. Proceedings of the 8th Brazilian Congress of Research and Development in Design (P&D).

4. Scarlato, F.C. and Pontin, J.A. (1992) *From the Cradle to Grave: Society, Environmental and Education*, 18th edn, Atual Editora, São Paulo.
5. Alves, C., Ferrão, P.M.C., Silva, A.J., Reis, L.G., Freitas, M., Rodrigues, L.B. *et al.* (2010) Eco-design of automotive components making use of jute fiber composites. *J. Cleaner Prod.*, **18**, 313–327.
6. John, M.J. and Thomas, S. (2008) Biofibres and biocomposites. *Carbohydr. Polym.*, **71**, 343–364.
7. Iwatake, A., Nogi, M., and Yano, H. (2008) Cellulose nanofiber-reinforced polylactic acid. *Compos. Sci. Technol.*, **68**, 2103–2106.
8. Akil, H.M., Omar, M.F., Mazuki, A.A.M., Safiee, S., Ishak, Z.A.M., and Abu Bakar, A. (2011) Kenaf fiber reinforced composites: a review. *Mater. Des.*, **32**, 4107–4121.
9. Pappas, C., Tarantilis, P.A., Daliani, I., Mavromoustakos, T., and Polissiou, M. (2002) Comparison of classical and ultrasound-assisted isolation procedures of cellulose from kenaf (*Hibiscus cannabinus* L.) and eucalyptus (*Eucalyptus rodustrus Sm.*) *Ultrason. Sonochem.*, **9** (1), 19–23.
10. Wang, D., Shang, S., Song, Z., and Lee, M. (2010) Evaluation of microcrystalline cellulose prepared from kenaf fibers. *J. Ind. Eng. Chem.*, **16**, 152–156.
11. Kargarzadeh, H., Ahmad, I., Abdullah, I., Dufresne, A., Zainudin, S.Y., and Sheltami, R.M. (2012) Effects of hydrolysis conditions on the morphology, crystallinity, and thermal stability of cellulose nanocrystals extracted from kenaf bast fibers. *Cellulose*, **19**, 855–866.
12. Ralph, J. (1996) An unusual lignin from kenaf. *J. Nat. Prod.*, **59**, 341–342.
13. Xu, J., Sugawara, R., Widyorini, R., Han, G., and Kawai, S. (2004) Manufacture and properties of low-density binderless particle board from kenaf core. *J. Wood Sci.*, **50**, 62–67.
14. Kalaycıoglu, Ḧ and Nemli, Ğ (2006) Producing composite particleboard from kenaf (*Hibiscus cannabinus L.*) stalks. *Ind. Crops Prod.*, **24**, 177–180.
15. Shibata, S., Cao, Y., and Fukumoto, I. (2006) Lightweight laminate composites made from kenaf and polypropylene fibres. *Polym. Test.*, **25**, 142–148.
16. MacNeish, R.S. (1964) *Ancient Mesoamerican Civilization*, Bobbs-Merrill, Indianapolis, IN.
17. Huckell, L.W. (1993) Plant remains from the Pinaleno cotton cache, Arizona. *Kiva*, **59** (2), 147–203.
18. Fuller, D.Q. (2008) The spread of textile production and textile crops in India beyond the Harappan zone: an aspect of the emergence of craft specialization and systematic trade, in *Linguistics, Archaeology and the Human Past*, Industrial Project (eds T. Osada and A. Uesugi), Research Institute of Humanity and Nature, Kyoto, pp. 1–26.
19. Basra, A.S. and Malik, C.P. (1984) Development of cotton fiber. *Int. Rev. Cytol.*, **89** (1), 65–113.
20. Mwaikambo, L.Y. and Bisanda, E.T. (1999) The performance of cotton-kapok fabric-polyester composites. *Polym. Test.*, **18** (3), 181–198.
21. Mwaikambo, L.Y., Martuscelli, E., and Avella, M. (2000) Kapok/cotton fabric-polypropylene composites. *Polym. Test.*, **19** (8), 905–918.
22. Holt, G.A., Barker, G.L., Baker R.V., and Brashears A. (2000) Various parameters of cotton gin by-products produced from the gin processing machinery. Proceedings of the Belt Wide Cotton Conference, pp. 1595–1602.
23. Poore, M.H. and Rogers, G. (1995) Feeding whole cotton seed and other cotton by-products to beef cattle. *Vet. Med.*, **90** (11), 1077–1087.
24. Truhett, C. (1994) Developing markets for composted gin waste. Proceedings of the Beltwide Cotton Conference, Vol. 1, p. 609.
25. Ayers, V. (1997) Farmers composting of cotton gin waste. Proceedings of the Beltwide Cotton Conference, Vol. 2, pp. 1615–1616.
26. Ververis, C., Georghiou, K., Christodoulakis, N., Santas, P., and Santas, R. (2004) Fiber dimension, lignin and cellulose content of various plant materials and their suitability for

paper production. *Ind. Crops Prod.*, **19**, 245–254.
27. Coates, W. (2000) Using cotton plant residue to produce briquettes. *Biomass Bioenergy*, **18**, 201–208.
28. Holt, G.A., Simonton, J.L., Beruvides, M.G., and Canto, A. (2004) Utilization of cotton gin by-products for the manufacturing of fuel pellets: an economic perspective. *Appl. Eng. Agric.*, **20** (4), 423–430.
29. Kamath, M.G., Bhat, G.S., Parikh, D.V., and Mueller, D. (2005) Cotton fiber nonwovens for automotive composites. *Int. Nonwovens J.*, **14** (1), 34–40.
30. DEFRA (2006) *Recycling of Low Grade Clothing Waste,* Department for Environment, Food and Rural Affairs.
31. DEFRA (2009) *Maximising Reuse and Recycling of UK Clothing and Textiles,* Department for Environment, Food and Rural Affairs.
32. Ali, M. and Courtenay, P. (2014) Evaluating the progress of the UK's material recycling facilities: a mini review. *Waste Manage. Res.*, **32** (12), 1149–1157.
33. Hong, F., Guo, X., Zhang, S., Han, S.-F., Yang, G., and Jönsson, L.J. (2012) Bacterial cellulose production from cotton-based waste textiles: enzymatic saccharification enhanced by ionic liquid pretreatment. *Bioresour. Technol.*, **104**, 503–508.
34. Shen, F., Xiao, W., Lin, L., Yang, G., Zhang, Y., and Deng, S. (2013) Enzymatic saccharification coupling with polyester recovery from cotton-based waste textiles by phosphoric acid pretreatment. *Bioresour. Technol.*, **130**, 248–255.
35. Jeihanipour, A., Karimi, K., Niklasson, C., and Taherzadeh, M.J. (2010) A novel process for ethanol or biogas production from cellulose in blended-fibers waste textiles. *Waste Manage.*, **30** (12), 2504–2509.
36. Jeihanipour, A. and Taherzadeh, M.J. (2009) Ethanol production from cotton-based waste textiles. *Bioresour. Technol.*, **100** (2), 1007–1010.
37. Zou, Y., Reddy, N., and Yang, Y. (2011) Reusing polyester/cotton blend fabrics for composites. *Composites Part B*, **42** (4), 763–770.
38. DeVallance, D.B., Gray, J., and Lentz, H. (2012) Properties of wood/recycled textile composite panels. *Wood Fiber Sci.*, **44** (3), 310–318.
39. Ahmed, E.M., Sahari, B., and Pedersen, P. (1999) Non-linear behaviour of unidirectional filament wound COTFRP, CFRP, and GFRP composites. Proceedings of World Engineering Congress, WEC 99, Mechanical and Manufacturing Engineering, Kuala Lumpur, pp. 537–543.
40. Khalid, A.A., Sahari, B., and Khalid, Y.A. (1998) Environmental effects on the progressive crushing of cotton and glass fibre/epoxy composite cones. Proceedings of the Fourth International Conference on Advances in Materials and Processing Technologies, 98, Kuala Lumpur, pp. 680–689.
41. Chuayjuljit, S., Su-uthai, S., and Charuchinda, S. (2010) Poly(vinyl chloride) film filled with microcrystalline cellulose prepared from cotton fabric waste: properties and biodegradability study. *Waste Manage. Res.*, **28**, 109–117.
42. Bairagi, N. (2014) Recycling of textiles in India. *J. Text. Sci. Eng.*, **S2**, 003.
43. Kalliala, E.M. and Nousiainen, P. (1999) Life cycle assessment environmental profile of cotton and polyester-cotton fabrics. *Autex Res. J.*, **1** (1), 8–20.
44. Firgo, H., Eichinger, D., and Eibl, M. (1997) Process for the production of a cellulose moulded body. US Patent 5,601,767.
45. Haule, L.V., Rigout, M., Carr, C.M., and Jones, C.C. (2012) Surface and bulk chemical analysis of the durability of an easy care finish on cotton. *Cellulose*, **19** (3), 1023–1030.
46. Woodings, C.R. (1995) The development of advanced cellulosic fibres. *Int. J. Biol. Macromol.*, **17** (6), 305–309.
47. Chanzy, H. (1982) Cellulose amine oxide systems. *Carbohydr. Polym.*, **2**, 229–231.
48. Chanzy, H., Paillet, M., and Hagege, R. (1990) Spinning of cellulose from N-methyl morpholine N-oxide in the presence of additives. *Polymer*, **31** (3), 400–405.

49. Kim, D.B., Pak, J.J., Jo, S.M., and Lee, W.S. (2005) Dry jet-wet spinning of cellulose/N-methylmorpholine N-oxide hydrate solutions and physical properties of lyocell fibers. *Text. Res. J.*, **75** (4), 331–341.
50. Huong, M.B., Anelise, E., and Thomas, B. (2008) Pilling in man-made cellulosic fabrics, part 1: assessment of pilling formation methods. *J. Appl. Polym. Sci.*, **110** (1), 531–538.
51. Zhang, W., Okubayashi, S., and Bechtold, T. (2005) Fibrillation tendency of cellulosic fiberse—part 4. Effects of alkali pretreatment of various cellulosic fibers. *Carbohydr. Polym.*, **61** (4), 427–433.
52. Bates, I., Maudru, E., Phillips, D.A.S., Renfrew, A.H.M., Su, Y., and Xu, J. (2004) Cross-linking agents for the protection of lyocell against fibrillation: synthesis, application and technical assessment of 2,4-diacrylamidobenzenesulphonic acids. *Color. Technol.*, **120** (6), 293–300.
53. Bates, I., Ibbett, R., Reisel, R., and Renfrew, A.H.M. (2008) Protection of lyocell fibres against fibrillation; influence of dyeing with bis-monochloro-s-triazinyl reactive dyes. *Color. Technol.*, **124** (4), 254–258.
54. Goswami, P., Blackburn, R.S., Taylor, J., Westland, S., and White, P. (2007) Dyeing behaviour of lyocell fabric: effect of fibrillation. *Color. Technol.*, **123** (6), 387–393.
55. Farahbakhsh, N., Venditti, R.A., and Jur, J.S. (2014) Mechanical and thermal investigation of thermoplastic nanocomposite films fabricated using micro- and nano-sized fillers from recycled cotton T-shirts. *Cellulose*, **21**, 2743–2755.
56. Barbier, J. *et al.* (2011) Use of recycled cotton for producing ethanol and production method. US Patent 0236945 A1.
57. Alwood, J., Laursen, S.E., Rodríguez, C.M., and Bocken, N.M.P. (2006) *Well Dressed? The Present and Future Sustainability of Clothing and Textiles in the United Kingdom*, University of Cambridge, Institute for Manufacturing, London.
58. Sen, T. and Reddy, H.N.J. (2011) Application of sisal, bamboo, coir and jute natural composites in structural upgradation. *Int. J. Innovation Manage. Technol.*, **2**, 186–191.
59. Debnath, M., Pandey, M., Sharma, R., Thakur, G.S., and Lal, P. (2010) Biotechnological intervention of *Agave sisalana*: a unique fiber yielding plant with medicinal property. *J. Med. Plants Res.*, **43**, 177–187.
60. Wambua, P., Ivens, J., and Verpoest, I. (2003) Natural fibres: can they replace glass in fibre reinforced plastics? *Compos. Sci. Technol.*, **63**, 1259–1264.
61. Fung, K.L., Xing, X.S., Li, R.K.Y., Tjong, S.C., and Mai, Y.-W. (2003) An investigation on the processing of sisal fibre reinforced polypropylene composites. *Compos. Sci. Technol.*, **63**, 1255–1258.
62. Silva, O.R.R. and Beltrão, N.E.M. (1999) *O Agronegócio do sisal no Brasil*, Embrapa-CNPA, Brasília.
63. Botura, M.B., dos Santos, J.D.G., da Silva, G.D., de Lima, H.G., de Oliveira, J.V.A., de Almeida, M.A.O., Batatinha, M.J.M., and Branco, A. (2013) *In vitro* ovicidal and larvicidal activity of *Agave sisalana* Perr. (Sisal) on gastrointestinal nematodes of goats. *Vet. Parasitol.*, **192**, 211–217.
64. Bourmaud, A. and Baley, C. (2009) Rigidity analysis of polypropylene/vegetal fibre composites after recycling. *Polym. Degrad. Stab.*, **94**, 297–305.
65. Bourmaud, A. and Baley, C. (2007) Investigations on the recycling of hemp and sisal fibre reinforced polypropylene composites. *Polym. Degrad. Stab.*, **92**, 1034–1045.
66. Rao, S., Bhattacharyya, D., Jayaraman, K., and Fernyhough, A. (2009) Manufacturing and recycling of sisal-polypropylene composites. *Polym. Polym. Compos.*, **17**, 467–479.
67. Fávaro, S.L., Ganzerli, T.A., de Carvalho Neto, A.G.V., da Silva, O.R.R.F., and Radovanovic, E. (2010) Chemical, morphological and mechanical analysis of sisal fiber-reinforced recycled high-density polyethylene composites. *eXPRESS Polym. Lett.*, **4**, 465–473.

68. Maran, J.P. and Priya, B. (2015) Ultrasound-assisted extraction of pectin from sisal waste. *Carbohydr. Polym.*, **115**, 732–738.
69. Advertising Hazardous Waste Disposal – Asbestos, Recycle for Dorset, 2015. https://www2.barnsley.gov.uk/services/environment-and-planning/pollution/asbestos
70. Plescia, P., Gizzi, D., Benedetti, S., Camilucci, L., Fanizza, C., De Simone, P., and Paglietti, F. (2003) Mechanochemical treatment to recycling asbestos-containing waste. *Waste Manage. (Oxford)*, **23**, 209–218.
71. Foltz, A.D. and Sanders, M.L. (1999) Destruction of asbestos containing material and PCB's into non-regulated recyclables. WM'99 Conference.
72. Fuller, J. (2010), Fiberglass and Asbestos, Is insulation dangerous?.
73. Taylor, S. (1994) Asbestos removal system proves successful on 27-mile gas line. *Pipe Line Ind.*, 77, 7.
74. The Asbestos Conversion Process, Regency International Group, Tecnosupplies. http://www.regency-uk.com/html/asbestos.html
75. The Ultimate Solution for Asbestos Disposal, HAZ Asbestos, Tetronics International. http://tetronics.com/our-solutions/hazardous-material-treatment/asbestos/
76. Smith, R.A. and Cracon, B.E. (1995) Polyamide 66 and 6 chemical recycling. Proceedings of the Recycle'95, Davos, Switzerland.
77. McKinney, R.J. and E. I. DuPont de Nemours (1995) Lewis acid catalyzed ammonolysis of nylon. US Patent 5,395,974.
78. Sifniades, S., Levy, A.B., and AlliedSignal Inc. (1995) Monomer recovery from multi-component materials. US Patent 5,457,197.
79. Peterson W.R., Production of polymer. US Patent 2,364,387 (to Du pont) Dec. 5, 1944; *Chem. Abstr.*, **39** (1945) 8403; 42658.
80. Dmitrieva, L.A. *et al.* (1975) Catalytic depolyamidation of cyclic oligomers of epsilon-Caprolactam. *Khim. Volokna*, **17**, 34.
81. Datye, K.V. (1991) Recycling processes and products in nylon 6 fibre industry. *Indian J. Fiber Text. Res.*, **16**, 46–51.
82. Kohan, M.I. (1995) Commercial nylon plastics, in *Nylon Plastics Handbook* (ed. M.I. Kohan), Hanser Gardner Publications, New York, p. 6.
83. Subramanian, P.M. (1995) Recovery of polyamide using a solution process. US Patent 5,430,068.
84. Papaspyrides, C.D. and Kartalis, C.N. (2000) A model study for the recovery of polymides using the dissolution/reprecipitation technique. *Polym. Eng. Sci.*, **40** (4), 979.
85. Eriksson, P.A., Albertsson, A.C., Boydell, P., Eriksson, K., and Manson, J.A.E. (1996) Reprocessing of fiberglass reinforced polyamide 66: influence on short term properties. *Polym. Compos.*, **17** (6), 823.
86. Claverie, A.L., Valdez, J.O., Hernandez, E.G., Zizumbo, A., Castillo, A.A., and Castano, V.M. (2002) Reprocessing effects on the properties of a hybrid Nylon 6,6-composite reinforced with short glass and carbon fibers. *J. Reinf. Plast. Compos.*, **21**, 847.
87. Moran, E.F. (1993) Nylon component reclamation. US Patent 5,266,694.
88. Sifniades, S., Levy, A.B., and Hendrk, J.A.J. (1997) Process for depolymerizing nylon-containing waste to form caprolactam. US Patent 5,681,952.
89. Datta, R.K., Polk, M.B., and Kumar, S. (1995) Reactive compatibilization of polypropylene and nylon. *Polym. Plast. Technol. Eng.*, **34** (4), 551.
90. Leichtnam, J.N., Schwartz, D., and Gadiou, R. (2000) The behaviour of fuel-nitrogen during fast pyrolysis of polyamide at high temperature. *J. Anal. Appl. Pyrolysis*, **55**, 255.
91. Mihut, C., Captain, D.K., Maria, F.G., and Amifudis, M.D. (2001) Review: recycling of nylon from carpet waste. *Polym. Eng. Sci.*, **41** (9), 1457.
92. Maier, S., Loontjens, T., Scholtens, B., and Mulhaupt, R. (2003) Carbonylbiscaprolactam: a versatile reagent for organic synthesis and isocyanate-free urethane chemistry. *Angew. Chem. Int. Ed.*, **42**, 5094.

93. Maier, S., Loontjens, T., Scholtens, B., and Mulhaupt, R. (2003) Isocyanate-free route to caprolactam-blocked oligomeric isocyanates via carbonylbiscaprolactam- (CBC-) mediated end group conversion. *Macromolecules*, **36**, 4727.
94. Zahr, G.E. (2003) Polyamide chain extension process and related polyamide product. US Patent 6,504,004.
95. Nery, L., Lefebvre, H., and Fradet, A. (2003) Kinetic and mechanistic studies of carboxylic acid–bisoxazoline chain-coupling reactions. *Macromol. Chem. Phys.*, **204**, 1755.
96. Scaffaro, R., Mantia, F.P.L., Canfora, L., Polacco, G., Filippi, S., and Magagnini, P. (2003) Reactive compatibilization of PA6/LDPE blends with an ethylene–acrylic acid copolymer and a low molar mass bis-oxazoline. *Polymer*, **44**, 6951.
97. Jeziorska, R. (2005) Studies on reactive compatibilisation of polyamide 6/poly(butylene terephthalate) blends by low molecular weight bis-oxazoline. *Polym. Degrad. Stab.*, **90**, 224.
98. Aharoni, S.M., Hammond, W.B., Xzobota, J.S., and Masilamani, D. (1984) Reactions in the presence of organic phosphites, I: High temperature amidation in the absence of solvents. *J. Polym. Sci., Part A: Polym. Chem.*, **22** (10), 2567.
99. Perry, E. and Savory, J. (1967) Modification of nylon 66 with diisocyanates and diacid chlorides. I. Chemical reaction. *J. Appl. Polym. Sci.*, **11**, 2473.
100. Ding, X., Rong, J., Xu, R., Yu, D., and Yang, Z. (2004) Effect of a chain extender on the crystallization behavior of nylon 66. *J. Appl. Polym. Sci.*, **91**, 68.
101. Villalobos, M., Awojulu, A., Greeley, T., Turco, G., and Deeter, G. (2006) Oligomeric chain extenders for economic reprocessing and recycling of condensation plastics. *Energy*, **31** (15), 3227.
102. Hong, J.H., Choi, C.W., Ramasundaram, S., Prabu, A.A., Lee, J.S., Kim, K.J., Yang, J.H., and Lee, D.J. (2008) Studies on the recycling of glycolyzed nylon 66 using novel chain extenders. *Polym. Degrad. Stab.*, **93**, 392–400.
103. Reisch, M.S. (1997) Moving toward proof positive: cultivating third-party verification of industry's environmental performance, *Chem. Eng. News*, **75** (15), 21–23.
104. Kotlair, A.M., Fountain, D.P., and Georgia Tech. (1997) Synthetic wood from waste fibrous materials. US Patent 5,626,939.
105. Hagewood, J. (2004) Production of polymeric nanofibers. *Int. Fiber J.*, **19** (1): 48–50.
106. Young, D.C., Chlystek, S.J., Malloy, R., Rios, I., and Lear Corporation (1999) Recycling of carpet scrap. US Patent 5,859,071.
107. David, D.J., Dickerson, J.L., and Sincock, T.F. (1994) Thermoplastic composition and method for producing thermoplastic composition by melt blending carpet. US Patent 5,294,384.
108. Hagberg, C.G. and Dickerson, J.L. (1997) Recycling nylon carpet via reactive extrusion. *Plast. Eng.*, **53**, 41–43.
109. Subramanian, P.M. and E. I. DuPont de Nemours and Company (1995) Recovery of polyamide using a solution process. US Patent 5,430,068.
110. Booij, M., Hendrix, J.A.J., Frentzen, Y.H., and Beckers, N.M.H., and DSM N.V. (1998) Process for recovering and recycling polyamide from carpet waste. US Patent 5,840,773.
111. Stefandl, R.E. (1998) Carpet recycling process for nylon containing carpeting. WO Patent 98/35998.
112. Sikorski, M.E. and Georgia Tech Research Corporation (1993) Recycling of polymeric materials from carpets and other multi-component structures by means of supercritical fluid extraction. US Patent 5,233,021.
113. Griffith, A.T., Park, Y., and Roberts, C.B. (1999) Separation and recovery of nylon from carpet waste using a supercritical fluid antisolvent technique. *Polym. Plast. Technol. Eng.*, **38** (3), 411.
114. Dagli, S.S., Xanthos, M., and Biesenberger, J.A. (1992) Effects of reactive extrusion variables on blend

characteristics, in *Emerging Technologies in Plastics Recycling*, American Chemical Society, (eds. G.D. Andrews and P.M. Subramania), pp. 240–257.
115. David, D.J., Dickerson, J.L., and Sincock, T.F. (1997) Thermoplastic composition and method for producing thermoplastic composition by melt blending carpet. US Patent 5,591,802.
116. Lemieux, P., Stewart, E., Realff, M., and Mulholland, J.A. (2004) Emissions study of co-firing waste carpet in a rotary kiln. *J. Environ. Manage.*, **70**, 27–33.
117. Zhang, Y., Muzzy, J.D., and Kumar, S. (1999) Recycling carpet waste by injection and compression molding. *Polym. Plast. Technol. Eng.*, **38** (3), 485–498.
118. Bockhorn, H., Donner, S., Gernsbeck, M., Hornung, A., and Hornung, U. (2001) Pyrolysis of polyamide 6 under catalytic conditions and its application to reutilization of carpets. *J. Anal. Appl. Pyrolysis*, **58–59**, 79–94.
119. Wang, Y. (2006) in *Recycling in Textiles* (ed. Y. Wang), Woodhead Publishing, Cambridge, pp. 213–224.
120. Ucar, M. and Wang, Y. (2011) Utilization of recycled post consumer carpet waste fibers as reinforcement in lightweight cementitious composites. *Int. J. Clothing Sci. Technol.*, **23**, 242–248.
121. Wang, Y., Zureick, A.H., Cho, B.S., and Scott, D. (1994) Properties of fibre reinforced concrete using recycled fibres from carpet industrial waste. *J. Mater. Sci.*, **29**, 4191–4199.
122. Miraftab, M. and Lickfold, A. (2008) Utilization of carpet waste in reinforcement of substandard soils. *J. Ind. Text.*, **38**, 167–174.
123. Sotayo, A., Green, S., and Turvey, G. (2015) Carpet recycling: a review of recycled carpets for structural composites. *Environ. Technol. Innovation*, **3**, 97–107.
124. Incornato, L., Scarfato, P., Di Maio, L., and Acierno, D. (2000) Structure and rheology of recycled PET modified by reactive extrusion. *Polymer*, **41**, 6825–6831.
125. Pacia (2002) Pacia National Plastics Recycling Survey 2002, http://www.pacia.org.au (accessed 13 May 2016).
126. Miller, C. (2002) Polyethylene terephthalate. *Waste Age*, **33** (5), 102–106.
127. Al-Sabagh, A.M., Yehia, F.Z., Eshaq, G., Rabie, A.M., and ElMetwally, A.E. (2016) Greener routes for recycling of polyethylene terephthalate. *Egypt. J. Pet.*, **25** (1), 53–64.
128. Babinchak, S. (1991) Recycling must work. *Chem. Tech.*, **21** (12), 728.
129. Chen, C.H., Chen, C.Y., Lo, Y.W., Mao, C.F., and Liao, W.T. (2001) Studies of glycolysis of poly (ethylene terephthalate) recycled from postconsumer soft-drink bottles. I. Influences of glycolysis conditions. *J. Appl. Polym. Sci.*, **80** (7), 943–948.
130. Kosmidis, V.A., Achilias, D.S., and Karayannidis, G.P. (2001) Poly (ethylene terephthalate) recycling and recovery of pure terephthalic acid. Kinetics of a phase transfer catalyzed alkaline hydrolysis. *Macromol. Mater. Eng.*, **286** (10), 640–647.
131. Yamaye, M., Hashime, T., and Yamamoto, K. (2002) Chemical recycling of poly (ethylene terephthalate). 2. Preparation of terephthalohydroxamic acid and terephthalohydrazide. *Ind. Eng. Chem. Res.*, **41** (16), 3993–3998.
132. Goje, A.S. and Mishra, S. (2003) Chemical kinetics, simulation, and thermodynamics of glycolytic depolymerization of poly (ethylene terephthalate) waste with catalyst optimization for recycling of value added monomeric products. *Macromol. Mater. Eng.*, **288**, 326–336.
133. Carta, D., Cao, G., and D'Angeli, C. (2003) Chemical recycling of poly (ethylene terephthalate) (PET) by hydrolysis and glycolysis. *Environ. Sci. Pollut. Res.*, **10** (6), 390–394.
134. Pardal, F. and Tersac, G. (2007) Kinetics of poly (ethylene terephthalate) glycolysis by diethylene glycol. Part II: effect of temperature, catalyst and polymer morphology. *Polym. Degrad. Stab.*, **92** (4), 611–616.
135. Genta, M., Iwaya, T., Sasaki, M., and Goto, M. (2007) Supercritical methanol for polyethylene terephthalate depolymerization: observation using simulator. *Waste Manage.*, **27** (9), 1167–1177.
136. Kurokawa, H., Ohshima, M.A., Sugiyama, K., and Miura, H. (2003)

Methanolysis of polyethylene terephthalate (PET) in the presence of aluminium triisopropoxide catalyst to form dimethyl terephthalate and ethylene glycol. *Polym. Degrad. Stab.*, **79** (3), 529–533.

137. Shukla, S.R. and Harad, A.M. (2006) Aminolysis of polyethylene terephthalate waste. *Polym. Degrad. Stab.*, **91** (8), 1850–1854.

138. Park, S.H. and Kim, S.H. (2014) Poly (ethylene terephthalate) recycling for high value added textiles. *Fashion Text.*, **1**, 1.

139. Badia, J.D., Strömberg, E., Karlsson, S., and Ribes-Greus, A. (2012) The role of crystalline, mobile amorphous and rigid amorphous fractions in the performance of recycled poly (ethylene terephthalate) (PET). *Polym. Degrad. Stab.*, **97**, 98–107.

140. Kang, D.H., Auras, R., Vorst, K., and Singh, J. (2011) An exploratory model for predicting postconsumer recycled PET content in PET sheets. *Polym. Test.*, **30**, 60–68.

141. Torres, N., Robin, J., and Boutevin, B. (2000) Study of thermal and mechanical properties of virgin and recycled poly (ethylene terephthalate) before and after injection molding. *Eur. Polym. J.*, **36**, 2075–2080.

142. Raffa, P., Coltelli, M.-B., Savi, S., Bianchi, S., and Castelvetro, V. (2012) Chain extension and branching of poly(ethylene terephthalate) (PET) with di- and multifunctional epoxy or isocyanate additives: an experimental and modelling study. *React. Funct. Polym.*, **72**, 50–60.

143. Zhang, Y., Zhang, C., Li, H., Du, Z., and Li, C. (2010) Chain extension of poly (ethylene terephthalate) with bisphenol-A dicyanate. *J. Appl. Polym. Sci.*, **117**, 2003–2008.

144. Nascimento, C.R., Azuma, C., Bretas, R., Farah, M., and Dias, M.L. (2010) Chain extension reaction in solid-state polymerization of recycled PET: the influence of 2, 2′-bis-2-oxazoline and pyromellitic anhydride. *J. Appl. Polym. Sci.*, **115**, 3177–3188.

145. Duarte, I.S., Tavares, A.A., Lima, P.S., Andrade, D.L.A.C.S., Carvalho, L.H., Canedo, E.L., and Silva, S.M.L. (2016) Chain extension of virgin and recycled poly (ethylene terephthalate): effect of processing conditions and reprocessing. *Polym. Degrad. Stab.*, **124**, 26–34.

146. Shen, L., Worrell, E., and Patel, M.K. (2010) Open-loop recycling: a LCA case study of PET bottle-to-fibre recycling. *Resour. Conserv. Recycl.*, **55**, 34–52.

147. Arena, U., Mastellone, M., and Perugini, F. (2003) Life cycle assessment of a plastic packaging recycling system. *Int. J. Life Cycle Assess.*, **8** (2), 92–98.

148. Detzel, A., Giegrich, J., Krüger, M., Möhler, S., and Ostermayer, A. (2004) *Life Cycle Assessment of PETOW Systems taking into Account Secondary Products*, IFEU GmbH, Heidelberg.

149. Dimitrov, N., Kratofil Krehula, L., Pticek Sirocic, A., and Hrnjak-Murgic, Z. (2013) Analysis of recycled PET bottles products by pyrolysis-gas chromatography. *Polym. Degrad. Stab.*, **98**, 972–979.

150. Lu, M. and Kim, S.W. (2001) Unsaturated polyester resins based on recycled PET: preparation and curing behavior. *J. Appl. Polym. Sci.*, **80**, 1052–1057.

151. Wallenberger, F.T. (1994) Melt viscosity and modulus of bulk glasses and fibers: challenges for the next decade, in present state and future prospects of glass science and technology. Proceedings of the Nobert Kreidl Symposium (Triesenberg, Liechtenstein), pp. 63–78.

152. Lopez, F.A., Martin, M.A., Alguacil, F.J. *et al.* (2012) Thermolysis of fibreglass polyester composite and reutilisation of the glass fibre residue to obtain a glass ceramic material. *J. Anal. Appl. Pyrolysis*, **93**, 104–112.

153. Erden, S., Sever, K., Seki, Y. *et al.* (2010) Enhancement of the mechanical properties of glass/polyester composites via matrix modification glass/polyester composite siloxane matrix modification. *Fibers Polym.*, **11**, 732–737.

154. Kim, J.K., Song, J.H., Chung, S.T., and Kwon, T.H. (1997) Morphology and mechanical properties of injection molded articles with weld-lines. *Polym. Eng. Sci.*, **37** (1), 228–241.

155. Lindhagen, J. and Berglund, L. (1998) Microscopical damage mechanisms in glass fiber reinforced polypropylene. *J. Appl. Polym. Sci.*, **69** (7), 1319–1327.
156. Soh, S.K., Lee, D.K., Cho, Q., and Rag, Q. (1994) Low temperature pyrolysis of SMC scrap. Proceedings of 10th Annual ASM/ESD Advanced Composites Conference, Dearborn, MI, November 7–10, 1994, pp. 47–52.
157. Roy, C. and Mallette, P. (1991) *Vacuum Pyrolysis of Automotive Shredder Waste*, Institute of Gas Technology, Chicago, IL.
158. de Marco, I., Legretta, J.A., Laresgoiti, M.F., Torres, A., Cambra, J.F., Chomon, M.J., Caballero, B., and Gondra, K. (1997) Recycling of the products obtained in the pyrolysis of fibre-glass polyester SMC. *J. Chem. Technol. Biotechnol.*, **69**, 187–192.
159. Torres, A., de Marco, I., Caballero, B.M., Laresgoiti, M.F., Legarreta, J.A., Cabrero, M.A., Gonzalez, A., Chomon, M.J., and Gondra, K. (2000) Recycling by pyrolysis of thermoset composites: characteristics of the liquid and gaseous *fuels* obtained. *Fuel*, **79**, 897–902.
160. Watt, D.F. and Xu, J.Z. (1991) On the use of pyrolysed SMC as a concrete additive. Proceedings of the 7th Annual ASM/ESD Conference, pp. 615–619.
161. Hudec, P.P. (1991) Reduction of alkali reactivity and de-icing salt damage in concrete by additions of pyrolysed sheet moulding compound. Proceedings of the Advanced Composite Materials, ASM International, pp. 611–614.
162. Kamimura, A., Yamada, K., Kuratoni, T., Taguchi, Y., and Tomonaga, F. (2006) Effective depolymerization waste FRPs by treatment with DMAP and supercritical alcohol. *Chem. Lett.*, **35**, 586.
163. Suyama, K., Kubota, M., Shirai, M., and Yoshida, H. (2006) Effect of alcohols on the degradation of crosslinked unsaturated polyester in sub-critical water. *Polym. Degrad. Stab.*, **91**, 983–986.
164. Suyama, K., Kubota, M., Shirai, M., and Yoshida, H. (2007) Degradation of crosslinked unsaturated polyesters in sub-critical water. *Polym. Degrad. Stab.*, **92**, 317–322.
165. Oliveux, G., Bailleul, J.-L., and La Salle, E.L.G. (2012) Chemical recycling of glass fibre reinforced composites using subcritical water. *Composites Part A*, **43**, 1809–1818.
166. Asokan, P., Osmani, M., and Price, A.D.F. (2010) Improvement of the mechanical properties of glass fibre reinforced plastic waste powder filled concrete. *Constr. Build. Mater.*, **24**, 448–460.
167. Conroy, A. and Halliwell, S. (2006) Tim reynolds composite recycling in the construction industry. *Composites Part A*, **37**, 1216–1222.
168. Shah, S.P. (1992) *Fibre-Reinforced Cement Composites* (eds P.N. Balaguru and S.P. Shah), McGraw-Hill, p. 110.
169. Kwolek, S.L. and Yang, H.H. (1993) *Manmade Fibers: Their Origin and Development* (eds R.B. Seymour and R.S. Porter), Elsevier Applied Science Publishers Ltd., Barking, pp. 315–336.
170. Zheng, Q. and Chung, D.D.L. (1989) Carbon fiber reinforced cement composites improved by using chemical agents. *Cem. Concr. Res.*, **19**, 25–41.
171. Akihama, H., Suenaga, T., and Nakagawa, H. (1988) Application of three-dimensional fabric reinforced concrete to building panels. *Concrete*, **10** (l), 40–47.
172. Pickering, S.J. (2006) Recycling technologies for thermoset composite materials- current status. *Composites Part A*, **37**, 1206–1215.
173. Kouparitsas, C.E., Kartalis, C.N., Vareilidis, P.C., and Papaspyrides, C.D. (2002) Recycling of the fibrous fraction of reinforced thermoset composites. *Polym. Compos.*, **23**, 682–684.
174. Scheirs, J. (1998) *Polymer Recycling Science Technology and Applications*, John Wiley & Sons Ltd., London.
175. Curcuras, C.N., Flax, A.M., Graham, W.D., and Hartt, G.N. (1991) Recycling of Thermoset Automotive Components. SAE Technical Paper Series 910387, p. 16.
176. Nahil, M.A. and Williams, P.T. (2011) Recycling of carbon fibre reinforced polymeric waste for the production of activated carbon fibres. *J. Anal. Appl. Pyrolysis*, **91**, 67–75.

177. Yip, H.L.H., Pickering, S.J., and Rudd, C.D. (2002) Characterisation of carbon fibres recycled from scrap composites using fluidised bed process. *Plast. Rubber Compos.*, **31** (6), 278–282.
178. Cunliffe, A.M., Jones, N., and Williams, P.T. (2003) Recycling of fibre-reinforced polymeric waste by pyrolysis: thermogravimetric and bench-scale investigations. *J. Anal. Appl. Pyrolysis*, **70**, 315–338.
179. Braun, D., Gentzkow, W., and Rudolf, A.P. (2001) Hydrogenolytic degradation of thermosets. *Polym. Degrad. Stab.*, **74**, 25–32.
180. Liu, Y.Y., Meng, L.H., Huang, Y.D., and Du, J.J. (2004) Recycling of carbon/epoxy composites. *J. Appl. Polym. Sci.*, **94**, 1912–1916.
181. Dang, W.R., Kubouchi, M., Sembokuya, H., and Tsuda, K. (2005) Chemical recycling of glass fiber reinforced epoxy resin cured with amine using nitric acid. *Polymer*, **46**, 1905–1912.
182. Jiang, G., Pickering, S.J., Lester, E.H., Turner, T.A., Wong, K.H., and Warrior, N.A. (2009) Characterisation of carbon fibres recycled from carbon fibre/epoxy resin composites using supercritical *n*-propanol. *Compos. Sci. Technol.*, **69**, 192–198.
183. Liu, Y.Y., Shan, G.H., and Meng, L.H. (2009) Recycling of carbon fibre reinforced composites using water in subcritical conditions. *Mater. Sci. Eng., A*, **520**, 179–183.
184. Bai, Y.P., Wang, Z., and Feng, L.Q. (2010) Chemical recycling of carbon fibers reinforced epoxy resin composites in oxygen in supercritical water. *Mater. Des.*, **31**, 999–1002.
185. Fromenteil, C., Bardelle, P., and Cansell, F. (2000) Hydrolysis and oxidation of an epoxy resin in sub- and supercritical water. *Ind. Eng. Chem. Res.*, **39**, 922–925.
186. Goto, M. (2009) Chemical recycling of plastics using sub- and supercritical fluids. *J. Supercrit. Fluids*, **47**, 500–507.
187. Hartt, G.N. and Carey, D.P. (1992) *Economics of Recycling Thermosets*, SAE Technical Paper 920802, Society of Automobile Engineers, Warrendale, PA.
188. Pimenta, S. and Pinho, S.T. (2011) Recycling carbon fibre reinforced polymers for structural applications: technology review and market outlook. *Waste Manage. (Oxford)*, **31**, 378–392.
189. Unser, J.F., Staley, T., and Larsen, D. (1996) Advanced composites recycling. *SAMPE J.*, **32** (5), 52–57.
190. Pickering, S.J. and Benson, M. (1993) Recovery of materials and energy from thermosetting plastics, in *Sixth European Composite Materials Conferenced, Recycling Concepts and Procedures. Bordeaux, France, September*, Published by European Association for Composite Materials, Bordeaux, pp. 41–46.
191. Pickering, S.J., Kelly, R.M., Kennerley, J.R., and Rudd, C.D. (2000) A fluidised bed process for the recovery of glass fibres from scrap thermoset composites. *Compos. Sci. Technol.*, **60**, 509–523.
192. Kennerley, J.R., Fenwick, N.J., Pickering, S.J., and Rudd, C.D. (1997) The properties of glass fibres recycled from the thermal processing of scrap thermoset composites. *J. Vinyl Add. Tech.*, **3**, 58–63.
193. Jiang, G., Pickering, S.J., Walker, G.S., Wong, K.H., and Rudd, C.D. (2008) Surface characterisation of carbon fibre recycled using fluidised bed. *Appl. Surf. Sci.*, **254**, 2588–2593.
194. Zheng, Y.H., Shen, Z.G., Ma, S.L., Cai, C.J., Zhao, X.H., and Xing, Y.S. (2009) A novel approach to recycling of glass fibres from nonmetal materials of waste printed circuit boards. *J. Hazard. Mater.*, **170**, 978–982.
195. Eckert, C.A., Knutson, B.L., and Debenedetti, P.G. (1996) Supercritical fluids as solvents for chemical and materials processing. *Nature*, **383**, 313–318.
196. Wu, D., Fu, R., Zhang, S., Dresselhaus, M.S., and Dresselhaus, G. (2004) Preparation of low-density carbon aerogels by ambient pressure drying. *Carbon*, **42**, 2033–2039.
197. Goto, T. (2004) Scission of cross-linking element of cross-linked polymer using supercritical alcohol. *Soc. Rubber Ind. Jpn.*, **77** (10), 359–364.

198. Goto, T. (2003) Recycling of silane cross-linked polyethylene for insulation of cables by supercritical alcohol. Proceeding of the International Conference on Properties and Applications of Dielectric Materials, pp.1218–1221.
199. Licence, P., Ke, J., Sokolova, M., Ross, S.K., and Poliakoff, M. (2003) Chemical reactions in supercritical carbon dioxide: from laboratory to commercial plant. *Green Chem.*, **5**, 99.
200. Tiltscher, H. and Hofmann, H. (1987) Trends in high pressure chemical reaction engineering. *Chem. Eng. Sci.*, **42** (5), 959–977.
201. Hyde, J.R., Lester, E., Kingman, S., Pickering, S., and Wong, K.H. (2006) Supercritical propanol, a possible route to composite carbon fibre recovery: a viability study. *Composites Part A*, **37**, 2171–2175.
202. Marsh, G. (2009) Carbon recycling: a soluble problem. *Reinf. Plast.*, **53**, 22–23 and 25–27.
203. Warrior, N.A., Turner, T.A., and Pickering, S.J. (2009) AFRECAR and HIRECAR Project results. Carbon Fibre Recycling and Reuse 2009 Conference, IntertechPira, Hamburg, Germany.
204. Piñero-Hernanz, R., Dodds, C., Hyde, J., García-Serna, J., Poliakoff, M., Lester, E., Cocero, M.J., Kingman, S., Pickering, S., and Wong, K.H. (2008) Chemical recycling of carbon fibre reinforced composites in near critical and supercritical water. *Composites Part A*, **39**, 454–461.
205. Piñero-Hernanz, R., García-Serna, J., Dodds, C., Hydec, J., Poliakoff, M., Cocero, M.J., Kingman, S., Pickering, S., and Lester, E. (2008) Chemical recycling of carbon fibre composites using alcohols under subcritical and supercritical conditions. *J. Supercrit. Fluids*, **46**, 83–92.
206. Palmer, J., Savage, L., Ghita, O.R., and Evans, K.E. (2010) Sheet moulding compound (SMC) from carbon fibre recyclates. *Composites Part A*, **41**, 1232–1237.

7　聚合物共混物和复合材料（环氧树脂共混物）的回收

Jyothi V. Sunny

7.1　简介

聚合物是用途广泛的多功能材料。由于其广泛的特性，聚合物是日常生活中必不可少的，并且发挥着独特的作用。聚合物主要分为两类：天然聚合物和合成聚合物(人造聚合物)。天然聚合物包括蛋白质、纤维素、乳胶等，而合成聚合物包括聚丁二烯、环氧树脂、聚酯等。根据聚合物在受热时的特性，它们又被分为热塑性材料和热固性材料。热塑性材料可以被加热、软化和重塑，或回收到新的物品中。但热固性塑料在加热后会变软，无法再成型为新制品。可以采用多种聚合技术来制造具有独特性能的聚合材料。此外，还有多种方法可以通过混合两种或多种聚合物来获得独特的性能。

7.2　聚合物共混物和复合材料

复合材料是由两种或多种组分组成的材料，与它们的单个组分相比，它们具有独特的性能。人们可以很容易地识别复合材料的成分，因为这些成分不会在复合材料中熔化或溶解。复合材料可以根据应用设计成不同的形状和尺寸，由此产生的材料可以很轻，同时又非常坚韧和坚固。Yang Xiang 等[1]已经提供了各类复合材料的详细介绍，如图 7.1 所示。可以看出，可以针对特定应用进行定制一系列复合材料。本章的重点主要是热固性复合材料、制造方法、回收方法、表征和回收物的应用。

在建筑业、OEM(原始设备制造商)和运输业中，复合材料和混合物是必不可少的。复合材料广泛用于制造风力涡轮机叶片、医疗设备、安全设备、船舶、航空航天和汽车零部件等。图 7.2～图 7.5 显示了热固性复合材料的一些应用。

聚合物复合材料主要由热固性树脂组成，该树脂是容纳纤维材料和填料的基体。用于制造共混物或复合材料的主要热固性树脂是环氧树脂、聚酯和乙烯基酯。热固性树脂的一些优异特性包括耐刺激性化学品或溶剂、对基材的黏附性和高热稳定性。由于这些原因，由热固性材料制成的产品可以在极端条件下使用而不会影响其性能。然而，相比之下，环氧树脂的性能略好于聚酯树脂基产品。

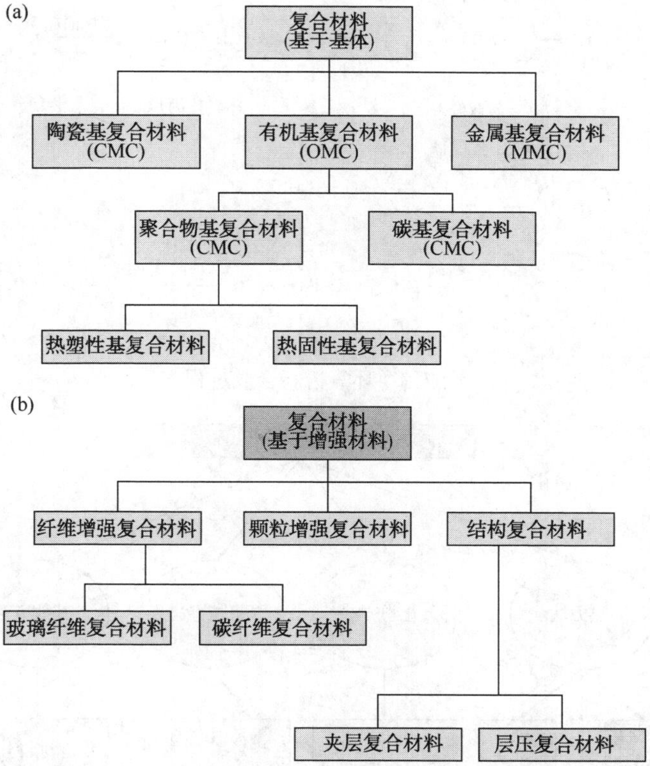

图 7.1　复合材料分类：(a)基于基体材料，(b)基于增强材料

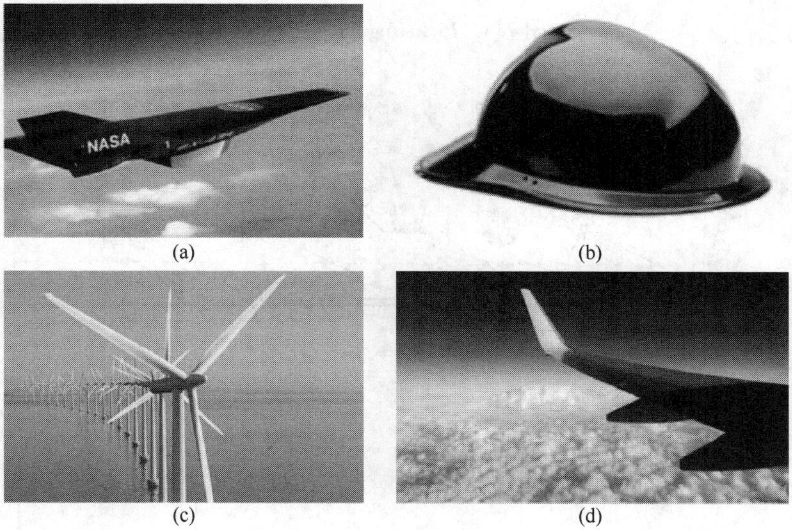

图 7.2　(a)作为金属的绝佳替代品的由纤维增强热固性材料制成的结构复合材料[2]，(b)安全头盔[3]，(c)风力涡轮机叶片[4]，(d)用于飞机机翼的碳纤维增强聚合物复合材料[5]

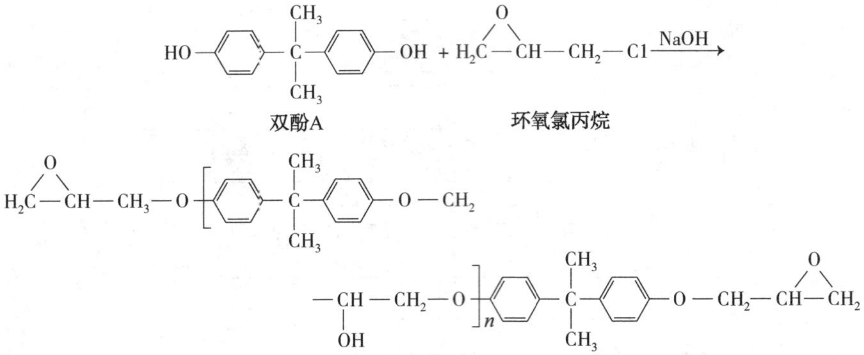

图 7.3　环氧树脂合成过程

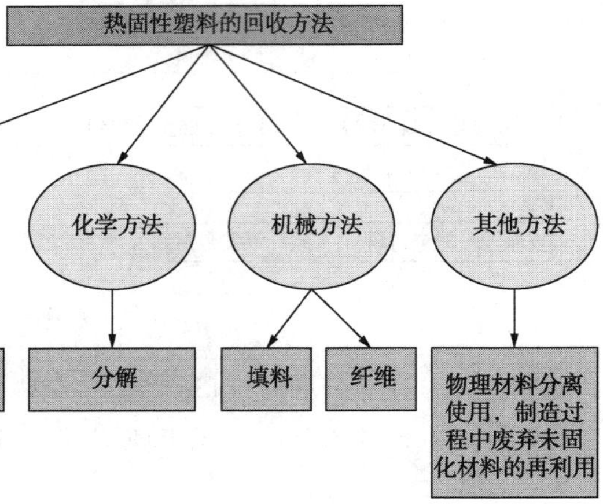

图 7.4　Pickering 的回收方法

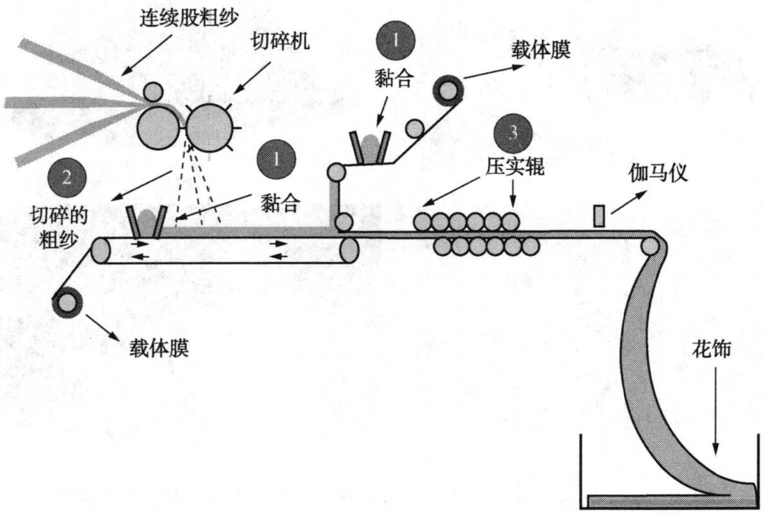

图 7.5　SMC 制造过程示意图(Landis[17] http：//www. designworldonline. com/reinforcement-strategies-for-high-performance-composites/#.)

各种热固性复合材料、添加剂、制造工艺等的详细描述，早先已有报道[6]。环氧树脂因其易于加工和固化的特性而被广泛用于包括涂料和黏合剂在内的各种应用中[7,8]。由于其独特的特性和合理的成本，环氧树脂通常被广泛用于从一般商品到要求高性能的所有应用领域。环氧树脂的主要需求来自其在风力涡轮机叶片和涂层中的使用增加。一旦环氧树脂交联，所得结构将获得所有高质量，如热和热稳定性、高模量、低蠕变等。由于其难以破坏的网络结构，环氧树脂及其混合物在进入垃圾填埋场时通常会造成环境问题。因此，一般而言，热固性复合材料和共混物不可回收。世界各地使用的环氧树脂大多源于环氧氯丙烷和双酚 A (DGEBA)。双酚 A 树脂的二缩水甘油醚的形成如图 7.3 所示。

多年来，人们对各种填料[9-14]和纤维[15]对环氧树脂的影响进行了广泛的研究。这些添加剂可以显著改变所得复合材料的性能。这些热固性复合材料的广泛使用导致了一个问题，即一旦这些材料不能使用或需要更换，它们会发生什么情况。环境问题是影响回收利用的主要原因，因为与垃圾填埋场相关的问题越来越多。因此，回收热固性材料的压力越来越大。聚合物热固性塑料很难被回收，此外，与低成本填埋方案相比，与回收相关的成本是巨大的[16]。根据 Pickering 的说法，欧盟关于废物管理已经制定了一套完善的等级制度，从防止制造过程中产生废物开始，显然垃圾填埋是最后的选择。

一些研究人员已经研究了热固性树脂及其混合物的回收方法。热固性树脂的回收主要有三种方法，主要针对环氧树脂基材料。机械和热方法是研究最多的回收途径，而化学回收最近得到了更多的关注。聚合物复合材料的回收方法如下所述。

7.2.1.1 机械回收

目前有几种制造复合材料的方法，其中一些技术包括手糊成型、树脂转移成型(RTM)、压缩成型、片状成型(SM)、面团成型(DM)和块状成型(BM)。SM 化合物(SMC)和 DM 化合物(DMC)是广泛用于汽车应用的主要复合材料产品。这两种产品的主要成分是树脂、填料和纤维。图 7.5 显示了典型的 SMC 制造工艺[17]。

目前已经研究了在新产品中重复使用来自 SMC 的未固化材料[18]。到 2015 年，汽车制造商面临着回收和再利用至少 95%汽车重量的压力[19]。机械回收的方法是通过机械力或简单地通过研磨来减小材料的粒度。与其他回收技术相比，机械分解是一种更具商业可行性的技术。人们必须记住，这些复合材料的机械破坏需要巨大的能量，这往往使其从经济角度看起来不那么吸引人。在机械研磨中，最初的步骤是将材料粉碎成更小的碎片，以便在专用设备中将其进一步粉碎成更小的颗粒。Inoh 等[20]详细描述了各种研磨机制，如压缩、冲击、磨损和剪切。他们还提供了不同研磨设备的说明(表 7.1)。

表 7.1　各种研磨设备

研磨设备类型		磨削原理	类型
轧机	滚筒式	压缩(辊间)	A
高速旋转锤式粉碎机	筛分机类型	冲击(锤击和颗粒)	B
球磨机	空气分级机类型 轧制、振动、行星磨	压缩+冲击(球间)	C
气流磨	冲击板型 空气冲击型	冲击(刨花板) 磨损(颗粒间)	E
其他	砂浆、石磨	磨碎	

Bream 和 Hornsby[21]描述了使用锤式粉碎机对 DMC 和玻璃纤维增强酚醛塑料(GWP)产生的回收物进行再利用的过程，并对减小尺寸的颗粒的物理性质及其在高温下的行为进行了表征。在另一项有趣的工作[22]中，研究者提出了两种方法：在第一种方法中，纯机械研磨将 SMC 转化为细粉末。在第二种方法中，使用混合工艺，首先粉碎填料，然后将其部分溶解在酸性溶液中。将这两种工艺在加入填料和纤维的新型复合材料的性能方面进行了比较。与聚合物复合材料回收相关的最困难部分是将纤维从聚合物基体中分离。图 7.6 显示了 SMC 中填料和纤维与基体的结合程度[21]。

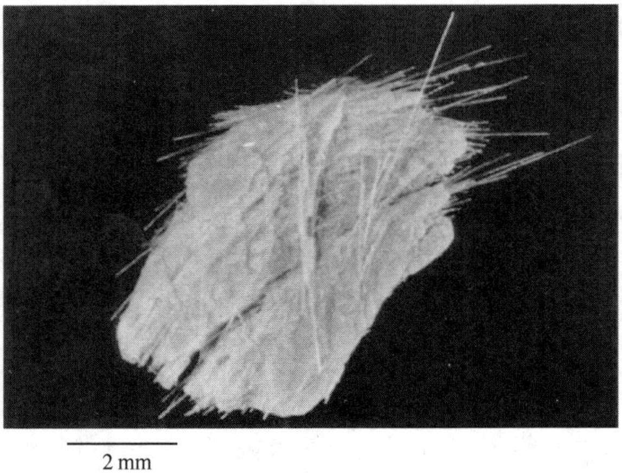

图 7.6　DMC 回收纤维-颗粒束(Bream 和 Hornsby[21]经 Springer 许可转载)

这些混合材料没有官方分类。筛分分析可以给出颗粒及其分离的概念。一般来说，这些回收材料可分为粗颗粒和细颗粒，其中粗颗粒再次加工成更小的颗粒，而细颗粒可以不经任何加工而使用。

7.2.1.2　化学回收

由于其复杂的交联结构，热固性塑料的回收很困难。化学回收是打破结构并将热固性树脂转化为其原始成分的更好方法。化学回收可用于降解树脂基纯产品和纤维增强树脂复合材料。不幸的是，大多数用作复合材料的热固性材料都使用纤维，这使得它们更加复杂且难以回收。因此，根据用于破坏结构的方法和化学品，化学回收可分为几种。图 7.7 展示了不同的化学品回收方法的示意图模型。

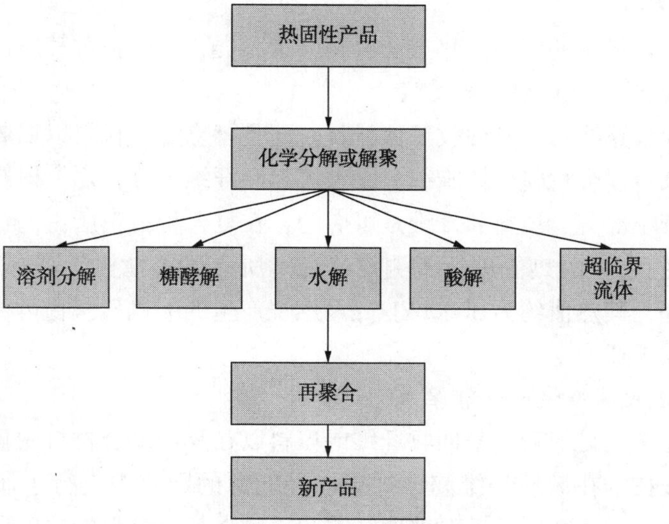

图 7.7　化学品回收方法的示意图模型

Kumar 等[23]报告了碳纤维增强环氧树脂复合材料在紫外线辐射和冷凝作用下的降解。他们的观察结果表明，在恶劣的物理和化学环境下，环氧树脂基体会发生分解，而不会影响定向纤维的性能。考虑到这一因素，紫外线辐射可用于通过基体侵蚀从复合材料中回收纤维。

Dang 等[24,25]对环氧树脂及其复合材料的化学回收进行了广泛的研究。他们成功地使用硝酸分解环氧树脂，然后用固化剂将分解产物重新聚合。固化后的环氧树脂对浓硝酸的耐受性较低。这种耐硝酸性低的缺点可以很好地转化为回收这些树脂的优势。

溶剂分解涉及使用溶剂[26,27]和热量破坏网络结构。用于此目的的溶剂是不同的醇[28]、超临界条件下的丙酮等。Mormann 和 Frank[29]证明了超临界氨用于热固性塑料的化学分解。

其他几项研究表明了酸对固化环氧树脂的影响，以及酸如何模拟固化结构的分解或降解[7,3032]。Bolasodun 等[33]研究了使用硝酸和微波能分解固化的环氧系统。在示意图模型中提到的几种方法中，一些研究人员成功地将糖酵解应用于聚合物的回收[3437]。报告了使用乙二醇降解不饱和聚酯，如图 7.7 所示[38]。这项研究的有趣事实是，回收树脂的固化反应比纯树脂快。

其他化学解聚方法也有描述[39,40]：重复使用热固性塑料的一种方法是创建具有可裂解[7]环氧基团的分子和合成可生物降解的热固性塑料[41,42]。使用酶是分解热固性塑料的另一种选择，因为酶可以帮助裂解某些酯基，这将是聚酯基热固性材料的优势。最近有报道称，研究人员[43]开发了新型热固性塑料，它们可以水解成单体，并且可以重新聚合以产生具有所需特性的聚合物。

7.2.1.3 热回收

热回收涉及热量的应用。热方法可以分为三类，下面将对其进行讨论。

7.2.1.3.1 能量回收的燃烧或焚烧

在这条回收路线中，不回收任何材料，而是燃烧复合材料以回收热能。回收的能量主要来自复合材料的树脂部分，与填料和纤维部分相比，树脂部分通常占总组合物的较小部分。填料和纤维是可燃的，在复合材料中所占的比例最高。对几种热固性树脂 70 的热值进行了测量研究。所有热固性树脂都有一定的热值，除了一些例外，其热值约为 30000kJ/kg。燃烧产生的无机残留物可作为水泥的添加剂用于水泥工业[44]。

7.2.1.3.2 流化床燃烧回收纤维

使用流化床是另一种用来回收纤维或填料以在其他复合材料中重复使用的热降解方法。该技术在玻璃纤维和碳纤维以及能源的回收中进行了研究[45,46]。流化床回收过程如图 7.8 所示。对玻璃纤维和碳增强复合材料的这些研究得出了一些有趣的事实，例如温度对回收材料的影响取决于树脂类型。聚酯树脂的加工温度为 4500℃，环氧树脂的加工温度为 550℃，随着温度升高，回收纤维的强度显著降低。

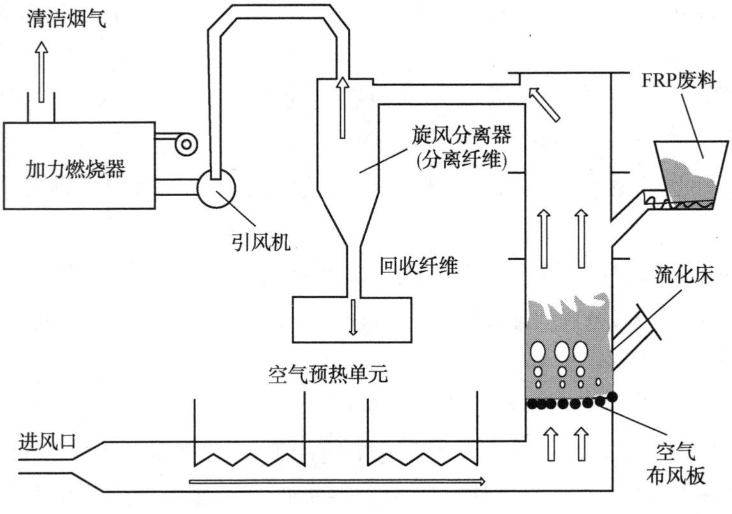

图 7.8 流化床回收过程

7.2.1.3.3 热解

在热解过程中，复合材料在没有氧气的情况下在非常高的温度下加热，将其分解成更小的分子。复合材料的热分解有机部分(如油和气体)可用作燃料，而纤维的无机部分可重新用于制造复合材料。因此，热解可以有效地回收基质部分以及纤维。这标志着热解相对于其他热过程的主要优势有：它通过能量回收分解聚合物网络，可作为化学加工的原料重复使用。已经对热解在热固性复合材料的回收利用及其表征和可能在其他产品中的再利用进行了多项研究[47-50]。

热解现在被认为是回收聚合物产品的标准方法。热解可以在不同类型的反应器中进行[51-53]。这些不同反应器产生的产物会有所不同，这使得从工业角度来看很难再利用这些材料。世界各地建立了多种热解设施，可用于各种材料，包括轮胎和其他热塑性材料。微波热解可以使热量均匀分布，并可在短时间内达到更高的温度。Tech En Ltd 开发了微波诱导热解技术[54]。因此，一般来说，一些复合材料制造商已经开始研究复合材料的回收利用。ERCOM 在德国拉斯塔特开展了第一次商业回收活动[55]。他们成功地建立了机械回收方法，激励了世界各地的几家公司，他们开发了复合材料的回收方法[5659]。

7.3 回收物的表征和应用

通过上述任何一种方法回收的材料(包括纤维和聚合物)在成功用于新配方之前都需要进行表征。如前所述，筛分分析将是一种可接受的方法，特别是用于识别不同尺寸的材料。可以对材料进行筛分和称重，并且可以根据组成来确定它们的分布。光学显微镜和扫描电子显微镜均可用于进一步表征颗粒。较长的纤维[6062]可以加入到原始热固性复合材料中。大部分回收和再利用工作都是在碳纤维和聚芳香酰胺类纤维基复合材料上进行的，因为这些纤维与纯纤维一起再利用具有成本优势[6365]。对不同纤维增强复合材料进行的研究表明，使用机械研磨可以回收纤维并对其进行表征。表 7.2 显示了[67]从芳纶-环氧复合材料中回收的芳纶纤维。

表 7.2 从芳纶-环氧复合材料中回收的芳纶纤维[66]

筛分尺寸/mm	获得的重磨组分	质量分数/%
>3.5	芳纶短纤维	53.2
>2	粗环氧树脂片和芳纶纤维	14.8
>2	细环氧树脂粉末	32

已经对纯复合材料中掺入不同程度的回收纤维进行了研究[17,20]。已经发现，在加入一定程度的回收纤维之后，再生纤维复合材料的性能会恶化。性能降低的

因素之一是从基体中回收的纤维的清洁度。回收纤维中存在固化树脂会导致黏合不良[66]。

研究发现，再生材料不仅可以作为低填充物，还可以增强材料的强度。Isabel de Marco 等进行的研究结果[49]显示了由原始复合材料中的回收物提供的增强作用。表 7.3 显示了原生复合材料与含有回收物的复合材料的机械性能对比。

表 7.3 块状模塑料的机械性能[50]

特性	原生 BMC-Ⅰ	含有回收 SMC 的 BMC(BMC-R)	原生 BMC-Ⅱ
抗拉强度/(MN/m^2)	19.1±4.0	24.0±5.0	22.9±7.0
弯曲强度/(MN/m^2)	64.9±11.0	68.9±17.0	85±12.0
弯曲模量/(GN/m^2)	10.9±0.9	11.1±1.0	11.5±1.0
巴氏硬度	68±5.0	66±3.2	65±5.3
无缺口夏比冲击强度/(kJ/m^2)	16.4±3.3	16.5±4.8	18.5±5.2

Palmer[68]对用于热固性复合材料增强的汽车复合材料的机械回收进行了详细研究。他的报告包括不同水平的回收物对复合材料的影响及其对性能的影响。但是当原生复合材料中回收物的质量分数增加时，其性能降低。向纯组分中添加化学萃取的树脂表明，在较低水平下，复合材料的弯曲强度高于纯组合物的弯曲强度，但随着回收物含量的增加，强度急剧下降[25]。这同样取决于复合材料的最终应用。因此，有必要在将再生材料纳入原始复合材料之前，对其进行详细的调查，以了解再生材料的等级和性能。另一个可以使用再生粉末的行业是水泥和混凝土行业。

7.4 结论

热固性复合材料的回收利用越来越受到人们的关注，因为它产生了大量的废物，也使用了大量的复合材料。由于热固性塑料的化学性质，它们不能再加工以制造新产品。本章详细介绍了回收热固性复合材料的各种回收方法。它还涵盖了回收复合材料的性能。

参 考 文 献

1. Yang, Y., Boom, R., Irion, B., van Heerden, D.J., Kuiper, P., and de Wit, H. (2012) Recycling of composite materials. *Chem. Eng. Process.*, **51**, 53–68.
2. SRI International Fiber Reinforced Composites to Replace Metals, http://www.sri.com/engage/products-solutions/ceramic-composites (accessed 11 May 2016).
3. SMC Products http://www.idicomposites.com/overview-products.php (accessed 11 May 2016).

4. Eco Chunk Wind Turbine Blades, http://www.ecochunk.com/tag/wind-turbine-blades (accessed 11 May 2016).
5. Kennametal Fiber Reinforced Composites, http://www.kennametal.com/hi/industry-solutions/aerospace/machining-cfrp-composites.html (accessed 11 May 2016).
6. Waldemar, S. (2000) Thermosets. *Encycl. Ind. Chem.*, **36**, 493–507.
7. Buchwalter, S.L. and Kosbar, L.L. (1996) Cleavable epoxy resins: design for disassembly of a thermoset. *J. Polym. Sci., Part A: Polym. Chem.*, **34** (2), 249–260.
8. McAdams, L.V. and Gannon, J.A. (0000) *Encyclopedia of Polymer Science and Engineering*, 2nd edn, John Wiley & Sons, Inc., New York, pp. 323–382.
9. Park, J.M., Kim, D.S., Lee, J.R., and Kim, T.W. (2003) Nondestructive damage sensitivity and reinforcing effect of carbon nanotube/epoxy composites using electro-micromechanical technique. *Mater. Sci. Eng., C*, **23**, 971.
10. Sandler, J.K.W., Kirk, J.E., Kinloch, I.A., Shaffer, M.S.P., and Windle, A.H. (2003) Ultra-low electrical percolation threshold in carbon-nanotube-epoxy composites. *Polymer*, **44**, 5893.
11. Miyagawa, H. and Drzal, L.T. (2004) Thermo-physical and impact properties of epoxy nanocomposites reinforced by single-wall carbon nanotubes. *Polymer*, **45**, 5163.
12. Jan, I.N., Lee, T.M., Chiou, K.C., and Lin, J.J. (2005) Comparisons of physical properties of intercalated and exfoliated clay/epoxy nanocomposites. *Ind. Eng. Chem. Res.*, **44**, 2086.
13. Nigam, V., Setua, D.K., Mathur, G.N., and Kar, K.K. (2004) Epoxy-montmorillonite clay nanocomposites: synthesis and characterization. *J. Appl. Polym. Sci.*, **93**, 2201.
14. Ratna, D., Manoj, N.R., Varley, R., Singh, R.R.K., and Simon, G.P. (2003) Clay-reinforced epoxy nanocomposites. *Polym. Int.*, **52**, 1403.
15. Di Landro, L. and Janszen, G. (2014) Composites with hemp reinforcement and bio-based epoxy matrix. *Composites Part B*, **67**, 220–226.
16. Pickering, S. (2006) Recycling technologies for thermoset composite materials—current status. *Composites Part A*, **37**, 1206–1215.
17. Landis, L. (2013) Reinforcement Strategies for High Performance Composites, Design World, March 4, 2013.
18. Michaeli, W. and Oelgarth, A. (1996) *International SAMPE Symposium and Exhibition*, Vol. 41, Issue: Materials and Process Challenges: Aging Systems, Affordability, Alternative Applications, Book 2, pp. 1551–1562, ISSN: 0891-0138.
19. Palmer, J., Ghita, O.R., Savage, L., and Evans, K.E. (2009) Successful closed-loop recycling of thermoset composites. *Composites Part A*, **40**, 490–498.
20. Inoh, T., Yokoi, T., and Sekiyama, K.-I. (1994) SMC recycling technology. *J. Thermoplast. Compos. Mater.*, 7 (1), 42–55.
21. Bream, C.E. and Hornsby, P.R. (2001) Comminuted thermoset recyclate as a reinforcing filler for thermoplastics, part I characterisation of recyclate feedstocks. *J. Mater. Sci.*, **36** (12), 2965–2975.
22. Perrin, D., Guillermain, C., Bergeret, A., Lopez-Cuesta, J.-M., and Tersac, G. (2006) SMC composites waste management as reinforcing fillers in polypropylene by combination of mechanical and chemical recycling processes. *J. Mater. Sci.*, **41** (12), 3593–3602.
23. Kumar, B.G., Singh, R.P., and Nakamura, T. (2002) Degradation of carbon fiber-reinforced epoxy composites by ultraviolet radiation and condensation. *J. Compos. Mater.*, **36** (24), 2713–2733.
24. Dang, W., Kubouchi, M., Sembokuya, H., and Tsuda, K. (2005) Chemical recycling of glass fiber reinforced epoxy resin cured with amine using nitric acid. *Polymer*, **46**, 1905–1912.
25. Dang, W., Kubouchi, M., Sembokuya, H., and Tsuda, K. (2002) An approach to chemical recycling of epoxy resin cured with amine using nitric acid. *Polymer*, **43**, 2953–2958.
26. Winter, H., Mostert, H.A.M., Smeets, P.J.H.M., and Paas, G. (1995) Recycling of sheetmolding compounds by chemical routes. *J. Appl. Polym. Sci.*, **57** (11), 1409–1417.

27. Patel, S.H. and Gonsalves, K.E. (1993) Alternative procedures for the recycling of sheet molding compounds. *Adv. Polym. Tech.*, **12** (1), 35–45.
28. Pinero-Hernanz, R., Garcıa-Serna, J., Dodds, C., Hyde, J., Poliakoff, M., Cocero, M.J., Kingman, S., Pickering, S., and Lester, E. (2008) Chemical recycling of carbon fibre composites using alcohols under subcritical and supercritical conditions. *J. Supercrit. Fluids*, **46**, 83–92.
29. Mormann, W. and Frank, P. (2006) (Supercritical) ammonia for recycling of thermoset polymers. *Macromol. Symp.*, **242**, 165–173.
30. Chen, M.C., Hourston, D.J., and Schafer, F.–.U. (1995) Miscibility and fracture behaviour of epoxy resin-nitrated polyetherimide blends. *Polymer*, **36** (17), 3287–3293.
31. Kubouchi, M., Tsuda, K., Nishiyama, T., and Hojo, H. (1995) A study on an application of corrosion behavior to glass fiber composite disposal and recycling. *Adv. Compos. Lett.*, **4** (1), 13–15.
32. Chen, J.-S., Ober, C.K., Poliks, M.D., Zhang, Y., Wiesner, U., and Cohen, C. (2004) Controlled degradation of epoxy networks: analysis of crosslink density and glass transition temperature changes in thermally reworkable thermosets. *Polymer*, **45**, 1939–1950.
33. Bolasodun, B., Nesbitt, A., Wilkinson, A., and Day, R. (2013) Decomposition and chemical analysis of cured epoxy system using a microwave reaction system. *Int. J. Sci. Technol. Res.*, **2** (2), 19–26.
34. Sugeno, T. and Tagaya, H. (2014) The effects of solvents on the chemical decomposition of foamed phenol resin in high-temperature conditions. *J. Mater. Cycles Waste Manage.*, **17**, 453–458.
35. Campanelli, J.R., Kamal, M.R., and Cooper, D.G. (1994) Kinetics of glycolysis of poly(ethylene terephthalate) melts. *J. Appl. Polym. Sci.*, **54**, 1731.
36. Chen, J.Y., Ou, C.F., Hu, Y.C., and Lin, C.C. (1991) Depolymerization of poly(ethylene terephthalate) resin under pressure. *J. Appl. Polym. Sci.*, **42**, 1501.
37. Oku, A., Hu, L.-C., and Yamada, E. (1997) Alkali decomposition of poly(ethylene terephthalate) with sodium hydroxide in nonaqueous ethylene glycol: a study on recycling of terephthalic acid and ethylene glycol. *J. Appl. Polym. Sci.*, **63**, 595.
38. Yoon, K.H., DiBenedettot, A.T., and Huang, S.J. (1997) Recycling of unsaturated polyester resin using propylene glycol. *Polymer*, **38** (9), 2281–2285.
39. Campanelli, J.R., Kamal, M.R., and Cooper, D.G. (1993) A kinetic study of the hydrolytic degradation of polyethylene terephthalate at high temperatures. *J. Appl. Polym. Sci.*, **48**, 443.
40. Yoshioka, T., Sato, T., and Okuwaki, A. (1994) Hydrolysis of waste PET by sulfuric acid at 150 °C for a chemical recycling. *J. Appl. Polym. Sci.*, **52**, 1353.
41. Mohantya, A.K., Misraa, M., and Hinrichsen, G. (2000) Biofibres, biodegradable polymers and biocomposites: an overview. *Macromol. Mater. Eng.*, **276/277**, 1–24.
42. Datta, J. and Włoch, M. (2014) Selected biotrends in development of epoxy resins and their composites. *Polym. Bull.*, **71**, 3035–3049.
43. García, J.M., Jones, G.O., Virwani, K., McCloskey, B.D., Boday, D.J., ter Huurne, G.M., Horn, H.W., Coady, D.J., Bintaleb, A.M., Alabdulrahman, A.M.S., Alsewailem, F., Almegren, H.A.A., and Hedrick, J.L. (2014) Recyclable, strong thermosets and organogels via paraformaldehyde condensation with diamines. *Science*, **344**, 732–735.
44. Asokan, P., Osmani, M., and Price, A.D.F. (2009) Assessing the recycling potential of glass fibre reinforced plastic waste in concrete and cement composites. *J. Cleaner Prod.*, **17**, 821–829.
45. Kennerley, J.R., Kelly, R.M., Fenwick, N.J., Pickering, S.J., and Rudd, C.D. (1998) The characterization and reuse of glass fibers recycled from scrap composites by the action of a fluidized bed process. *Composites Part A*, **29** (7), 839–845.
46. Pickering, S.J., Kelly, R.M., Kennerley, J.R., Rudd, C.D., and Fenwick, N.J. (2000) A fluidized-bed process for the recovery of glass fibers from scrap thermoset composites. *Compos. Sci. Technol.*, **60** (4), 509–523.

47. Onwudili, J.A., Insura, N., and Williams, P.T. (2013) Autoclave pyrolysis of carbon reinforced composite plastic waste for carbon fibre and chemicals recovery. *J. Energy Inst.*, **86** (4), 227–232, Journal; Online Computer File.
48. Torres, A., de Marco, I., Caballero, B.M., Laresgoiti, M.F., Legarretaa, J.A., Cabreroa, M.A., González, A., Chomón, M.J., and Gondra, K. (2000) Recycling by pyrolysis of thermoset composites: characteristics of the liquid and gaseous fuels obtained. *Fuel*, **79**, 897–902.
49. de Marco, I., Legarreta, J.A., Laresgoiti, M.F., Torres, A., Cambra, J.F., Chomón, M.J., and Caballero, B. (1997) Recycling polymeric wastes by means of pyrolysis. *J. Chem. Technol. Biotechnol.*, **69**, 187–192.
50. Cunliffe, A.M. and Williams, P.T. (2003) Characterisation of products from the recycling of glass fibre reinforced polyester waste by pyrolysis. *Fuel*, **82**, 2223–2230.
51. Blazsó, M. (2010) Pyrolysis for recycling waste composites, in *Management, Recycling and Reuse of Waste Composites* (ed. V. Goodship), WP and CRC Press, Cambridge, pp. 102–121.
52. Henshaw, J.M., Han, W., and Owens, A.D. (1996) An overview of recycling issues for composite materials. *J. Thermoplast. Compos. Mater.*, **9**, 4–20.
53. Yun, Y.M., Seo, M.W., Koo, G.H., Ra, H.W., Yoon, S.J., Kim, Y.K., Lee, J.G., and Kim, J.H. (2014) Pyrolysis characteristics of GFRP (Glass Fiber Reinforced Plastic) under non-isothermal conditions. *Fuel*, **137**, 321–327.
54. Holland, K.M. (1995) Apparatus for waste pyrolysis. US Patent 5,387,321 and (1994) Process of destructive distillation of organic material. US Patent 5,330,623.
55. Nomaguchi, K. (2005) Recycling Trends in the Composites Industry. JEC Magazine #17 (May 2005).
56. Composite recycling—raw material for the future. ERCOM composite recycling GmbH.
57. Allred, R.E. (1996) Recycling process for scrap composites and prepregs. *SAMPE J.*, **32** (5), 46–51.
58. Harth, T. (1985) Proceedings of Auto Recycle '95, p. 195.
59. Conroy, A., Halliwell, S., Reynolds, T., and Waterman, A. (2004) *Recycling Fibre Reinforced Polymers in Construction: a Guide to Best Practicable Environmental Option*, Building Research Establishment, BREPress. ISBN: 1 86081 689
60. (2002) Recycling takes off at MCR. *Compos. Int.*, **48**, 27.
61. 1999) Thermo setting materials: recycling and applications. *Composites (Paris)*, **35**, 49.
62. Monce, C. (2002) Recyclage Recuperation Magazine, 2002,16,19.
63. Mlecnik, E. (1997) Proceedings of the 3rd International Congress, on Recovery, Recycling and Re-Intergratwn, Geneva, February 4–7, 1997, vol. 111, p. 165.
64. Papaspyrides, C.D., Poulakis, J.G., and Arvanitopoulos, C.D. (1995) Recycling of glass fiber reinforced thermo-plastic composites. I. Ionomer and low density poly ethylene based composites. *Resour. Conserv. Recycl.*, **14**, 91.
65. Poulakis, J.G., Varelidis, P.C., and Papaspyrides, C.D. (1997) Recycling of polypropylene- based composites. *Adv. Polym. Technol.*, **16**, 313.
66. Åkesson, D., Foltynowicz, Z., Christéen, J., and Skrifvars, M. (2012) Recycling of thermoset composites by microwave pyrolysis. 8th International Conference On Composite Materials, September, 2012, vol. 31, no. 17, pp. 1136–1142.
67. Kouparttsas, C.E., Kawtalis, C.N., Varelidis, P.C., Tsenoglou, C.J., and Paf'aspyrides, C.D. (2002) Recycling of the fibrous fraction of reinforced thermoset composites. *Polym. Compos.*, **23** (4), 682–689.
68. Palmer, J.A.T. (2009) Thesis submitted to the University of Exeter as a thesis for the degree of Doctor of Philosophy in Engineering, May 2009.

8　其他层状混合塑料或树脂的回收：聚氨酯

Jyothi V. Sunny

8.1　简介

聚氨酯(PUR)用途广泛，经久耐用，表现出多种性能，由二异氰酸酯或聚异氰酸酯与多元醇反应而得。聚氨酯的特点是存在聚氨酯(—{—NH—CO—O—}—)基团。图 8.1 显示了聚氨酯的合成路线。

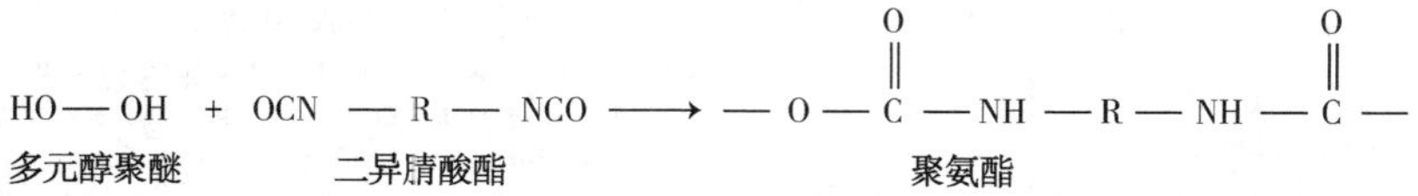

图 8.1　聚氨酯合成示意图

PUR 的性质源于其前驱体的性质，即多元醇和异氰酸酯。有多种多元醇和聚异氰酸盐可用于制造聚氨酯。大多数聚氨酯源自芳香族多异氰酸酯，如甲苯二异氰酸酯(TDI)和亚甲基二苯基二异氰酸酯(MDI)，包括聚合物和单体(图 8.2 和图 8.3)。

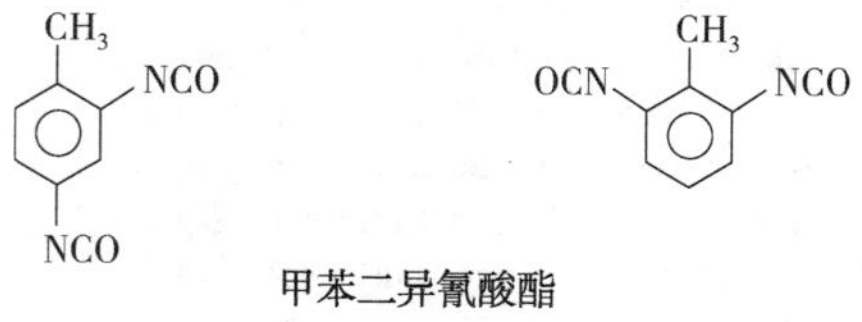

图 8.2　甲苯二异氰酸酯(TDI)结构

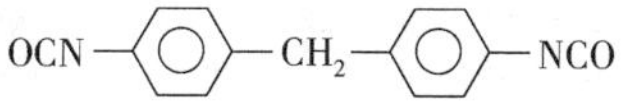

图 8.3　亚甲基二苯基二异氰酸酯(MDI)

除上述芳香族异氰酸酯外，还有不同的脂肪族和环脂肪族异氰酸酯也用于各种紫外线稳定产品，例如，六亚甲基二异氰酸酯(HDI)和异佛尔酮二异氰酸酯(IPDI)。此外，几种二聚体、二异氰酸酯衍生物和封闭异氰酸酯也可用于开发聚氨酯。

多元醇的相对分子质量、功能性和结构对于 PUR 的发展非常重要。聚醚多元醇是用于 PUR 的最常见和最大的多元醇组。聚酯多元醇也用于某些特定应用。聚醚多元醇由环氧乙烷(EO)或环氧丙烷(PO)与引发剂在催化剂存在下反应制成。多元醇有两个或两个以上的羟基作为端基，可以与其他反应物反应。根据起始分子的不同，可以合成各种系列的多元醇，性能和反应性取决于多元醇的结构。与由于仲羟基而具有 PO 端基的多元醇相比，含有 EO 端基的多元醇因伯羟基而反应更快。多元醇可以根据其结构进行区分[1]，长链多元醇用于软质泡沫，短链多元醇用于硬质泡沫。表 8.1 和表 8.2 中给出了长链和短链多元醇的特性[2]。多元醇的使用见饼状图[1]。PUR 是由多异氰酸酯和多元醇分子的放热反应形成的。许多不同类型的 PUR 材料是由几种类型的异氰酸酯和一系列具有不同官能度和相对分子质量的多元醇生产的。一些官能团的多样性取决于多元醇是基于聚醚还是基于聚酯。大多数聚醚多元醇是为 PUR 应用而生产的，然而，其他最终用途的范围包括从合成润滑剂和功能流体到表面活性剂。

表 8.1　长链聚醚多元醇的性能

起始点	环氧烷	官能度	M_n/(g/mol)	碱度/(mgKOH/g)	黏度(25℃)/(mPa·s)
PG	PO/EO	2	4000	28	870
PG	PO	2	2000	56	310
TMP/PG	PO	2.8	2750	42	630
GLY	PO/EO	3	4800	35	860

注：PG：1,2-丙二醇；TMP：三羟甲基丙烷；GLY：甘油；PO：环氧丙烷；EO：环氧乙烷。

表 8.2　短链聚醚多元醇的性能

起始点	环氧烷	官能度	M_n/(g/mol)	碱度/(mgKOH/g)	黏度(25℃)/(mPa·s)
TMP	PO	3	435	385	600
TMP	PO	3	305	550	1800
EDA	PO	4	350	620	19200
TDA	PO/EO	4	475	470	8000
蔗糖/PG	PO	3.1	385	450	15000

PUR 用于从商品到高性能产品的各种应用，为现代社会的日常活动提供舒适、便利和安全特性。由于可用的异氰酸酯和多元醇种类繁多，因此可以为目标性能或应用创建各种材料。PUR 和聚氨酯泡沫(PUF)之间的主要区别在于泡沫中掺入了气体。这是通过异氰酸酯与水反应，形成 CO_2 和胺来实现的。还有其他化学品可用作发泡剂来生产泡沫。

大多数聚氨酯应用包括硬质和软质泡沫。软质泡沫主要用于汽车坐垫、家具、地毯、服装、包装等，而硬质聚氨酯泡沫主要用于绝缘应用。图 8.4 显示了柔性 PUF 的示例[3-5]，图 8.5 显示了刚性 PUF 的示例[6,7]。一般来说，开孔泡沫是柔性的，闭孔泡沫是刚性的。

图 8.4　软质聚氨酯泡沫应用示例

图 8.5　硬质聚氨酯泡沫应用

涂料、密封剂、黏合剂和弹性体(CASE)领域是 PUR 应用的下一个大类别。由于其牢固的附着力、理想的机械性能和耐候特性，在 CASE 应用中对 PUR 有很高的需求。

由于涉及用于各种应用的 PUR 的过度产品开发，现在 PUR 的回收在全球范围内受到越来越多的关注。此外，在产品开发中使用异氰酸酯也受到严格的环境法规的约束。因此，需要对这些材料进行更环保的产品开发或再利用。刚性 PUF 主要最终进入垃圾填埋场和被焚烧。填埋会产生严重的环境后果，因此是最不利的。Hilyard 等[8]对通过焚烧和热回收处理 PUF 进行了详细研究。尽管回收柔性 PUR 的主要方法是机械或化学方法，但通常可以分为四种。回收聚氨酯的方法如图 8.6 所示。

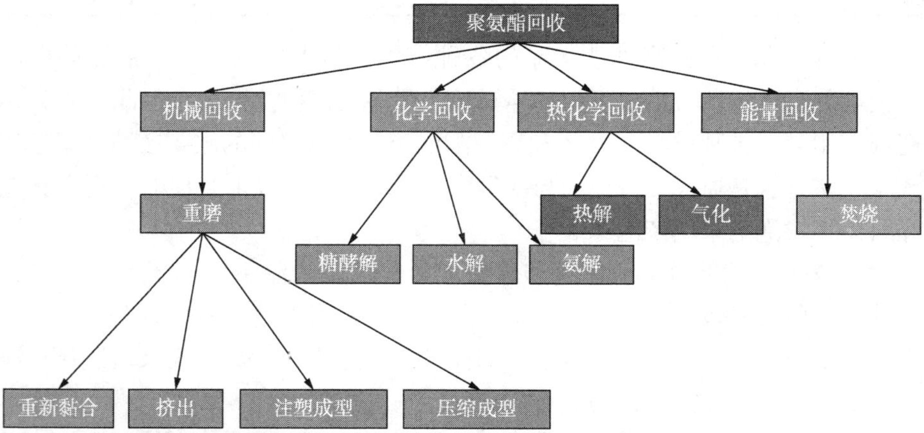

图 8.6　聚氨酯回收方法

8.2　机械回收

在机械回收中，材料被研磨并重新黏合，这是回收 PUR 的最古老方法。聚氨酯机械回收的一些例子包括地毯工业及其在床垫和汽车坐垫中的再利用。换句话说，材料以不同的形状或形式重复使用，也就是说，只发生材料的物理变化。产生的大部分软质泡沫在地毯行业中被回收利用，通过将磨碎的泡沫与聚合物黏合剂混合用作底层。此外，磨碎的泡沫复合颗粒可以与纯材料混合，并可以通过挤出、注射成型和压缩成型加工成新产品。图 8.7 显示了回收 PUF 的结构反应注射成型示意图[9]。

图 8.7　回收 PUF 的结构反应注射成型(SRIM)[9]

Quadrini 等[10]提出了一种回收 PUF 的新方法，将废料粉碎并随后对所得颗粒进行压缩成型。Bledzki 等[11]报告了关于刚性 PUF 和软 PUF 用途的详细研究。回收 PUF 的另一种选择是将其研磨并重新用作新材料中的填料[12]。粒度分布见表 8.3。

表 8.3　造粒后的聚氨酯粒度分布[12]

尺寸范围	粒度分布/%(质)	尺寸范围	粒度分布/%(质)
<150μm	6.26	600μm~1.18mm	8.41
150~300μm	3.94	1.18~2.36mm	24.5
300~600μm	8.71	2.36~5mm	48.16

一些相关技术包括两辊研磨、挤压、低温研磨等。Khalid 等[13]详细回顾了回收聚氨酯的各种方法。

8.3　化学回收

在化学回收中，通过化学处理将 PUR 分解成不同的原材料，即从聚氨酯中回收多元醇[14]。用于回收聚氨酯的一些化学回收方法是糖酵解、水解和氨解。

8.3.1　糖酵解

糖酵解是最广泛使用的化学回收方法，用于从刚性和柔性 PUF 中回收多元醇。在单相糖酵解中，PUF 可以在催化剂和较低相对分子质量醇的存在下在高温下降解为低相对分子质量的组分。

Molero 等[15-17]对糖酵解的化学回收进行了广泛的研究。他们指出糖酵解分两相进行：上层产生高质量的多元醇，下层产生副反应产物。Murai 等[18]研究了乙二醇(多元醇)种类、催化剂种类、催化剂浓度、反应温度、PUF 粒径等糖酵解条件对硬质 PUF 在反应中溶解速率的影响。

Vahid[19]对糖酵解所涉及的步骤进行了细致的研究，如图 8.8 和图 8.9 所示。在他们的研究中，将废 PUF 进行糖酵解，首先形成糖酵解产物，然后将其用作与环氧烷反应的引发剂，以生产烷氧基化多元醇。

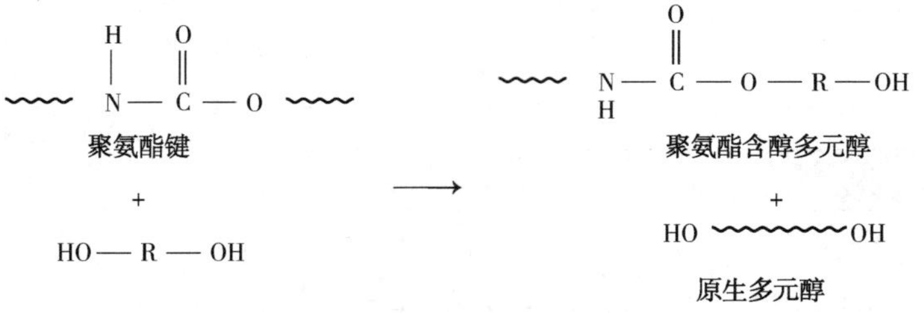

图 8.8　糖酵解的第一步：聚氨酯泡沫与甘油糖酵解形成羟基低聚物混合物[19]

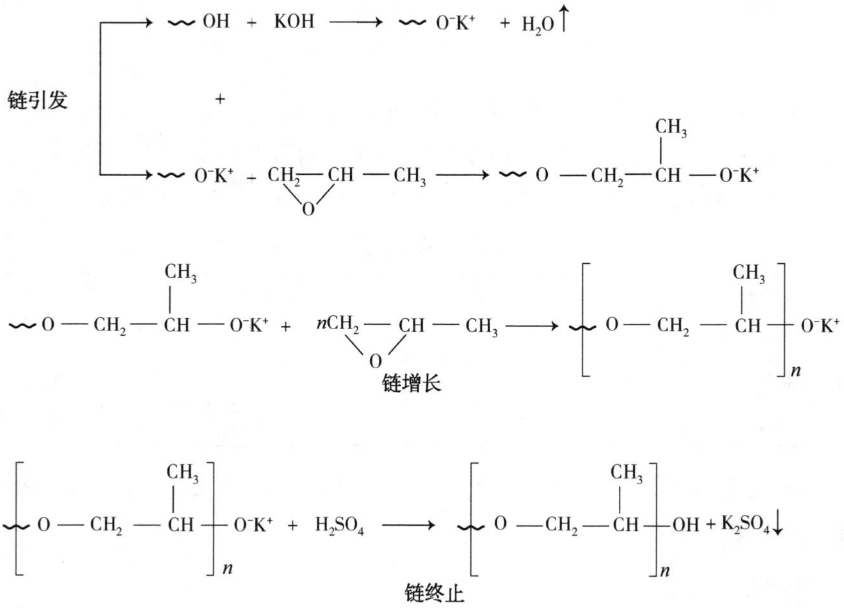

图 8.9　糖酵解过程的第二步：糖酵解产物用作引发剂，与环氧烷反应生成烷氧基化多元醇[19]

引发剂与环氧烷反应生成烷氧基化多元醇。已经对使用糖酵解回收 PUF 以获得多元醇进行了各种研究[20-25]。相比消费后废物，糖酵解更适合回收生产过程废物，已有几家公司参与其中，见表 8.4[26]。

表 8.4　聚氨酯的回收利用[26]

奥地利	弹性泡沫/仪表板(IP)	弹性泡沫/IP 组件
法国	硬质泡沫	硬质泡沫
德国	RIM	RIM/一体式蒙皮

续表

奥地利	弹性泡沫/仪表板(IP)	弹性泡沫/IP 组件
德国	鞋底	鞋底
意大利	鞋底	硬质泡沫
意大利	鞋底	鞋底
英格兰	柔性板坯	柔性和硬质泡沫

8.3.2 水解

水解是在水存在和高于 200℃ 的温度下使用碱金属氢氧化物作为催化剂的条件下进行的。水解过程如图 8.10 所示[27]。

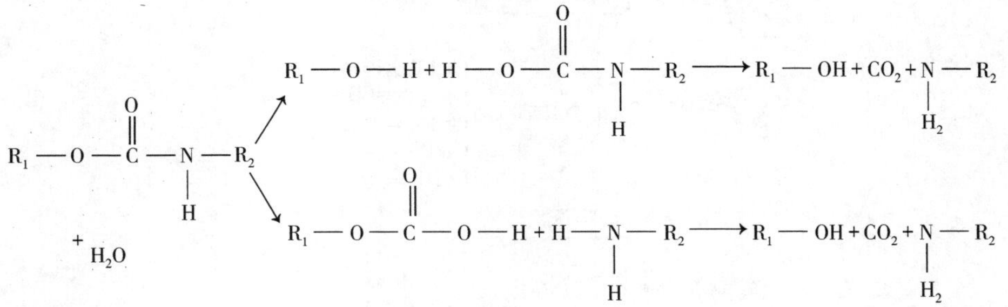

图 8.10 聚氨酯的水解[27]

水解所得产物是多胺和多元醇的混合物。几项研究[28-31]已经报道了聚氨酯回收的水解过程。

8.3.3 氨解

聚氨酯和胺之间的反应在 PUR 化学中是众所周知的，可用于回收聚氨酯。在 PUR 的氨解过程中，形成取代尿素[32]：

$$\text{Ar-NHCOOR}_x + \text{R}_y\text{NH}_{2\text{-}} \longrightarrow \text{Ar-NHCONHR}_y + \text{R}_x\text{OH}$$

PUR 的氨解已有研究，目前仍处于研究阶段[28,32,33]。在氨解中，PUF 在压力和升高的温度下与胺反应。该方法中使用的胺包括二丁胺和乙醇胺等。聚氨酯与链烷醇胺的反应比与胺的反应慢。为了提高所得多元醇的纯度，可以使用单胺和多胺的混合物[34]。

8.4 热化学方法

热化学方法包括热解、气化和氢化，它们被用作聚氨酯的有效回收。对这些方法的实际适用性已经进行了多项研究。

8.4.1 热解

热解是聚氨酯在缺氧和氮气存在下分解生成气体和液体产物的过程。对聚氨酯泡沫和黏合剂的热解进行了几项研究[35-40]。热解的缺点之一是在热解过程中产生的气体的毒性。液体成分非常黏稠，随着时间的推移会凝固。

8.4.2 气化

在气化过程中，聚氨酯在氧气含量有限的情况下在非常高的温度下加热以形成一氧化碳、二氧化碳和氢气。在世界范围内，气化用于回收含碳材料已有60多年历史[41]。气化仅使用燃烧中所用氧气量的一小部分。气化过程更廉价，能耗更低，并且不产生有害的重金属。图8.11显示了气化过程的流程图[42]。

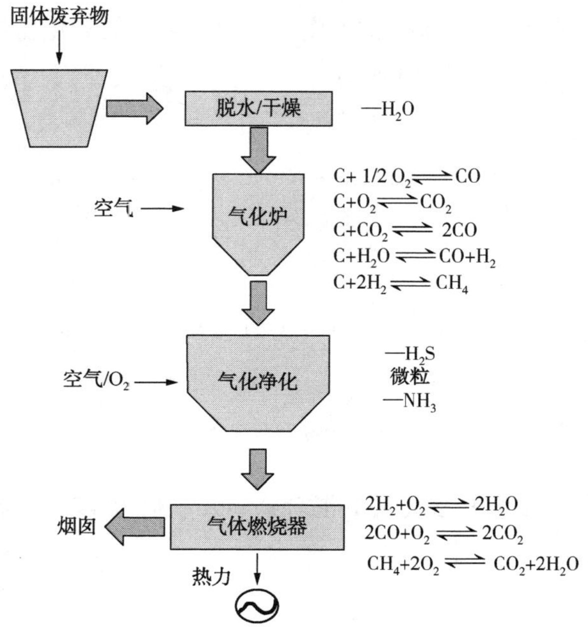

图8.11　气化工艺流程图[42]，已经进行了大量研究工作以改进气化过程[43-45]

8.4.3 加氢

聚合物，特别是聚氨酯的C—C键，可以通过加氢降解，这使得加氢成为聚氨酯的回收利用方法。加氢是在高温高压下，以金属作为催化剂进行的[46]。聚氨酯在没有氧气和高浓度氢气的情况下加热，回收的产品包括固体、气体和液体。换言之，加氢是热解和气化的组合。

8.5 通过焚烧回收能量

当回收的产品不能再用于不同的产品时，通过焚烧进行能量回收。焚烧或燃烧无法回收产品，只能回收能量。聚氨酯在焚烧过程中会产生有毒气体并且产生的热量非常高[47,48]。聚氨酯形式的阻燃剂的存在使得回收和再利用变得更加困难。焚烧将显著减少垃圾填埋场中的泡沫体积。聚氨酯的热降解在110℃以上开始，聚氨酯相关化学键的典型降解温度见表8.5[49]。

表 8.5 聚氨酯中各种键的热解离温度[49]

连接形式		热解离温度区间/℃
甲壳素	脂肪族/芳香族	85~105/100~120
双缩脲	脂肪族/芳香族	100~110/115~125
尿素	脂肪族/芳香族	140~180/160~200
氨基甲酸乙酯	脂肪族/芳香族	160~180/180~200
双取代尿素	脂肪族/芳香族	235~250

与实际回收相比，关于回收能量的详细报告表明[50]，回收比通过焚烧回收的能量节省更多的能量。文献[51-53]中提供了关于从焚烧或聚氨酯燃烧中回收能量的其他报告。

参 考 文 献

1. (2015) *Polyether Polyols for Urethanes, Chemical Economics Handbook*.
2. Adam, N., Avar, G., Blankenheim, H., Friederichs, W., Giersig, M., Weigand, E., Halfmann, M., Wittbecker, F.-W., Larimer, D.-R., Maier, U., Meyer-Ahrens, S., Noble, K.-L., and Wussow, H.-G. (2005) Polyurethanes, in *Ullmann's Encyclopedia of Industrial Chemistry*.
3. Upholstery http://www.decsignco.com/main.asp?page=%7B5EA8D29E-5755-4ABA-B065-4C12019DF861%7D (accessed 12 May 2016).
4. DesignNews http://www.designnews.com/document.asp?doc_id=229183 (accessed 12 May 2016).
5. Foam Factory http://www.foamdistributing.com/polyurethane-foam-sheets.html (accessed 12 May 2016).
6. Treehugger http://www.treehugger.com/green-architecture/spray-polyurethane-foam-manufacturer-may-face-class-action-lawsuit.html (accessed 12 May 2016).
7. Building System Design https://www.bsdsoftlink.com/manufacturers/mfrpages/demilecusa.htm (accessed 12 May 2016).
8. Hilyard, N.C.; Kinder, A.I.; Axelby, G.L., A techno-economic study of the disposal of polyurethane foam waste by incineration and heat recovery, *Cell. Polym.*, **4** (5), 367-384.
9. Scheirs, J. (1998) *Polymer Recycling*, Chapter 10, John Wiley & Sons, Ltd., Chichester.
10. Quadrini, F., Bellisario, D., and Santo, L. (2013) Recycling of thermoset polyurethane foams. *Polym. Eng. Sci.*, **53** (7), 1357–1363.
11. Bledzki, A.K., Zicans, J., Merijs Meri, R., and Kardasz, D. (2008) Some physical and mechanical properties of recycled polyurethane foam blends. *Mech. Compos. Mater.*, **44** (5), 515–522.
12. Hulme, A.J. and Goodhead, T.C. (2003) Cost effective reprocessing of polyurethane by hot compression moulding. *J. Mater. Process. Technol.*, **139** (1–3), 322–326.
13. Khalid, M.Z., Haq, N.B., and Bhatti, I.A. (2007) Methods for polyurethane and polyurethane composites, recycling and recovery: a review. *React. Funct. Polym.*, **67**, 675–692.
14. American Chemistry Council http://polyurethane.americanchemistry.com/Sustainability/Recycling (accessed 12 May 2016).
15. Molero, C., de Lucas, A., and Rodriguez, J.F. (2009) Activities of octoate salts as novel catalysts for the trans-esterification of flexible polyurethane foams with diethylene glycol. *Polym. Degrad. Stab.*, **94**, 533–539.
16. Molero, C., de Lucas, A., and Rodriguez, J.F. (2008) Recovery of polyols from flexible polyurethane foam by "split-phase" glycolysis: study on the influence of reaction parameters. *Polym. Degrad. Stab.*, **93**, 353–361.
17. Molero, C., de Lucas, A., and Rodriguez, J.F. (2006) Recovery of polyols from flexible polyurethane foam by "split-phase" glycolysis: glycol influence. *Polym. Degrad. Stab.*, **91**, 221–228.

18. Murai, M., Sanou, M., Fujimoto, T., and Baba, F. (2003) Glycolysis of rigid polyurethane foam under various reaction conditions. *J. Cell. Plast.*, **39**, 15–27.
19. Vahid, S. (2007) Chemical recycling of mixed polyurethane foam stream recovered from shredder residue into polyurethane polyols. *J. Cell. Plast.*, **43**, 31–46.
20. Borda, J., Pásztor, G., and Zsuga, M. (2000) Glycolysis of polyurethane foams and elastomers. *Polym. Degrad. Stab.*, **68**, 419–422.
21. Hekmatjoo, N., Ahmadi, Z., Afshar Taromi, F., Rezaee, B., Hemmati, F., and Saeb, M.R. (2015) Modeling of glycolysis of flexible polyurethane foam wastes by artificial neural network methodology. *Polym. Int.*, **64** (9), 1111–1120.
22. Wu, C.-H., Chang, C.-Y., Cheng, C.-M., and Huang, H.-C. (2003) Glycolysis of waste flexible polyurethane foam. *Polym. Degrad. Stab.*, **80**, 103–111.
23. Modesti, M. and Simioni, F. (1996) Chemical recycling of reinforced polyurethane from the automotive industry. *Polym. Eng. Sci.*, **36** (17), 2173–2178.
24. Huang, H.-C., Wu, C.-H., and Chang, C.-Y. (2000) Recycling of wasted flexible polyurethane foam by chemolysis. Proceedings of the Air & Waste Management Association's Annual Conference & Exhibition, 93rd, Salt Lake City, UT, pp: 6071–6079.
25. Wang, X., Chen, H., Chen, C., and Li, H. (2011) Chemical degradation of thermoplastic polyurethane for recycling polyether polyol. *Fibers Polym.*, **12** (7), 857–863.
26. ISOPA (2001) Fact Sheet – Recycling and Recovering Polyurethane, June 2001.
27. Wang, X., Chen, H., Chen, C., and Li, H. (2013) Description and modeling of polyurethane hydrolysis used as thermal insulation in oil offshore conditions. *Polym. Test.*, **32** (8), 1588–1593.
28. Behrendt, G. and Naber, B.W. (2009) The chemical recycling of polyurethanes. *J. Univ. Chem. Technol. Metall.*, **44** (1), 3–23.
29. Campbell, G.A. and Meluch, W.C. (1976) Polyurethane foam recycling superheated steam hydrolysis. *Environ. Sci. Technol.*, **10** (2), 182–185.
30. Ge, J.-J. and Sakai, K. (1998) Decomposition of polyurethane foams derived from condensed tannin II: hydrolysis and aminolysis of polyurethane foams. *J. Wood Sci.*, **44**, 103–105.
31. Mahoney, L.R., Weiner, S.A., and Ferris, F.C. (1974) Hydrolysis of polyurethane foam waste. *Environ. Sci. Technol.*, **8** (2), 135–139.
32. Kanaya, K. and Takahashi, S. (1994) Decomposition of polyurethane foams by alkanolamines. *J. Appl. Polym. Sci.*, **51**, 675–682.
33. Scheirs, J. (1998) *Polymer Recycling*, John Wiley & Sons, Chichester, chapter 10.
34. Chuayjuljit, S., Norakankorn, C., and Pimpan, V. (1994) Chemical recycling of rigid polyurethane foam scrap via base catalyzed aminolysis. *J. Appl. Polym. Sci.*, **51**, 675–682.
35. Chambers, J., Jiricny, J., and Reese, C.B. (1981) The thermal decomposition products of rigid polyurethanes and polyisocyanurates. *Fire Mater.*, **5**, 133–141.
36. Napier, D.H. and Wong, T.W. (1972) Toxic products from the combustion and pyrolysis of polyurethane foams. *Br. Polym. J.*, **4**, 45–52.
37. Takamoto, D.Y. and Petrich, M.A. (1994) Effect of heterogeneous secondary pyrolysis reactions on the thermal decomposition of polyurethane scrap. *Ind. Eng. Chem. Res.*, **33**, 3004–3009.
38. Terakado, O., Yanase, H., and Hirasawa, M. (2014) Pyrolysis treatment of waste polyurethane foam in the presence of metallic compounds. *J. Anal. Appl. Pyrolysis*, **108**, 130–135.
39. Jomaa, G., Goblet, P., Coquelet, C., and Morlot, V. (2015) Kinetic modeling of polyurethane pyrolysis using non-isothermal thermogravimetric analysis. *Thermochim. Acta*, **612**, 10–18.
40. Rafael, F., Andres, F., Jose, C., Candela, J., and Garcia, A. (2001) Pyrolysis study of polyurethane. *J. Anal. Appl. Pyrolysis*, **58**, 63–77.
41. Guo, X., Wang, L., Li, S., Tang, X., and Hao, J. (2015) Gasification of waste rigid

polyurethane foam: optimizing operational conditions. *J. Mater. Cycles Waste Manage.*, **17** (3), 560–565.

42. W2E http://w2es.com/gasification.php (accessed 12 May 2016).
43. WasteSyn http://www.wastesyn.com/tech_wg.html (accessed 12 May 2016).
44. Schingnitz, M., Gaudig, M., McVey, I.E., and Wood, K. (2000) Gasifier to convert nitrogen waste organics at Seal Sands, UK. 2000 Gasification Technologies Conference, San Francisco, CA, October 8–11, 2000.
45. Aznar, M.P., Caballero, M.A., Sancho, J.A., and Francé, E. (2006) Plastic waste elimination by co-gasification with coal and biomass in fluidized bed with air in pilot plant. *Fuel Process. Technol.*, **87** (5), 409–420.
46. K.C. Frisch, D. Klempner, *Advances in Urethane: Science & Technology*, Vol. 13, p 244.
47. Landry, T.D., Daems, D., Pauluhn, J., and Reimann, K.A. (2002) *Polyurethane Products in Fires: Acute Toxicity of Smoke and Fire Gasses*, American Chemistry Council.
48. Paabo, M. and Levin, B.C. (1987) A review of to be literature on to be gaseous products and toxicity generated from the pyrolysis and combustion of rigid polyurethane foams. *Fire Mater.*, **11**, 1–29.
49. Isopa Fact sheets, Energy Recovery, 2001.
50. Szycher, M. (1999) *Szycher's Handbook of Polyurethanes*, CRC Press, Boca Raton, FL.
51. Morris, J. (1996) Recycling versus incineration: an energy conservation analysis. *J. Hazard. Mater.*, **47**, 277–293.
52. Perry, M.J., Lambach, J.L., and Critchfield, F.E. (2000) Energy management polyurethane rigid foams with high recovery. US Patent US6127443 A. PCT Int. Appl.
53. Peter, S. and David, P. (2013) Method of recovering/enhancing the energy from municipal solid waste. UK Patent GB 2494532 A 20130313.

9　可回收聚合物的生态概况一览

9.1　再生聚合物对环境的优势

Raju Francis，Anjaly Sivadas

9.1.1　引言

在进入垃圾填埋场的城市和工业废物中，塑料产品所占比例稳步上升。由于大量的塑料垃圾和巨大的环境压力，塑料回收已经成为当今塑料工业的主题。一旦一种材料进入废物流，回收利用就是使用回收材料制造新产品的过程。对于像塑料这样的有机材料，回收利用的概念也可以扩展到能量回收利用，在这种情况下，塑料将作为燃料燃烧使得材料的热值被加以利用，但是该方式对整体环境的有利影响低于材料回收的方式，因为该方式不会减少对新(原)材料的需求。从环境的角度来看，减少塑料垃圾的技术研发是可以接受的且具有成本效益。但由于聚合物再利用所固有的复杂性，这些技术的开发已被证明是一项艰巨的挑战。因此，为塑料材料的再利用/回收建立最优的工艺过程仍然是新世纪的世界性挑战。塑料材料在农业和塑料包装中都有应用，由于塑料比其他传统材料相比有许多优势，因此塑料包装是一个很大的市场。然而，这些废弃的材料也是垃圾流中最多的，由于固体材料的生命周期相对较短且通常是不可降解的，这些材料受到了公众的大量批评。塑料垃圾产量的增加已经对填埋和焚烧产生很大的影响[1](图 9.1)。

图 9.1　塑料污染

塑料不会自然分解，因此需要采用其他方法来回收这些材料。塑料回收涉及到单一类型聚合物的二级颗粒的制备过程，原材料很难找到且用作改性剂并不经济[2]。如果不能有效回收或再利用塑料废弃物，废弃聚合物中的很多物质可能是危险的并且会造成环境负担。有几种聚合物可以在沥青中回收[3,4]，如聚丙烯(PP)用于秸秆、家具和包装工业；高密度聚乙烯(HDPE)用于塑料瓶和包装；低密度聚乙烯(LDPE)广泛应用于软饮料瓶和矿泉水瓶[5]；聚氯乙烯(PVC)用于配件和水管；聚对苯二甲酸乙二醇酯(PET)广泛用于软饮料瓶和水瓶。

9.1.2 聚对苯二甲酸乙二醇酯

聚对苯二甲酸乙二醇酯(PET)广泛用于制造盛装碳酸和非碳酸软饮料的容器。它是一种环保、可回收的聚合物，燃烧时只产生热量、CO_2和水，没有任何有毒气体产生。与玻璃相比，它有几个优势，比如对消费者安全(如掉落时)和重量轻，这些优点对消费者有益并且可以减少运输的成本和对环境的影响。回收利用 PET 具有附加的优势，这有助于实现国家城市垃圾回收目标并达到包装材料所要求的目标。但是，与热回收相比，回收利用的 PET 产品质量可能存在问题，例如，饮料制造商无法接受在优质瓶装水和可乐产品瓶中存在黑点，然而，如果将 PET 用于非食品用途(如机油)的彩色瓶子中，这应该不是问题(图 9.2)。

图 9.2 用于制造瓶子的再生 PET

据估计，PET 瓶子的回收利用有助于减少温室气体的排放、垃圾填埋和净能源消耗，每回收 1t PET 可净减少 1.5t CO_2 当量的温室气体排放[6]。每回收 1t 塑料估计平均净减少 1.45t CO_2当量，这一结论可以作为政策的有益支持[7]，这个数值源于德国的生命周期分析(LCA)研究[8]，该研究还发现，大部分净能源和排放效益来自于对原始聚合物产品的替代。最近，专门针对 PET 瓶制造的 LCA 计算表明，使用 100%回收 PET 代替 100%的纯 PET 将减少整个生命周期的 CO_2排放量，每瓶可将 CO_2排放量从 446g 减少到 327g，这可以相对减少 27%的 CO_2排放量[9]。混合塑料是最不受欢迎的回收聚合物来源，但每吨回收产品仍可减少 0.5t 左右的 CO_2当量[10]。回收瓶子的生态效益更高，一方面是因为回收瓶子的过程比混合塑料更高效，另一方面是因为原始 PET 生产过程的 CO_2排放量特别高。然而，混合塑料回收利用方案仍然具有正向的意义，只要它可以替代原始聚合物，这个方案被认为优于其他研究选项，即垃圾填埋和固体垃圾作为燃料进行能源回收[11]。PET 的回收利用不仅可以部分解决固体废物问题，还可以作为一些工业的原材料来源，有助于节约高成本的石化原料产品和能源，这在当今世界是非常重要的。

9.1.3 高密度聚乙烯

高密度聚乙烯(HDPE)或聚乙烯高密度(PEHD)是一种由石油制成的聚乙烯热塑性塑料，生产 1kg HDPE 需要 1.75kg 石油(按能源和原材料计算)。它是世界上体积第三大的商品塑料材料。主要由高密度聚乙烯制成的大型液体容器非常

图 9.3　回收 HDPE 的各种应用

适合回收利用。事实上，它们很容易收集和分离，而且 HDPE 在其生命周期和回收操作期间一般不会发生降解。然而，热力学降解和再生材料的性能极大地取决于 HDPE 的结构和加工条件[13]。HDPE 的化学回收需要使用不同的催化剂和先进的反应器[14]，通过适当的工艺将废弃 HDPE 成功降解为类似汽油/柴油的液体燃料(图 9.3)。

在过去的 20 年里，由于可重复使用的帆布袋和其他可生物降解材料的引入，塑料袋中的塑料使用量减少了约 70%，但大多数塑料袋仍然是由 HDPE 生产的。此外，随着生活水平的提高以及快速增长的工业对 HDPE 管道和电缆的更高需求，HDPE 材质的包装物在中国和印度的市场正在增长。高密度聚乙烯是不可生物降解的材料，需要几个世纪才能分解，所以这些袋子和包装必须被回收和再次利用。回收 HDPE 有很多好处，例如，用可回收的高密度聚乙烯生产一件物品比用“原始”塑料生产更具有成本效益。与许多塑料聚合物一样，HDPE 的生产使用了大量的化石燃料，而仅仅生产 1kg HDPE 就需要总共 1.75kg 石油。如图 9.3 所示，许多新产品可以使用回收的 HDPE 制造。

9.1.4　聚氯乙烯

聚氯乙烯(PVC)包装材料被用于食品、清洁材料、纺织品、饮料和医疗器械的包装，也用于电缆绝缘、窗框、管道、地板覆盖物和屋面板等使用期限长的产品的包装[15-21]。PVC 可以成功地回收利用并变成各种产品，如瓶子、管道、管件等具有良好外观和性能的物品[8,22-26]。据称，使用回收聚氯乙烯材料替代原始聚氯乙烯材料所制成的产品的性能不受影响。使用 70% 的回收聚氯乙烯材料替代原始聚氯乙烯材料制造窗户型材，可节约高达 50% 的能源、60% 以上的空气排放和 60% 以上的水排放。此外，由于 PVC 是一种热塑性塑料，它可以多次回收利用而性能不会有明显下降。使用回收的聚氯乙烯材料有助于实现资源再利用且保存了原材料。使用回收的聚氯乙烯材料可减少废气排放和所需的垃圾填埋场(图 9.4)。

图 9.4　用于制造塑料地砖的回收 PVC

9.1.5 聚丙烯

聚丙烯(PP)是一种用量很大的商品塑料，广泛应用于冰箱、洗衣机、空调等家电。因此，聚丙烯的闭环回收在废旧电器中至关重要。PP 产品在垃圾填埋场中降解非常缓慢，大约需要 20~30 年才能完全分解。这带来了一个严重的问题，因为塑料中存在添加剂(包括稳定剂、着色剂和增塑剂)，这些添加剂可能含有一系列毒素，包括镉和铅。根据各种研究，塑料中的镉可能占垃圾填埋场中固体城市垃圾总镉量的 28%，这些镉可能会渗入其他系统并对一系列生物系统造成潜在危害。此外，燃烧热塑性塑料会释放出有毒物质，如氯乙烯和二噁英，这使得大气污染成为一个需要考虑的现实问题。

PP 在一系列一次性包装产品中有不同的应用，如瓶子、酸奶容器、药瓶、瓶盖、吸管、塑料杯和食品包装，这导致 PP 废弃物的数量稳步增加(图 9.5)。以低成本、环保的方式回收 PP 是管理塑料垃圾的迫切需要。此外，由于 PP 是一种以石油为基础的产品，回收由 PP 制成的产品将有助于我们保护石油资源。回收 PP 目前被用于以下产品的制造：电池电缆、刷子、刮冰机、托盘和盘子、景观边界、信号灯、扫帚、自动电池箱、自行车架、耙子和垃圾箱。

图 9.5 可回收聚丙烯

9.1.6 聚苯乙烯

由于聚苯乙烯(PS)泡沫塑料在隔离、保护和储存许多不同食品中的使用率增加，其废弃物数量逐年增加。废塑料的不断积累在世界各地造成了严重的问题。在回收方面，PS 通常不是一个受人关注的目标(不像玻璃、纸张、铝罐、电池、轮胎等)，但许多公司、地方当局和个人可能没有考虑到他们倾倒的 PS 数量的影响。由于监管和环境问题的变化，这种废弃物的回收最近受到了全世界的极大关注。

不断增加的填埋成本和不断减少的填埋空间迫使人们考虑聚苯乙烯材料的替代品从而处理聚苯乙烯所带来的问题。发泡聚苯乙烯(EPS)是另一种用途更广的类似泡沫的材料。回收的 EPS 可用于制作包装或其他材料，但咖啡杯和盘子总是需要新的 EPS(图 9.6)。使用可回收物而非新的原料制造新产品有以下优点：使用较少的能量，减少污染，节省自然资源，节省有限的堆填区空间，创造额外收入和就业机会，减少乱扔垃圾。

图 9.6　可回收 EPS

9.1.7　其他聚合物

通过在铺装中加入废弃聚合物可以使得路面性能得到改善，环境污染减少，原始聚合物的使用也减少，从而节约了成本并减少了污染。聚合物的回收利用可减少堆填区和环境中任意丢弃的残留物数量，因此，聚合物的回收利用还能减少疾病的传播和土壤、空气和水体的污染。没有妥善包装和丢弃的废弃物可能吸引一些带菌生物，如老鼠和蚊子，后者可传播登革热、黄热病和其他许多疾病。从社会的角度来看，聚合物的回收利用是有好处的，因为它可以产生直接和间接的就业机会并将废物转化为人工制品，创造就业机会是发展中国家考虑的一个重要因素。回收的聚合物已被发现在改善道路性能方面显示出与使用原始聚合物相似的结果。因此，使用废弃塑料瓶作为路面改进剂可能有助于减少材料浪费并提高路面的性能[31-35]。在沥青路面中使用废弃聚合物也被证明可以改善路面的某些特性，可以达到与使用原始聚合物时相同的水平。从经济的角度来看，在道路建设和铺路中使用废料可以从不同的方面受益，它可以提高路面的性能，减少垃圾填埋，解决垃圾处理问题。Garcia-Morales 等对再生聚合物改性沥青的流变能力进行了研究，研究了使用 5%和 9%的废聚乙烯和醋酸乙烯酯(EVA)/LDPE 改性沥青在高温下的流动行为和中低温度下的线性黏弹性特性。在他们的研究中，利用四叶螺旋桨将废弃的聚合物与 60/70 渗透级的沥青进行混合。试验结果表明[37]，改性沥青的性能得到了改善。Casey 等发现含有 4%废弃 HDPE 的黏结剂比其他改性黏结剂效果更好。根据改性剂的种类、混合时间和混合温度选择了最佳的混合工艺。这项研究的结果被用来比较使用再生聚合物的改性黏结剂与已经在道路建设中使用的传统黏结剂的性能。疲劳试验和车轮跟踪试验结果表明，聚合物改性黏结剂的性能优于传统黏结剂。研究结果表明，利用回收 EVA/LDPE 改性的沥青具有较好的力学性能并且这些聚合物改善了路面性能，这也有助于解决废塑料的处理问题。

在西方国家，大多数回收产品的市场(例如，低压管道、交通屏障、户外家具、垃圾箱)正变得非常有竞争力，而且可回收的热塑性塑料正被开发具有更高“附加值”的新用途。通过添加刚性填料或增强材料，可从回收塑料中获得结构性能改善的低成本复合材料，特别是刚度、热变形温度和抗蠕变性能。报道最广泛的用于再生聚合物的无机填料是碳酸钙、滑石和硅灰石[40-46]。玻璃纤维(GF)是几种用于提升热塑性废塑料性能的低成本刚性填充材料之一。当使用未加工的玻璃纤维增强再生热塑性塑料性能时，塑料的冲击强度也普遍增加而断裂伸长率仅略微降低[47]。在水泥窑中燃烧轮胎对环境是安全的，因为与煤炭燃烧相比，燃烧轮胎的尘土、二氧化碳、氮氧化物和重金属(锌除外)的排放量要低得多。除了用于水泥工业，二手轮胎还被用作生产蒸汽、电能、纸张、石灰和钢铁的燃料。这是因为煤与橡胶废料的混合燃烧提高了蒸汽锅炉和炉膛的热效率，并且废气和粉尘的数量不超过允许的限度[49-51]。

产品回收利用是材料回收利用的另一种形式，是基于整个废旧轮胎的原始形式的回收，没有任何物理或化学处理。由于它们的形状和尺寸、高弹性和对振动、噪声及冲击良好的阻尼性能，轮胎作为一种廉价的材料在建筑工程中使用。它们可以用来在道路和高速公路沿线形成防护屏障并保护倾斜的滨水河岸和路边。它们还可以用作船的挡板、保护海洋生物的人工礁石、道路基材的材料、建筑物基础的绝缘材料[52-55]以及鞋底由合适形状的轮胎踏板件制成的鞋类。轮胎产品回收利用的重要性微乎其微，对解决其管理问题的作用不大。喷射水流研磨是为了回收卡车、工程车辆和农用拖拉机的高耐磨、大尺寸轮胎而开发的。地面轮胎也被用于建筑工业中作为水泥砂浆的填充物，这使得混凝土具有更强的抗弯性、隔热、声学性能并提高其抗动态载荷和开裂的性能。混凝土结构中橡胶材料的存在也降低了对吸湿性和氯离子的渗透性，从而为钢结构提供更好的防腐保护[56-58]。以生物聚合物为基质的生物复合材料是“绿色复合材料”的未来，对其进行回收利用使得保留整体的碳含量成为可能并且可以节约一次资源。此外，它们还可以降低重量和成本，减少了对石油资源的依赖。生物复合材料目前主要用于汽车、建筑、家具和包装行业，由于环境意识的提高和化石资源的消耗，可再生产品正受到极大的关注。翻新在经济上是非常合算的：它只需要生产新轮胎所需的 30%的能源和 25%的原材料[61]。此外，它实际上是一个无废物的过程，翻新的唯一副产品是黏浆状橡胶，它可用于制造聚合物复合材料和建筑工业。回收废旧轮胎或其他废旧橡胶制品的基本方法之一是将其作为能源原料使用。由轮胎碎片组成的燃料在国际分类中称为 TDF(轮胎衍生燃料)。使用过的轮胎有 32MJ/kg 的热值，这使得它们有竞争优势，尤其是与热值低得多的煤炭相比[62]。水泥行业是粉碎的轮胎的最大去处之一，粉碎的轮胎是一种与煤炭共同燃烧的替代燃料；因此，轮胎的使用是不产生废物的。水泥厂现在只能用整个轮胎作为燃料，这是因为水泥窑内的高温（>1200℃）可以确保所有轮胎部件完全燃烧。灰分和钢索会永久地黏结在熟料上，但这并不会严重损害熟料的物理化学性能，只是水泥黏结时间稍微延长了一点并且用水量增加了[63]。此外，在水泥窑中燃烧轮胎对环境是安全的，因为与煤炭燃烧相比，尘土、二氧化碳、氮氧化物和重金属（锌除外）的排放量要低得多。

除了水泥工业，二手轮胎还被用作生产蒸汽、电能、纸张、石灰和钢铁的燃料。这是因为煤与橡胶废料的混合燃烧提高了蒸汽锅炉和炉膛的热效率，并且废气和粉尘的数量不超过任何允许的限度[49-51]。塑料固体废物（PSW）来自石油并且具有可回收的能量，在某些情况下可与其他能源相媲美。通过一段或两段燃烧技术进行直接焚烧无疑可以减少 PSW 的体积以及对化石燃料的依赖，从而更好地保护自然资源和推进综合废物管理。在塑料的制造和转换设备中考虑回收利用和能量回收方法是非常重要的[64]。电子设备中约 33%的材料是塑料，但其中只有 25%是清洁的、同质的、无污染的[65]。在美国，从电子产品中回收的塑料可以用于制作户外家具、塑料木材和道路材料[50,66]。重复使用的丙烯腈/丁二烯/苯乙烯（ABS）可用于光盘托盘、电池盒和相机外壳。回收塑料可用于制造新的设备，如惠普打印机。ABS 和 HIPS（高冲击聚苯乙烯）等混合塑料树脂可以代替石头和砾石，因为它增强了黏结强度。热塑性树脂可用于热拌沥青混凝土。

塔夫茨大学（Tufts University）和 IBM 已经证明，可重复使用 HIPS 作为一些高端消费的电子产品装配的一部分，并且制造商无需支付任何费用[67]。制造复合地板是使用再生塑料[50]的另一个领域。再一个是制造托盘，它由回收塑料制成，这些托盘使用寿命更长、成本低，是传统木制托盘有效的替代品。近期各种各样的关于开发 EOL（使用寿命结束）电子产品的塑料的新应用方面的研究工作被相继报道。在西欧，电气和电子行业的塑料消费量约为 278 万 t[68]。如果三分之一的树脂可以被回收，每年可回收的树脂将达 83 万 t。达到最终使用目标的塑料应该被谨慎地重复使用，并努力地将原始塑料作为新物品的一部分加以利用，利用过的塑料必须适当地收集、分类和清洁。欧洲塑料制造商协会（APME）提出，能源回收可能是欧洲管理 EOL 电子产品中的塑料最有价值的替代方案。然而，在美国，工业界仍然倾向于采用综合的方式来处理 EOL 电子产品的塑料。显然，管理措施的精确平衡随全国各个地区可获得的资产、技术和物资存在差异。

9.1.8 结论

本章概述了一些重要的可回收聚合物的循环利用对环境的好处。一般来说，回收利用减少了送往填埋和焚化炉的垃圾数量。它通过减少收集新原料的需要来防止污染。回收利用有助于节约能源，减少了导致全球气候变化的温室气体的排放，有助于在回收和制造业创造新的高薪工作岗位。

参 考 文 献

1. Shent, H., Pugh, R.J., and Forssberg, E. (1999) A review of plastics waste recycling and the flotation of plastics. *Resour. Conserv. Recycl.*, **25**, 85–109.
2. Adhikari, B. and de Maiti, D.S. (2000) Reclamation and recycling of waste rubber. *Prog. Polym. Sci.*, **25** (7), 909–948.
3. Murphy, M., O'Mahony, M., Lycett, C., and Jamieson, I. (2001) Recycled polymers for use as bitumen modifiers. *J. Mater. Civ. Eng.*, **13** (4), 306–314.
4. Satapathy, S., Nag, A., and Nando, G.B. (2010) Thermoplastic elastomers from waste polyethylene and reclaim rubber blends and their composites with fly ash. *Process Saf. Environ. Prot.*, **88** (2), 131–134.
5. Zheng, Y., Shen, Z., Cai, C., Ma, S., and Xing, Y. (2009) The reuse of nonmetals recycled from waste printed circuit boards as reinforcing fillers in the polypropylene composites. *J. Hazard. Mater.*, **163** (2–3), 600–606.
6. Department of Environment and Conservation (NSW) (2005) Benefits of Recycling. Australia: Parramatta.
7. ACRR (2004) *Good Practices Guide on Waste Plastics Recycling*, Association of Cities and Regions for Recycling, Brussels.
8. Patel, M., von Thienen, N., Jochem, E., and Worrell, E. (2000) Recycling of plastics in Germany. *Resour. Conserv. Recycl.*, **29** (1–2), 65–90.
9. WRAP (2008) Study Reveals Carbon Impact of Bottling Australian Wine in the UK in PET and Glass Bottles.
10. WRAP (2008) *LCA of Management Options for Mixed Waste Plastics*, Waste & Resources Action Programme, London.
11. Hopewell, J., Dvorak, R., and Kosior, E. (2009) Plastics recycling: challenges and opportunities. *Philos. Trans. R. Soc. London, Ser. B*, **364**, 2115–2126.
12. Sabnis, A.S., Kathalewar, M.S., Mare, S., Bhave, V.G., and Raut, P.P. (2012) New polyester polyol derived from recycled poly (ethylene terephthalate) for coating application. *Arch. Appl. Sci. Res.*, **4** (1), 85–93.
13. Kostadinova Loultcheva, M., Proietto, M., Jilov, N., and La Mantia, F.P. (1997) Recycling of high density polyethylene containers. *Polym. Degrad. Stab.*, **57**, 77–81.
14. Kumar, S. *et al* (2011) A review on tertiary recycling of high-density polyethylene to fuel. *Resour. Conserv. Recycl.*, **55**, 893–910.
15. Garcia, D., Balart, R., Crespo, J.E., and Lopez, J. (2006) Mechanical properties of recycled PVC blends with styrenic polymers. *J. Appl. Polym. Sci.*, **101**, 2464–2471.
16. La Mantia, F.P. (1996) *Recycling of PVC and Mixed Plastic Waste*, ChemTec Publishing.
17. Braun, D. (2001) PVC-origin, growth, and future. *J. Vinyl Add. Tech.*, **7**, 168–176.
18. Wenguang, M. and La Mantia, F.P. (1996) Processing and mechanical properties of recycled PVC and of homopolymer blends with virgin PVC. *J. Appl. Polym. Sci.*, **59** (5), 759–767.
19. Matuschek, G., Milanov, N., and Kettrup, A. (2000) Thermoanalytical investigations for the recycling of PVC. *Thermochim. Acta*, **361**, 77–84.
20. Garcia, D., Balart, R., Sanchez, L., and Lopez, J. (2007) Compatibility of recycled PVC/ABS blends effect of previous degradation. *Polym. Eng. Sci.*, **47**, 789–796.
21. Burat, F., Güney, A., and Olgaç Kangal, M. (2009) Selective separation of virgin and post consumer polymers (PET and PVC) by flotation method. *Waste Manage.*, **29**, 1807–1813.
22. Sombatsompop, N. and Thongsang, S. (2001) Rheology, morphology, and mechanical and thermal properties of recycled PVC pipes. *J. Appl. Polym. Sci.*, **82**, 2478–2486.
23. Hegberg, B.A., Hallenbeck, W.H., and Brenniman, G.R. (1993) Plastics recycling rates. *Resour. Conserv. Recycl.*, **9**, 89–107.
24. Carroll, W.F. Jr., (1994) Recycling post-consumer PVC bottles: technology and market development. *J. Vinyl Add. Tech.*, **16** (3), 169–176.
25. Thomas, N.L. and Quirk, J.P. (1995) Use of bottle recyclate in rigid PVC foam.

Plast. Rubber Compos., **24** (2), 89–96.
26. Kameda, T., Fukuda, Y., Grause, G., and Yoshioka, T. (2010) Chemical modification of rigid poly(vinyl chloride) by the substitution with nucleophiles. *J. Appl. Polym. Sci.*, **116**, 36–44.
27. Seung-Soo, K. and Seungdo, K. (2004) Pyrolysis characteristics of polystyrene and polypropylene in a stirred batch reactor. *Chem. Eng. J.*, **98**, 53–60.
28. García, M.T. *et al.* (2009) Study of the solubility and stability of polystyrene wastes in a dissolution recycling process. *Waste Manage. (Oxford)*, **29**, 1814–1818.
29. Kalantar, Z.N., Karim, M.R., and Mahrez, A. (2012) A review of using waste and virgin polymer in pavement. *Constr. Build. Mater.*, **33**, 55–62.
30. Lavee, D. (2007) Is municipal solid waste recycling economically efficient? *Environ. Manage.*, **40** (6), 926–943.
31. Huang, Y., Bird, R.N., and Heidrich, O. (2007) A review of the use of recycled solid waste materials in asphalt pavements. *Resour. Conserv. Recycl.*, **52** (1), 58–73.
32. Sengoz, B. and Topal, A. (2005) Use of asphalt roofing shingle waste in HMA. *Constr. Build. Mater.*, **19**, 337–346.
33. Xue, Y., Hou, H., Zhu, S., and Zha, J. (2009) Utilization of municipal solid waste incineration ash in stone mastic asphalt mixture: pavement performance and environmental impact. *Constr. Build. Mater.*, **23**, 989–996.
34. Arabani, M., Mirabdolazimi, S.M., and Sasani, A.R. (2010) The effect of waste tire thread mesh on the dynamic behaviour of asphalt mixtures. *Constr. Build. Mater.*, **24**, 1060–1068.
35. Huang, B., Dong, Q., and Burdette, E.G. (2009) Laboratory evaluation of incorporating waste ceramic materials into Portland cement and asphaltic concrete. *Constr. Build. Mater.*, **23**, 3451–3456.
36. Gonzalez, O., Pena, J.J., Munoz, M.E., Santamaria, A., Perez-Lepe, A., Martinez-Boza, F. *et al.* (2002) Rheological techniques as a tool to analyze polymer–bitumen interactions: bitumen modified with polyethylene and polyethylene-based blends. *Energy Fuels*, **16**, 1256–1263.
37. Casey, D., McNally, C., Gibney, A., and Gilchrist, M.D. (2008) Development of a recycled polymer modified binder for use in stone mastic asphalt. *Resour. Conserv. Recycl.*, **52**, 1167–1174.
38. Garcia-Morales, M., Partal, P., Navarro, F.J., and Gallegos, C. (2005) Effect of waste polymer addition on the rheology of modified bitumen. *Fuel*, **85** (11), 936–943.
39. Pringle, R.T. and Barker, M.B. (2004) Starting a Waste Plastics Recycling Business. Report Prepared For Aberdeen Forward and Aberdeenshire Council, Edinburgh.
40. Sanchez-Soto, M., Rossa, A., Sanchez, A.J., and Gamez-Perez, J. (2008) Blends of HDPE wastes: study of the properties. *Waste Manage. (Oxford)*, **28**, 2565–2573.
41. Putra, H.D., Ngothai, Y., Ozbakkaloglu, T., and Seracino, R. (2009) Mineral filler reinforcement for commingled recycled-plastic materials. *J. Appl. Polym. Sci.*, **112** (6), 3470–3481.
42. Tall, S., Albertsson, A., and Karlsson, S. (2001) Enhanced rigidity of recycled polypropylene from packaging waste by compounding with talc and high-crystallinity polypropylene. *Polym. Adv. Technol.*, **12** (5), 279–284.
43. Sahnoune, F., Cuesta, J.M., and Crespy, A. (2004) Improvement of the mechanical properties of an HDPE/PS blend by compatibilization and incorporation of $CaCO_3$. *Polym. Eng. Sci.*, **43** (3), 647–660.
44. Brachet, P., Høydal, L., Hinrichsen, E., and Melum, F. (2008) Modification of mechanical properties of recycled polypropylene from post-consumer containers. *Waste Manage.*, **28** (12), 2456–2464.
45. Elloumi, A., Pimbert, S., Bourmaud, A., and Bradai, C. (2010) Thermomechanical properties of virgin and recycled polypropylene impact copolymer/CaCO3 nanocomposites. *Polym. Eng. Sci.*, **50** (10), 1904–1913.
46. Tzankova Dintcheva, N., Jilovand, N., and La Mantia, F.P. (1997) Recycling of plastics from packaging. *Polym. Degrad. Stab.*, **57**, 191–203.
47. Hugo, A.-M., Scelsi, L., Hodzic, A., Jones, F.R., and Dwyer-Joyce, R. (2011) Development of recycled polymer composites for structural applications. *Plast. Rubber Compos.*, **40** (6–7), 317–323.
48. Conesa, J.A., Galvez, A., Mateos, F., Ignacio Martin-Gullon, I., and Font, R. (2008) Organic and inorganic pollu-

tants from cement kiln stack feeding alternative fuels. *J. Hazard. Mater.*, **158**, 585–592.
49. Levendis, Y.A., Atal, A., Carlson, J., Dunayevskiy, J., and Vouros, P. (1996) Comparative study on the combustion and emissions of waste tire crumb and pulverized coal. *Environ. Sci. Technol.*, **30** (9), 2742–2754.
50. Courtemanche, B. and Levendis, Y.A. (1998) A laboratory study on the NO, NO2, SO2, CO and CO2 emissions from the combustion of pulverized coal, municipal waste plastics and tires. *Fuel*, **77** (3), 183–196.
51. Singh, S., Nimmo, W., Gibbs, B.M., and Williams, P.T. (2009) Waste tyre rubber as a secondary fuel for power plants. *Fuel*, **88**, 2473–2480.
52. Murugan, S., Ramaswamy, M.C., and Nagarajan, G. (2008) The use of tyre pyrolysis oil in diesel engines. *Waste Manage. (Oxford)*, **28**, 2743–2749.
53. Bosscher, P.J., Tuncer, B.E., and Kuraoka, S. (1997) Design of highway embankments using tire chips. *J. Geotech. Geoenviron. Eng.*, **4**, 295–304.
54. Collins, K.J., Jensen, A.C., Mallinson, J.J., Roenelle, V., and Smith, I.P. (2002) Environmental impact assessment of a scrap tyre artificial reef. *J. Mar. Sci.*, **59**, 243–249.
55. Lee, H.J. and Roh, H.S. (2007) The use of recycled tire chips to minimize dynamic earth pressure during compaction of backfill. *Constr. Build. Mater.*, **21**, 1016–1026.
56. Piercea, C.E. and Blackwell, M.C. (2003) Potential of scrap tire rubber as lightweight aggregate in flowable fill. *Waste Manage. (Oxford)*, **23**, 197–208.
57. Benazzouk, A., Douzane, O., Langlet, T., Mezreb, K., Roucoult, J.M., and Queneudec, M. (2007) Physico-mechanical properties and water absorption of cement composite containing shredded rubber wastes. *Cem. Concr. Compos.*, **29**, 732–740.
58. Oikonomou, N. and Mavridou, S. (2009) Improvement of chloride ion penetration resistance in cement mortars modified with rubber from worn automobile tires. *Cem. Concr. Compos.*, **31**, 403.
59. Mukherjee, T. and Kao, N. (2011) PLA based biopolymer reinforced with natural fibre: a review. *J. Polym. Environ.*, **19** (3), 714–725.
60. Fowler Paul, A., Hughes, J.M., and Elias, R.M. (2007) *Biocomposites from Crop Fibres and Resins*, BioComposites Centre, University of Wales, Bangor.
61. Ferrer, G. (1997) The economics of tire remanufacturing. *Resour. Conserv. Recycl.*, **19**, 221–255.
62. Gieré, A.,.R., Smith, K., and Blackford, M. (2006) Chemical composition of fuels and emissions from a coal + tire combustion experiment in a power station. *Fuel*, **85**, 2278–2285.
63. Pipilikaki, P., Katsioti, M., Papageorgiou, D., Fragoulis, D., and Chaniotakis, E. (2005) Use of tire derived fuel in clinker burning. *Cem. Concr. Compos.*, **27**, 843–847.
64. Al-Salem, S.M., Lettieri, P., and Baeyens, J. (2009) Recycling and recovery routes of plastic solid waste (PSW): a review. *Waste Manage. (Oxford)*, **29**, 2625–2643.
65. American Plastics Council (2000) Plastics from Residential Electronics Recycling. Report 2000, American Plastics Council, Inc.
66. Environmental and Plastics Industry Council [EPIC] (2003) Management of Plastics in EOL Electronics. Special News and Views Report.
67. American Plastics Council (2003) An industry Full of Potential: Ten Facts to Know about Plastics from Consumer Electronics.
68. Association of Plastics Manufacturers in Europe(APME) (2003) An Analysis of Plastics Consumption and Recovery in Europe.

9.2 可回收聚合物的毒性或环境影响

Raju Francis, Nidhin Joy, Anjaly Sivadas

9.2.1 引言

本章从环境和人体健康两个参数评价回收聚合物的效果。由于对塑料难以识别和分类且存在各种其他材料和添加剂(如填料和增塑剂[1]),使得塑料的回收利用一直不太成功。此外,塑料使用寿命长,用途广泛(特别是在一次性产品中),这些原因使得管理塑料垃圾成为一个重大问题。作为有机材料,塑料有可能被用于产生能量,但不受控制或管理不善的焚烧可能导致有害物质排放,这使得相当多的公众反对焚烧塑料。此外,由于废物管理不善或处置不当,塑料垃圾作为废弃物进入自然环境中会对野生动物构成威胁。大量的塑料垃圾和鲜艳的颜色使它们在废弃物和垃圾中非常显眼。这些问题引起人们消极的情绪,为塑料带来相当多的负面报道。塑料垃圾对生态环境的外部效应具有负面的影响,如温室气体排放和生态破坏。塑料通常是不可生物降解的,因此,塑料可能在生态环境中长期作为废物存在。塑料可能对人类健康和环境构成威胁,并且在现实中塑料可能难以重新使用或回收利用。塑料回收利用需要以可持续的方式进行。

9.2.2 回收利用会减少废物吗?

回收利用显然是一种废物管理策略,但它也可以被视为是目前实施生态工业概念的一个例子。然而,在自然生态系统中没有废物,只有未被正确利用的产品[4,5]。回收利用伴随有许多困难,这些困难主要与缺乏财政补贴、不稳定的选择性垃圾分离程序以及高昂的电力成本有关。塑料的回收利用是减少环境影响和资源消耗的一种方法。从根本上说,高水平的回收利用(如减少使用、再使用、维修或再制造)能够以较低的材料投入实现指定产品的服务水平。因此,回收利用可以减少单位产出的能源和物质消耗从而提高生态效率。然而,应当指出的是,尽管有能力维持资源投入和剩余的平衡,但是外部作用对生态系统的影响将决定整个系统最终的可持续性。回收塑料可能对人类健康产生负面影响。在基层,在仍有人工分拣的设施中,工人在分拣材料时可能面临受伤和感染疾病的风险。有时,消费者并不知道什么可以回收,什么不能回收,而像皮下注射器和碎玻璃之类的物品可能会混入其中,这些物品可能会伤害到工人。在法规不那么严格的国家(相比欧盟来说),塑料垃圾的回收有影响当地居民健康的风险。在这些国家,用于处理塑料废物的回收技术可能比较原始,在某些情况下,缺乏保障环境和人类健康的适当设施。例如,在不通风的地区切割和熔化塑料(一种在欧洲未见过的做法)可能对人类健康产生负面影响[8]。常见的环境影响类别包括全球变暖(GW)、酸化(AC)、养分富集(NE)、光化学臭氧形成(POF)、人体毒性(HT)和持久性毒性(PT)及其标准化参考。

在接下来的部分讨论聚合物回收的缺点和聚合物的回收利用如何影响人类和环境。

9.2.2.1 废旧电器及电子设备的回收利用

废旧电器和电子设备(WEEE)含有超过 1000 种不同的物质,其中许多是有毒的,有些在提取时具有较高的市场价值。燃烧和拆除活动造成的大气污染似乎是造成 WEEE 回收场所中的职业危害和二次污染的主要原因,处理不当以及对金、铜和银等金属的回收做法不当都会对环境造成潜在的危害,并对接触者构成健康风险。回收过程中释放的三种主要物质可以被分为：

① 原始物质：哪些是电气和电子设备的组成部分；

② 辅助物质：作为回收利用技术的一部分进行利用；

③ 副产品：由主要成分[9]转化而成。

拆卸活动是将含有重金属和阻燃剂的粉尘颗粒释放到环境中。拆解和分类活动对许可区域的总影响仅占40%（非生物资源、气候变化）到10%（富营养化）之间，而机械加工的影响占75%以上。这些颗粒在排放源附近或远离排放源处积累，这取决于它们的卤化程度（卤化程度较高的化合物通常沉积在排放源附近，而卤化程度较低的化合物通常被输送到更远的距离）。WEEE的热处理或不充分的冶金处理可能导致多卤代二噁英和呋喃等极其危险的人为污染物的形成。在WEEE燃烧过程中可形成氯代和溴代二噁英和呋喃类化合物（PCDD/Fs-多氯二苯并对二噁英和二苯并呋喃和PBDD/Fs-多溴二苯并对二噁英和二苯并呋喃）以及多溴代氯代二苯并对二噁英（PBCDD）等混合卤代化合物和多溴代氯二苯并对二噁英（PBCDD）和多溴氯二苯并呋喃（PBCDF）等混合卤代化合物[10]。由于其半挥发性和疏水性，二噁英和呋喃类化合物一旦排放到大气中就会在丰富的有机介质中积累[11,12]。氯化或溴化程度较高的同系物降解速度较慢并倾向于更多地分解成脂质[13]。卤化程度较低的化合物通常被吹送到较远的地方，而卤化程度较高的化合物则在排放源附近沉积。WEEE的回收利用所产生的其他排放物，如渗滤液和有毒液体，增加了人类接触受污染的土壤、作物、饮用水、牲畜、鱼类和贝类等自然物质而产生的风险。废水中含有废旧电子废物的回收利用行动（如酸和氰化物浸出）所产生的（拆解和撕碎的）残渣以及其他有毒液体，这对生态系统和人类健康构成严重威胁。

9.2.2.2　轮胎的回收利用

制造橡胶产品的技术主要是基于天然和合成二烯橡胶、硫和各种辅助化合物之间发生的不可逆硫化反应，横向键连接弹性链从而形成橡胶的交联结构。这就是为什么橡胶制品是弹性的、不溶的和不熔化的固体，就像热塑性材料一样不能再加工。因此，它们的回收需要很长时间并消耗很高的能量，并且轮胎的回收完全基于对橡胶产品的机械、热或化学破坏，回收生产轮胎所用的原料是不可能的。废旧轮胎是一类回收利用极其困难的废品，这是由于它们高度复杂的结构、原材料的多样化组成以及制造轮胎的橡胶结构所导致的。

9.2.2.3　回收的塑料

一些塑料在英国越来越多地被回收用于盛装食品，例如PET（聚对苯二甲酸乙二醇酯）或HDPE（高密度聚乙烯）。然而，由于对食品安全和卫生标准的担忧，回收塑料不常用于食品包装（尽管这部分是塑料最大的单一市场之一）。因此，一些饮料瓶使用了多层容器，将回收的塑料包裹在几层原始塑料之间，但回收不能消除塑料的颜色，所以它们不能用于透明或浅色的产品。许多环境问题与共焚烧塑料固体废物（PSW）有关，这主要是排放的某些空气污染物，如CO_2、NO_2和SO_2。众所周知，PSW燃烧还会产生挥发性有机化合物（VOC）、烟雾（颗粒物）、颗粒物结合的重金属、多环芳烃(PAH)、多氯二苯并呋喃(PCDF)和二噁英。

9.2.2.4 回收的聚合物

一方面，通过焚烧或燃烧的方式回收 PVC(聚氯乙烯)、PET、PS(聚苯乙烯)和 PE 等合成聚合物，会产生大量的致癌物质，如 PAH、硝基 PAH、二噁英等，这些物质已经在空气中被检测出来。另一方面，除气候变化外，所有因素都由二次金属生产步骤所控制，这一步要消耗二级生产总能源的 90%以上。造成这种情况的一个主要原因是在拆解步骤[17]的产物中，金属部分占 60%以上。PSW 的燃烧也会产生挥发性有机化合物、烟雾(微粒物质)、微粒结合的重金属、多环芳烃、PCDF 和二噁英。

9.2.2.5 健康问题

倾倒的含有重金属以及溴化和氯化阻燃剂的材料会影响土壤。这些物质向其他环境的迁移取决于不同的环境参数，如 pH、有机质含量、生物吸收、吸附-解吸过程、温度、降解过程、络合作用和物质的内在化学特性[18-22]。人们接触有毒化合物有几种方式：

① 通过呼吸空气接触，这对工厂的工人和附近的居民都有影响；

② 食用当地生产的食物或水，这些食物或水已经被焚化炉排出的空气污染物污染；

③ 通过食用被空气污染的鱼类或野生动物。

一般而言，越来越多的流行病学和临床证据已导致人们越来越担心周围的空气污染对健康的潜在危害。燃烧通常产生较小的颗粒[24](直径为 2.5μm 的颗粒物)，因此细颗粒物与肺部和心血管疾病密切相关。在直接和间接暴露于 PM2.5 的人群中，孕妇和儿童更容易受到影响。贵屿 80%的儿童患有呼吸道疾病，尤其容易受到铅中毒的影响[25-30]。贵屿儿童血铅水平(BLL)为 15.3μg/dL(1dL = 100mL)，超过中国平均值(9.29μg/dL)，从而对儿童的健康构成潜在的严重威胁，空气污染可能是造成这一现象的原因[31,32]。人类接触二噁英始于大气排放[33]，其中焚烧排放的二噁英[34]最多。头发中的二噁英水平反映了大气中的二噁英水平[35-38]。

9.2.2.6 聚合物焚烧回收

焚烧是由一种被称为焚烧炉的特殊类型的反应器来完成的，它以一种可控的方式在空气中燃烧垃圾，将塑料中的碳氢化合物转化为二氧化碳和水。许多环境问题与共焚烧 PSW 有关，主要是某些空气污染物的排放，如 HCl、CO_2、NO_2以及 SO_2。聚合物焚烧系统根据聚合物的化学成分产生各种各样对人体健康有害的污染物。这种系统很昂贵而且不能消除或充分控制化学成分复杂的城市固体废物的有毒物质的排放，甚至新的焚烧炉也会释放有毒金属、二噁英和酸性气体。垃圾焚烧炉系统非但没有消除对垃圾填埋场的需求，还产生了有毒的灰分和其他残留物。焚化炉的排放物包括重金属、二噁英和呋喃，它们可能存在于废气、水或灰烬中。塑料和金属是废弃物热值的主要来源。塑料(如 PVC)的燃烧会产生这些剧毒污染物。通过完全燃烧，PVC 可以分解成水、二氧化碳和氯化氢(HCl)。

然而，在现实中，完全燃烧是不可能的，根据焚烧条件，二噁英可能会作为副产物在无意间产生。

9.2.3 结论

回收利用是减少地球上塑料和聚合物垃圾的唯一途径。本章回顾了不同回收利用方式存在的负面影响。回收利用会造成环境、人类健康和经济的一些不利影响。那么人们能做些什么呢？分离、避免、减少和重复使用高分子材料，而不是回收利用它们！

参 考 文 献

1. Davis, G. and Song, J. (2006) Biodegradable packaging based on raw materials from crops and their impact on waste management. *Ind. Crops Prod.*, **23** (2), 147–161.
2. Hopewell, J., Dvorak, R., and Kosior, E. (2009) Plastics recycling: challenges and opportunities. *Philos. Trans. R. Soc. London, Ser. B*, **364** (1526), 2115–2126.
3. Rao, K. (2010) The Current State of Biopolymers and Their Potential Future. SpecialChem 2010, http://www.omnexus.com/resources/editorials.aspx?id=25041 (accessed 12 February 2012).
4. Frosch, R. and Gallopoulos, N. (1989) Strategies for manufacturing. *Sci. Am.*, **261**, 144–152.
5. McDonough, W. and Braungart, M. (2002) *Cradle to Cradle: Remaking the Way We Make Things*, North Point Press, New York, NY.
6. Pacheco, E.B.A.V., Ronchetti, L.M., and Masanet, E. (2012) An overview of plastic recycling in Rio de Janeiro. *Resour. Conserv. Recycl.*, **60**, 140–146.
7. WBCSD (2000) Eco-Efficiency:, http://www.wbcsd.org/web/publications/eco_efficiency_creating_more_value.pdf (accessed 1 November 2008).
8. Wong, M.H., Wu, S.C., Deng, W.J., Yu, X.Z., Luo, Q., Leung, A.O.W., Wong, C.S.C., Luksemburg, W.J., and Wong, A.S. (2007) Export of toxic chemicals – A review of the case of uncontrolled electronic-waste recycling. *Environ. Pollut.*, **149**, 131–140.
9. Sepúlveda, A. *et al.* (2010) A review of the environmental fate and effects of hazardous substances released from electrical and electronic equipments during recycling: examples from China and India. *Environ. Impact Assess. Rev.*, **30**, 28–41.
10. Söderström, G. (2003) *On the Combustion and Photolytic Degradation Products of Some Brominated Flame Retardants*, Department of Chemistry, Environmental Chemistry, University of Umeå, Umeå, Sweden, p. 54.
11. Adriaens, P., Fu, Q., and Grbic-Galic, D. (1995) Bioavailability and transformation of highly chlorinated dibenzo-*p*-dioxins and dibenzofurans in anaerobic soils and sediments. *Environ. Sci. Technol.*, **29**, 2252–2261.
12. Smith, K.E.C. and Jones, K.C. (2000) Particles and vegetation: implications for the transfer of particle bound organic contaminants to vegetation. *Sci. Total Environ.*, **246**, 207–236.
13. Webster, E. and Mackay, D. (2007) Modelling the Environmental Fate of Dioxins and Furans Released to the Atmosphere during Incineration. CEMC Report No. 200701. Report to Environment Canada. Peterborough, Ontario. Canadian Environmental Modelling Centre, Trent University. p. 22.
14. Azuma, R. (2003) E-Waste in China. TED Case Studies Number 687, http://www.americanedu/TED/computer-recycling.htm (accessed 12 May 2016).
15. Wong, C.S.C., Duzgoren-Aydin, N.S., Aydin, A., and Wong, M.H. (2007) Evidence of excessive releases of metals from primitive e-waste processing in Guiyu, China. *Environ. Pollut.*, **148**, 62–72.
16. White, R. and De, S. (2001) *Rubber Technologist's Handbook*, vol. **1**, iSmithers Rapra Publishing.
17. Hischier, R., Wäger, P., and Gauglhofer, J. (2005) Does WEEE recycling make sense from an environmental perspective? *Environ. Impact Assess. Rev.*, **25**,

525–539.
18. Sauvé, S., Martínez, C.E., McBride, M., and Hendershot, W. (2000) Adsorption of free lead (Pb2+) by pedogenic oxides, ferrihydrite, and leaf compost. *Soil Sci. Soc. Am. J.*, **64**, 595–599.
19. Georgopoulos, A.R., Yonone-Lioy, M.J., Opiekun, R.E., and Lioy, P.J. (2001) *Copper: Environmental Dynamics and Human Exposure Issues*, 207 pp.
20. Hu, H. (2002) Human health and heavy metals exposure, in *Life Support: the Environment and Human Health* (ed. M. McCally), MIT Press.
21. Gouin, T. and Harner, T. (2003) Modelling the environmental fate of polybrominated diphenyl ethers. *Environ. Int.*, **29**, 717–724.
22. Qin, F., Shan, X.Q., and Wei, B. (2004) Effects of low-molecular-weight organic acids and residence time on desorption of Cu, Cd, and Pb from soils. *Chemosphere*, **57**, 253–263.
23. Brook, R.D., Franklin, B., Cascio, W., Hong, Y., Howard, G., Lipsett, M. *et al.* (2004) Air pollution and cardiovascular disease: a statement for healthcare professionals from the expert panel on population and prevention science of the American Heart Association. *Circulation*, **109**, 2655–2671.
24. Cormier, S.A., Lomnicki, S., Backes, W., and Dellinger, B. (2006) Origin and health impacts of emissions of toxic by-products and fine particles from combustion and thermal treatment of hazardous wastes and materials. *Environ. Health Perspect.*, **114** (6), 810–817.
25. Baghurst, P.A., McMichael, A.J., Wigg, N.R., Vimpani, G.V., Robertson, E.F., Roberts, R.J. *et al.* (1992) Environmental exposure to lead and children's intelligence at the age of seven years: the Port Pirie Cohort Study. *N. Engl. J. Med.*, **327**, 1279–1284.
26. Wasserman, G.A., Staghezza-Jaramillo, B., Shrout, P., Popovac, D., and Graziano, J. (1998) The effect of lead exposure on behaviour problems in preschool children. *Am. J. Public Health*, **88**, 481–486.
27. Guilarte, T.R., Toscano, C.D., McGlothan, J.L., and Weaver, S.A. (2003) Environmental enrichment reverses cognitive and molecular deficits induced by developmental lead exposure. *Ann. Neurol.*, **53**, 50–56.
28. Grigg, J. (2004) Environmental toxins: their impact on children's health. *Arch. Dis. Child.*, **89**, 244–250.
29. Needleman, H. (2004) Lead poisoning. *Annu. Rev. Med.*, **55**, 209–222.
30. Jain, N.B. and Hu, H. (2006) Childhood correlates of blood lead levels in Mumbai and Delhi. *Environ. Health Perspect.*, **114**, 466–470.
31. Wang, S. and Zhang, J. (2006) Blood lead levels in children, China. *Environ. Res.*, **101**, 412–418.
32. Huo, X., Peng, L., Xu, X., Zheng, L., Qiu, B., Qi, Z. *et al.* (2007) Elevated blood lead levels of children in Guiyu, an electronic waste recycling town in China. *Environ. Health Perspect.*, **115** (7), 1113–1117.
33. Beck, H., Dross, A., and Mathar, W. (1994) PCDD and PCDF exposure and levels in humans in Germany. *Environ. Health Perspect.*, **102**, 173–185.
34. WHO (2004) Fact Sheet: Dioxin and their Effects on Human Health, http://www.who.int/mediacentre/factsheets/fs225/en/ (accessed 12 May 2016).
35. Schramm, K.W., Keuttnear, T., Weber, S., and Lützke, K. (1992) Dioxin hair analysis as monitoring pool. *Chemosphere*, **24**, 351–358.
36. Tirler, W., Voto, G., and Donega, M. (2001) PCDD/F, PCB and hexachlorobenzene level in hair. *Organohalogen Compd.*, **52**, 290–292.
37. Nakao, T., Aozasa, O., Ohta, S., and Miyata, H. (2002) Assessment of human exposure to PCDDs, PCDFsand Co-PCBs. Using hair as a human pollution indicator sample I: development of analytical method for human hair and evaluation for exposure assessment. *Chemosphere*, **48**, 885–896.
38. Nakao, T., Aozasa, O., Ohta, S., and Miyata, H. (2005) Survey of human exposure to PCDDs, PCDFs, and coplanar PCBs using hairs an indicator. *Arch. Environ. Contam. Toxicol.*, **17**, 124–130.